国家级精品资源共享课立项课程配套教材

工业和信息化人才培养规划教材

Linux 项目实训

Practical Training of Linux

杨云 平寒 ◎ 编著

人民邮电出版社

北京

图书在版编目（CIP）数据

Linux项目实训 / 杨云，平寒编著. -- 北京：人民邮电出版社，2015.1（2022.6重印）
工业和信息化人才培养规划教材
ISBN 978-7-115-36952-9

Ⅰ．①L… Ⅱ．①杨… ②平… Ⅲ．①Linux操作系统—教材 Ⅳ．①TP316.89

中国版本图书馆CIP数据核字(2014)第202028号

内 容 提 要

本书以实训教学为主线，分为6篇：虚拟机与VMware Workstation、Linux系统安装与常用命令、Linux系统配置与管理、Vim与编程调试、常用网络服务、网络互联与安全。各篇由多个实训项目组成，全书共计30个实训项目（2个综合实训），基本涵盖了Linux操作系统和网络应用的各种实训。每个实训项目一般包括实训目的、实训内容、实训准备、实训环境要求、实训步骤、实训思考题、实训思考参考答案、实训报告要求8部分。随书光盘包括27个项目实训的录像视频、shell script程序源码、思考题答案、检查学习效果的自主实训等，便于教与学。

本书作为Linux操作系统的实训教材，实践性很强，旨在帮助读者在学习了Linux操作系统理论和基础知识的前提下，进行网络工程的应用训练。

本书适合作为各类院校各专业Linux操作系统的实训教材，及"教学做"一体化的Linux操作系统的课程教材，同时也适合计算机网络爱好者和有关技术人员参考使用。

◆ 编　著　杨云　平寒
　　责任编辑　王　威
　　责任印制　杨林杰

◆ 人民邮电出版社出版发行　北京市丰台区成寿寺路11号
　　邮编　100164　电子邮件　315@ptpress.com.cn
　　网址　http://www.ptpress.com.cn
　　北京天宇星印刷厂印刷

◆ 开本：787×1092　1/16
　　印张：16
　　字数：417千字
　　2015年1月第1版
　　2022年6月北京第7次印刷

定价：45.00元（附光盘）

读者服务热线：(010)81055256　印装质量热线：(010)81055316
反盗版热线：(010)81055315

前　言

1. 编写背景

当老师们开始 Linux 操作系统课程教学之旅时，除了希望选用一本得心应手的理实一体的教材外，最大的希望就是能够有一本合适的配套实训教材：一是解决学生实训时不知做什么、怎么做、怎么检验学习效果的困惑；二是解决教师布置实训时素材难以寻找、不够系统化的麻烦。

另外，有些学校可能希望学生在实训中完成 Linux 操作系统的学习。这本实训教材不失为一本较好的理实一体化教材，因为这本教材在强调实训的同时也兼顾了一部分 Linux 实训的准备知识。

2. 教学参考学时

本书的参考学时为 76～100 学时，或者 3～4 周的整周实训。

3. 本书特点

（1）随书光盘中的项目实训视频为教师备课、学生预习、对照实训、课后复习提供了最大便利，非常适合教与学。

（2）光盘中的"检验实训效果.doc"（读者独立完成，以检查学习效果）精选 14 个课外实训习题，用以检验学生学习完本书后的学习效果。老师可以根据情况灵活安排。

（3）光盘中提供了本书中用到的各种脚本的源码文件、思考题答案，利于教学准备与实施。

（4）开篇首先介绍虚拟机与 VMware，最终目的是为后续实训做好充足准备。在一些对设备准备要求复杂的实训中，特别给出了使用 VMware Workstation 完成实训的方案方法，利于学生学习和教师指导。像挂载 U 盘、共享虚拟机文件夹、使用快照等方面给出了详尽的解决方案。

（5）每个实训项目一般包括实训目的、实训内容、实训准备、实训环境要求、实训步骤、实训思考题、实训思考参考答案、实训报告要求 8 部分。每个实训项目就是一个知识和技能的综合训练题。综合实训项目是对全书的一次总结和升华，也是对灵活和综合应用所学知识的一个很好的训练。

（6）方便教师教学和学生自学。本书中每个实训项目都是对所学理论知识的综合运用及扩展，其后都有相关的思考题，有利于学生思考和教师督促学生学习。本书需要的软件和资料可以加入 Windows & Linux 教师 QQ 交流群下载。其他资料更新请关注教材网站链接：http://linux.sdp.edu.cn/kcweb/yxjc/yxjctj.html。

4. 其他

本书由杨云、平寒著，红帽认证工程师杨建新、宁方明设计并录制了项目实训录像。李宪伟、马立新、张晖、金月光、牛文琦、王亚东、郭娟、刘芳梅、王春身、张亦辉、吕子泉、王秀梅、李满、杨建新、梁明亮、薛鸿民、李娟等参加了部分章节的审稿工作。

作者 E-mail：yangyun90@163.com，Windows & Linux 教师 QQ 交流群：189934741。

编　者
2014 年 3 月 15 日

目录 CONTENTS

第1篇 虚拟机与 VMware Workstation 1

1.1 虚拟机 1
    1.1.1 虚拟机的功能与用途 1
    1.1.2 VMware Workstation 简介 2
1.2 安装 VMware Workstation 2
1.3 设置 VMware Workstation 10 的首选项 3
1.4 使用虚拟网络编辑器 4
    1.4.1 添加桥接模式虚拟网络 5
    1.4.2 添加仅主机模式虚拟网络 6
    1.4.3 在 Windows 宿主机中更改 NAT 设置 7
    1.4.4 在 Windows 宿主机中更改 DHCP 设置 8
    1.4.5 设置 VMware Workstation 的联网方式 8
1.5 安装与配置 Windows Server 2008 虚拟机 11
1.6 安装和升级 VMware Tools 15
    1.6.1 安装 VMware Tools 15
    1.6.2 在 Windows 虚拟机中手动安装或升级 VMware Tools 15
    1.6.3 在 Linux 虚拟机中手动安装或升级 VMware Tools 17
    1.6.4 卸载 VMware Tools 18
1.7 在虚拟机中使用可移动设备 19
    1.7.1 前提条件 19
    1.7.2 使用移动设备步骤 19
    1.7.3 将 USB 设备连接到虚拟机 20
    1.7.4 在 Linux 系统中挂载 USB 设备 21
1.8 为虚拟机设置共享文件夹 21
1.9 为虚拟机拍摄快照 24
    1.9.1 使用快照保留虚拟机状态 24
    1.9.2 拍摄虚拟机快照 25
    1.9.3 恢复到快照 26
    1.9.4 使用快照管理器 26

第2篇 Linux 系统安装与常用命令 28

2.1 Linux 的安装与配置 28
    2.1.1 实训目的 28
    2.1.2 实训环境 28
    2.1.3 实训准备 28
    2.1.4 实训步骤 32
    2.1.5 实训思考题 53
    2.1.6 实训报告要求 53
2.2 Linux 常用命令 54
    2.2.1 实训目的 54
    2.2.2 实训内容 54
    2.2.3 实训准备 54
    2.2.4 实训环境 58
    2.2.5 实训步骤 58
    2.2.6 实训思考题 61
    2.2.7 实训报告要求 61

第3篇 Linux 系统配置与管理 62

- 3.1 Linux 系统用户管理 62
  - 3.1.1 实训目的 62
  - 3.1.2 实训内容 62
  - 3.1.3 实训环境 62
  - 3.1.4 实训准备 62
  - 3.1.5 实训步骤 64
  - 3.1.6 实训思考题 70
  - 3.1.7 实训报告要求 70
- 3.2 安装与管理软件包 70
  - 3.2.1 实训目的 70
  - 3.2.2 实训内容 70
  - 3.2.3 实训准备 70
  - 3.2.4 实训步骤 74
  - 3.2.5 实训思考题 83
  - 3.2.6 实训报告要求 84
- 3.3 配置与管理文件权限 84
  - 3.3.1 实训目的 84
  - 3.3.2 实训内容 84
  - 3.3.3 实训准备 84
  - 3.3.4 实训步骤 88
  - 3.3.5 实训思考题 92
  - 3.3.6 实训报告要求 92
- 3.4 使用 ACL 规划详细权限 92
  - 3.4.1 实训目的 92
  - 3.4.2 实训内容 92
  - 3.4.3 实训准备 93
  - 3.4.4 实训步骤 93
  - 3.4.5 实训思考题 98
  - 3.4.6 实训报告要求 98
- 3.5 管理磁盘分区、挂载与卸载 98
  - 3.5.1 实训目的 98
  - 3.5.2 实训内容 98
  - 3.5.3 实训准备 99
  - 3.5.4 实训步骤 101
  - 3.5.5 实训思考题 111
  - 3.5.6 实训报告要求 111
- 3.6 配置与管理磁盘配额 111
  - 3.6.1 实训目的 111
  - 3.6.2 实训内容 111
  - 3.6.3 实训准备 111
  - 3.6.4 实训步骤 112
  - 3.6.5 实训报告要求 116
- 3.7 在 Linux 中配置软 RAID 116
  - 3.7.1 实训目的 116
  - 3.7.2 实训内容 116
  - 3.7.3 实训准备 116
  - 3.7.4 实训步骤 116
  - 3.7.5 实训思考题 119
  - 3.7.6 实训报告要求 119
- 3.8 管理 LVM 逻辑卷 119
  - 3.8.1 实训目的 119
  - 3.8.2 实训内容 119
  - 3.8.3 实训准备 119
  - 3.8.4 实训步骤 120
  - 3.8.5 实训报告要求 123
- 3.9 管理 Linux 服务器的网络配置 123
  - 3.9.1 实训目的 123
  - 3.9.2 实训内容 123
  - 3.9.3 实训环境 123
  - 3.9.4 实训步骤 123
  - 3.9.5 实训报告要求 130

第4篇　Vim 与编程调试　131

- 4.1 熟练使用 vi 编辑器与 shell 命令 　131
  - 4.1.1 实训目的 　131
  - 4.1.2 实训内容 　131
  - 4.1.3 实训准备 　131
  - 4.1.4 实训步骤 　133
  - 4.1.5 实训思考题 　140
  - 4.1.6 实训报告要求 　140
- 4.2 使用正则表达式 　140
  - 4.2.1 实训目的 　140
  - 4.2.2 实训内容 　140
  - 4.2.3 实训步骤 　140
  - 4.2.4 实训思考 　146
  - 4.2.5 实训报告要求 　147
- 4.3 使用 shell script 编程 　147
  - 4.3.1 实训目的 　147
  - 4.3.2 实训内容 　147
  - 4.3.3 实训准备 　147
  - 4.3.4 实训步骤 　148
  - 4.3.5 自主练习题 　162
  - 4.3.6 自主练习题参考答案 　162
  - 4.3.7 实训报告要求 　162
- 4.4 使用 gcc 和 make 调试程序 　162
  - 4.4.1 实训目的 　162
  - 4.4.2 实训内容 　163
  - 4.4.3 实训准备 　163
  - 4.4.4 实训步骤 　164
  - 4.4.5 实训报告要求 　170

第5篇　常用网络服务　171

- 5.1 配置与管理 samba 服务器 　171
  - 5.1.1 实训目的 　171
  - 5.1.2 实训内容 　171
  - 5.1.3 实训环境及要求 　171
  - 5.1.4 实训步骤 　172
  - 5.1.5 实训思考题 　177
  - 5.1.6 实训报告要求 　177
- 5.2 配置与管理 NFS 服务器 　177
  - 5.2.1 实训目的 　177
  - 5.2.2 实训内容 　178
  - 5.2.3 实训环境及要求 　178
  - 5.2.4 实训步骤 　178
  - 5.2.5 实训思考题 　181
  - 5.2.6 实训报告要求 　181
- 5.3 配置与管理 DHCP 服务器 　181
  - 5.3.1 实训目的 　181
  - 5.3.2 实训内容 　181
  - 5.3.3 实训环境及要求 　181
  - 5.3.4 实训步骤 　181
  - 5.3.5 实训思考题 　183
  - 5.3.6 实训报告要求 　183
- 5.4 配置与管理 DNS 服务器 　184
  - 5.4.1 实训目的 　184
  - 5.4.2 实训内容 　184
  - 5.4.3 实训环境及要求 　184
  - 5.4.4 实训步骤 　184
  - 5.4.5 实训思考题 　190
  - 5.4.6 实训报告要求 　190
- 5.5 配置与管理 Web 服务器 　190
  - 5.5.1 实训目的 　190
  - 5.5.2 实训内容 　190
  - 5.5.3 实训环境及要求 　190
  - 5.5.4 实训步骤 　191
  - 5.5.5 实训思考题 　196
  - 5.5.6 实训报告要求 　196
- 5.6 配置与管理 FTP 服务器 　196
  - 5.6.1 实训目的 　196
  - 5.6.2 实训内容 　196

5.6.3 实训环境及要求	196
5.6.4 实训步骤	196
5.6.5 实训思考题	199
5.6.6 实训报告要求	199
5.7 配置与管理电子邮件服务器	200
5.7.1 实训目的	200
5.7.2 实训内容	200
5.7.3 实训准备	200
5.7.4 电子邮件服务器简单案例	201
5.7.5 Sendmail 服务企业实战与应用	204
5.7.6 实训思考题	207
5.7.7 实训报告要求	207

第 6 篇　网络互联与安全　208

6.1 配置与管理 iptables	208
6.1.1 实训目的	208
6.1.2 实训内容	208
6.1.3 实训准备	208
6.1.4 实训环境及要求	209
6.1.5 实训步骤	210
6.1.6 实训思考题	212
6.1.7 实训报告要求	212
6.2 配置与管理 NAT	212
6.2.1 实训目的	212
6.2.2 实训内容	212
6.2.3 实训准备	212
6.2.4 实训步骤	214
6.2.5 实训报告要求	217
6.3 配置与管理 squid 代理服务器	217
6.3.1 实训目的	217
6.3.2 实训内容	217
6.3.3 实训准备	217
6.3.4 实训步骤	218
6.3.5 实训报告要求	220
6.4 配置与管理 VPN 服务器	220
6.4.1 实训目的	220
6.4.2 实训内容	220
6.4.3 实训准备	220
6.4.4 实训步骤	221
6.4.5 实训思考题	228
6.4.6 实训报告要求	228
6.5 Linux 进程管理和系统监视	228
6.5.1 实训目的	228
6.5.2 实训内容	228
6.5.3 实训步骤	228
6.5.4 实训思考题	245
6.5.5 实训报告要求	245
6.6 Linux 系统故障排除	246
6.6.1 实训场景	246
6.6.2 实训要求	246
6.6.3 实训前的准备	246
6.6.4 实训后的总结	246
6.7 Linux 系统企业综合应用	246
6.7.1 实训场景	246
6.7.2 实训基本要求	247
6.7.3 实训前的准备	247
6.7.4 实训后的总结	247

PART 1 第 1 篇 虚拟机与 VMware Workstation

英国 17 世纪著名化学家罗伯特·波义耳说过："实验是最好的老师"。实验是从理论学习到实际应用必不可少的一步，尤其是在计算机、计算机网络、计算机网络应用这种实践性很强的学科领域，实验与实训更是重中之重。

选择一个好的虚拟机软件是顺利完成各类虚拟实验的基本保障。VMware 桌面虚拟化技术在易用性和兼容性方面均有出色表现。

本章主要介绍虚拟机的基础知识和如何使用 VMware Workstation 软件建立虚拟网络环境。

1.1 虚拟机

一切只有理论学习而没有经过一定的实践操作都是"纸上谈兵"，在实际应用中碰到的一点小问题都有可能成为不可逾越的"天堑"。然而，在许多时候我们不可能在生产环境中运行的系统设备上进行各种实验，如果为了掌握某一项技术和操作而单独购买一套设备，这在实际中也几乎是不可能的。虚拟实验环境的出现和应用解决了以上问题。

"虚拟实验"即"模拟实验"，它借助一些专业软件来模拟与真实设备近乎相同的操作效果。虚拟实验是当今技术发展的产物，也是社会发展的要求。

1.1.1 虚拟机的功能与用途

大量的虚拟实验都是通过虚拟机来实现的，虚拟机的主要功能有两个，一是用于实验，二是用于生产。所谓用于实验，就是指用虚拟机可以完成多项单机、网络和不具备真实实验条件和环境的实验。所谓用于生产，主要包括以下几种情况。

● 用虚拟机可以组成产品测试中心。通常的产品测试中心都需要大量、具有不同环境和配置的计算机及网络环境，例如，有的测试需要从 Windows XP、Windows 7 到 Windows 8 的环境，而每种环境，例如 Windows XP，又分为 Windows XP（不打补丁）、Windows XP（打 SP1 补丁）、Windows XP（打 SP2 补丁）这样的多种环境。如果使用"真正"的计算机进行测试，需要大量的计算机，而使用虚拟机可以降低成本而不影响测试的进行。

- 用虚拟机可以"合并"服务器。通常企业需要多台服务器，但有可能每台服务器的负载比较轻或者服务器总的负载比较轻。这时候就可以使用虚拟机的企业版，在一台服务器上安装多个虚拟机，其中的每台虚拟机都用于代替一台物理的服务器，从而充分利用资源。

虚拟机可以做多种实验，主要包括以下几点。
- 一些"破坏性"的实验，例如对硬盘进行重新分区、格式化，重新安装操作系统等操作。
- 一些需要"联网"的实验，例如做 Windows Server 2008 联网实验时，需要至少 3 台计算机、1 台交换机、3 条网线。
- 一些不具备条件的实验，例如 Windows 群集类实验，需要"共享"的磁盘阵列柜，而一个最便宜的磁盘阵列柜也需要几万元，如果再加上群集主机，则一个实验环境需要 10 万元以上的投资，而使用虚拟机则可以大大节省成本。

1.1.2 VMware Workstation 简介

VMware Workstation 为每一个虚拟机创建了一套模拟的计算机硬件环境，其模拟的硬件配置如下。
- CPU：映射宿主机的 CPU，可配置为虚拟多核心。
- 硬盘：普通 IDE 接口或者 SCSI 接口的硬盘，如果是创建 Windows NT 或 Windows 2000 的虚拟机，则 SCSI 型号为 BusLogic SCSI Host Adapter（SCSI），如果创建的虚拟机是 Windows Server 2008，则 SCSI 卡型号为 LSI SCSI 卡。
- 网卡：AMD PCNET 10/100/1000Mbit/s 网卡。
- 声卡：Creative Sound Blaster 16 位声卡。
- 显卡：标准 VGA、SVGA 显示卡，16MB 显存（可修改）。在安装 VMware SVGA II 显示卡驱动后可支持 32 位真彩色及多种标准（如 1 600 像素×1 280 像素、1 280 像素×1 024 像素、1 024 像素×768 像素、800 像素×600 像素、640 像素×480 像素等）与非标准（如 1 523 像素×234 像素等可以任意设置）的分辨率，支持全屏显示模式，也可以在 VMware Workstation 窗口中显示。
- USB：映射物理机 USB 连接的设备，可选择将该 USB 设备连接至物理机还是虚拟机。

1.2 安装 VMware Workstation

在某个物理机上安装 VMware Workstation 软件，然后可以利用该软件在这台物理计算机上虚拟出若干台虚拟计算机，每台虚拟计算机可以运行独立的操作系统而互不干扰，还可以将一台物理机上的多个虚拟机互联成一个网络。在 VMware 环境中，将物理机上的操作系统称为宿主系统，将虚拟的操作系统称为客户机系统或虚拟机系统。宿主系统和虚拟机系统可以通过多种虚拟的网络连接进行通信，从而实现一个虚拟的网络实验环境。从实验者的角度来看，虚拟的网络环境与真实网络环境并无太大区别。虚拟机系统除了能够与宿主系统通信以外，甚至还可以与实际网络环境中的其他主机进行通信。

因为需要支持同时运行两个以上操作系统，所以宿主机的内存应该比较大。推荐的计算机硬件基本配置如表 1-1 所示。

表 1-1　　　　　　　　　　　　　实验设备要求

设　备	要　求
内存	建议 2GB 以上
CPU	1GHz 以上
硬盘	100GB 以上
网卡	10MB 或者 100MB 网卡
操作系统	Windows 7 以上
光盘驱动器	使用真实设备或光盘映像文件

在 VMware 环境中，宿主系统可以是 Windows 或 Linux 系统，本节以 Windows 7 操作系统为例，讲述 VMware Workstation 10 的安装，具体操作步骤如下。

（1）在计算机上安装 Windows 7，并且打上相关的补丁，根据实际需要设置宿主机网卡的 IP 地址与工作模式。如果需要虚拟机系统与真实网络通信，则该网卡的 IP 地址应该能够保证网络通信正常。

（2）从互联网上下载 VMware Workstation 软件，也可联系作者，或加入作者的 Windows & Linux（教师）交流群获得 Vmware Workstation 10 软件。

（3）安装 VMware Workstation 的具体安装步骤非常简单，按默认选项安装就可以，本处不再赘述。安装完成后启动 VMware Workstation，以 VMware Workstation 10 为例，启动后界面如图 1-1 所示。

图 1-1　VMware Workstation 10 启动后界面

1.3　设置 VMware Workstation 10 的首选项

在图 1-1 所示界面中单击"编辑"→"首选项"命令，出现"首选项"设置对话框，如图 1-2 所示。

图 1-2 设置 VMware Workstation 参数

① 在"工作区"选项卡，设置工作目录。

② 使用"输入"首选项设置来配置 Workstation 捕获宿主系统输入的方式。

③ 配置热键是一个非常有用的功能，使用"输入"首选项设置可以防止诸如 "Ctrl+Alt+Del" 这样的按键组合被宿主系统截获，而不能发送到客户机操作系统。读者可以使用热键序列来实现以下操作：在虚拟机之间切换、进入或退出全屏模式、释放输入、将 "Ctrl+Alt+Del" 仅发送到虚拟机，以及将命令仅发送到虚拟机。

④ 使用"共享虚拟机"首选项设置可以启用或禁用虚拟机共享和远程访问、修改 VMware Workstation Server 使用的 HTTPS 端口，以及更改共享虚拟机目录。

在 Windows 主机中，要更改这些设置，您必须具有宿主系统的管理员权限。在 Linux 主机中，则必须具有宿主系统的根访问权限。

⑤ 接下来再分别单击"显示器"、"内存"、"优先级"、"设备"选项卡，进行相关设置。

1.4 使用虚拟网络编辑器

在 Workstation 中，选择"编辑"→"虚拟网络编辑器"启动虚拟网络编辑器，如图 1-3 所示。在 Windows 宿主机中，也可以从宿主操作系统选择"开始"→"程序"→"VMware"→ "虚拟网络编辑器"来启动虚拟网络编辑器。

图 1-3 虚拟网络编辑器

读者可以使用虚拟网络编辑器来实现以下操作：查看和更改关键网络连接设置、添加和移除虚拟网络，以及创建自定义虚拟网络连接配置。在虚拟网络编辑器中所做的更改会影响主机系统中运行的所有虚拟机。

在 Windows 宿主机中，任何用户都可以查看网络设置，但是只有"管理员"用户可以进行更改。在 Linux 宿主机中，必须输入 root 用户密码才能访问虚拟网络编辑器。

如果单击"恢复默认设置"还原到默认虚拟网络设置，则读者在安装 Workstation 后对虚拟网络设置所做的所有更改都将永久丢失。请勿在虚拟机处于开启状态时还原到默认网络设置，否则可能导致桥接模式网络连接失效。

1.4.1 添加桥接模式虚拟网络

如果 Workstation 安装到具有多个网络适配器的宿主系统，读者可以配置多个桥接模式网络。

默认情况下，虚拟交换机 VMnet0 会映射到一个桥接模式网络。读者可以在虚拟交换机 VMnet2～VMnet7 上创建自定义桥接模式网络。在 Windows 宿主机中，读者还可以使用 VMnet9。在 Linux 宿主机中，您也可以使用 vmnet10～vmnet255。

如果将物理网络适配器重新分配到其他虚拟网络，所有使用原始网络的虚拟机将不再通过该虚拟网络桥接到外部网络，读者必须分别为每个受影响虚拟机的网络适配器更改设置。如果宿主系统只有一个物理网络适配器，而读者将其重新分配到 VMnet0 以外的虚拟网络，上述限制带来的问题将尤为突出。虚拟网络表面上显示为桥接到一个自动选择的适配器，但其所能使用的唯一适配器却被分配到其他虚拟网络。

（1）前提条件。

① 确认主机系统中有可用的物理网络适配器（如果只有一个网卡，那只能有一个虚拟网络是桥接的）。默认情况下，虚拟交换机 VMnet0 会设置为使用自动桥接模式，并桥接到主机系统中所有活动的物理网络适配器。

② 通过限制桥接到 VMnet0 的物理网络适配器，可以将物理网络适配器变为可用。方法如下。

首先选择"编辑"→"虚拟网络编辑器"，然后选择桥接模式网络 VMnet0，从"桥接到"菜单中，选择"自动"。

（2）设置步骤。

① 在图 1-3 所示的窗口中，单击"添加网络"按钮，弹出如图 1-4 所示的对话框。

图 1-4　添加虚拟网络

② 选择一个虚拟交换机，例如 VMnet2。Workstation 将为虚拟网络适配器分配一个子网 IP 地址。

③ 从列表中选择新虚拟网络 VMnet2，然后选择"桥接模式（将虚拟机直接连接到外部网络）"，如图 1-5 所示。

图 1-5 选择桥接模式（将虚拟机直接连接到外部网络）

④ 从"桥接到"菜单中，选择所要桥接到的主机系统物理适配器。

⑤ 然后单击"确定"按钮保存所做的更改。

1.4.2 添加仅主机模式虚拟网络

读者可以使用虚拟网络编辑器来设置多个仅主机模式的虚拟网络。

在 Windows 和 Linux 宿主系统中，第一个仅主机模式网络是在安装 Workstation 的过程中自动设置的。在下列情况下，读者可能会希望在同一台计算机中设置多个仅主机模式虚拟网络。

- 将两个虚拟机连接到一个仅主机模式网络，同时将其他虚拟机连接到另一个仅主机模式网络，以便隔离每个网络中的网络流量。
- 测试两个虚拟网络之间的路由。
- 在不使用任何物理网络适配器的情况下测试具有多个网卡的虚拟机。

设置步骤如下。

① 在图 1-3 所示界面中，单击"添加网络"按钮。

② 选择一个虚拟交换机，例如 Vmnet3。

在 Windows 和 Linux 宿主机中，虚拟交换机 VMnet1 默认情况下会映射到一个仅主机模式网络。Workstation 将为虚拟网络分配一个子网 IP 地址。

③ 从列表中选择新虚拟网络 VMnet3，然后选择"仅主机模式（在专用网络内部连接虚拟机）"。如图 1-6 所示。

图 1-6 选择仅主机模式（在专用网络内连接虚拟机）

④（可选）要将宿主系统的物理网络连接到虚拟网络，请选择"将主机虚拟适配器连接到此网络"。

⑤（可选）要使用本地 DHCP 服务为网络中的虚拟机分配 IP 地址，请选择"使用本地 DHCP 服务将 IP 地址分配给虚拟机"。

⑥（可选）（仅限 Windows 宿主机）如果网络使用本地 DHCP 服务，要自定义 DHCP 设置，请单击"DHCP 设置"按钮。

⑦（可选）要更改子网 IP 地址或子网掩码，请分别在"子网 IP"和"子网掩码"文本框中修改相应的地址。

⑧ 单击"确定"按钮保存所做的更改。

1.4.3 在 Windows 宿主机中更改 NAT 设置

在 Windows 宿主机中，读者可以更改网关 IP 地址、配置端口转发，以及配置 NAT 网络的高级网络设置。要在 Windows 宿主机中更改 NAT 设置，请选择"编辑"→"虚拟网络编辑器"，然后选择 NAT 网络，并单击"NAT 设置"按钮。如图 1-7 所示。

图 1-7 选择 NAT 模式

默认情况下，NAT 设备会连接到 VMnet8 虚拟交换机，读者只能有一个 NAT 虚拟网络。

1.4.4 在 Windows 宿主机中更改 DHCP 设置

在 Windows 宿主机中，读者可以为使用 DHCP 服务分配 IP 地址的 NAT 及仅主机模式网络更改 IP 地址范围和 DHCP 许可证持续时间。

要在 Windows 宿主机中更改 DHCP 设置，请选择"编辑"→"虚拟网络编辑器"，然后选择 NAT 或仅主机模式网络，并单击"DHCP 设置"按钮，如图 1-7 所示。

1.4.5 设置 VMware Workstation 的联网方式

需要注意的是 VMware 的联网方式。安装完 VMware Workstation 之后，默认会给主机系统增加两个虚拟网卡 VMware Network Adapter VMnet1 和 VMware Network Adapter VMnet8，这两个虚拟网卡分别用于不同的联网方式。VMware 常用的联网方式如表 1-2 所示。

表 1-2　　　　　　　　　　　　虚拟机网络连接属性及其意义

选择网络连接属性	意　　义
Use bridged networking（桥接网络）	使用（连接）VMnet0 虚拟交换机，此时虚拟机相当于网络上的一台独立计算机，与主机一样，拥有一个独立的 IP 地址，效果如图 1-8 所示
Use network address translation（使用 NAT 网络）	使用（连接）VMnet8 虚拟交换机，此时虚拟机可以通过主机访问网络上的其他工作站（包括 Internet 网络），其他工作站通过端口映射的方法才能访问虚拟机，效果如图 1-9 所示
Use Host-Only networking（使用主机网络）	使用（连接）Vmnet1 虚拟交换机，此时虚拟机只能与虚拟机、主机互联，网络上的其他工作站不能访问，如图 1-10 所示

（1）桥接网络。

如图 1-8 所示，虚拟机 A1、虚拟机 A2 是主机 A 中的虚拟机，虚拟机 B1 是主机 B 中的虚拟机。如果 A1、A2 与 B1 都采用"桥接"模式，则 A1、A2、B1 与 A、B、C 任意两台或多台之间都可以互相访问（需要设置为同一网段），这时 A1、A2、B1 与主机 A、B、C 处于相同的身份，相当于插在同一台局域网交换机上的一台"联网"计算机。

图 1-8 桥接方式网络关系

（2）NAT 网络。

如图 1-9 所示，虚拟机 A1、虚拟机 A2 是主机 A 中的虚拟机，虚拟机 B1 是主机 B 中的虚拟机。其中 B1 与 B 之间使用基于三层 NAT 服务的端口映射方式将 B1 的互联网访问请求作为 B 的一个端口映射至物理局域网交换机。因此，在这种情况下，若要主机 A 上的虚拟机能够访问到 B1，则应在 B 服务器的三层 NAT 服务中将 B1 所开放的服务的对应端口进行二次映射。

图 1-9 NAT 方式网络关系

（3）主机网络。

如图 1-10 所示，虚拟机 A1、虚拟机 A2 是主机 A 中的虚拟机，虚拟机 B1 是主机 B 中的虚拟机。如果 B1、A1、A2 设置成 Host 方式，则 A1、A2 只能与 A 互相访问；A1、A2 不能访问主机 B、C，也不能被这些主机访问；B1 只能与 B 互相访问；B1 不能访问主机 A、C，也不能被这些主机访问。

图 1-10 Host 方式网络关系

在使用虚拟机"联网"的过程中，可以随时更改虚拟机所连接的"虚拟交换机"，这相当于在真实的局域网环境中，把网线从一台网络设备插到另一台网络设备上。当然，在虚拟机中改变网络要比实际上插拔网线方便多了。和真实的环境一样，在更改了虚拟机的联网方式后，还需要修改虚拟机中的 IP 地址以适应联网方式的改变。例如，在图 1-8 中，假设主机的 VMnet1 使用网段地址 192.168.10.0，VMnet8 使用网段地址 192.168.80.0，网关地址为 192.168.80.254（相当于图 1-9 中"三层 NAT 服务虚拟网卡的地址"内网地址），主机网卡使用地址为 192.168.1.1。假设虚拟机 A1 开始被设置成桥接方式，虚拟机 A1 的 IP 地址被设置为 192.168.1.5。如果虚拟机 A1 想使用 Host 方式，则修改虚拟机的网卡属性为"Host-Only"，然后在虚拟机中修改 IP 地址为 192.168.10.5 即可（也可以设置其他地址，只要网段与 Host 所用网段在同一子网即可，下同）；如果虚拟机 A1 想改用 NAT 方式，则修改虚拟机的网卡属性为"NAT"，然后在虚拟机中修改 IP 地址为 192.168.80.5，设置网关地址为 192.168.80.254 即可。

一般来说，Bridged Networking.（桥接网络）方式最方便，因为这种连接方式可以将虚拟机当作网络中的真实计算机使用，在完成各种网络实验时效果也最接近于真实环境。但如果没有足够可用的连接 Internet 的 IP 地址，也可以将虚拟机网络设置为 NAT 方式，从而通过物理机连接到 Internet。

1.5 安装与配置 Windows Server 2008 虚拟机

下面就可以创建一台虚拟机了。

1．新建虚拟机

（1）在 VMware Workstation 主窗口中单击"创建新虚拟机"按钮，或者选择菜单"文件"→"新建虚拟机"命令，打开新建虚拟机向导。

（2）单击"下一步"按钮，出现如图 1-11 所示的安装客户操作系统对话框。在此选择"稍后安装操作系统"选项，不使用自动安装。

图 1-11 安装客户操作系统

（3）在接下来的几步分别设置虚拟机存放位置、网络连接方式，以及分配给虚拟机的内存数量等，大部分选项均可采用系统的默认值。

说　明　　若系统分区的空间有限，建议将虚拟机的存放位置放在规划好的其他磁盘上，不使用默认设置。

（4）向导设置完成后，通常还需要设置光盘驱动器的映射方式。选择菜单"虚拟机"→"设置"，在图 1-12 所示窗口中选择"CD/DVD（SATA）"项，可以看到光盘驱动器有两种映射方式。

图 1-12 选择"CD/DVD（SATA）"选项

● 使用物理驱动器：该选项使用宿主系统的真实光盘驱动器，如使用该种方式安装操作系统，需要准备光盘介质。

● 使用 ISO 镜像文件：使用光盘映像 ISO 文件模拟光盘驱动器，只需要准备 ISO 文件，不需要实际的光盘介质。对虚拟机系统来说，这与真实的光盘介质并无区别。

特别注意 一定要选中"启动时连接"选框，避免启动后找不到光盘驱动器。

（5）设置完成后，单击工具栏上的绿色启动按钮可以为虚拟机加电启动。此时使用鼠标单击虚拟机系统的屏幕可将操作焦点转移到虚拟机上，使用"Ctrl+Alt"组合键可以将焦点释放回主机系统。

说明 有时组合键"Ctrl+Alt"可能与系统的某些默认组合键冲突，这时可以将热键设置为其他组合键。方法是选择菜单"编辑"→"首选项"，在打开的设置对话框中选择"热键"选项卡，将热键设置为其他组合。

2．虚拟机 BIOS 设置

在虚拟机窗口中单击鼠标左键，进入对虚拟机的控制，在虚拟机启动时按"F2"键可以进入 BIOS 设置，如图 1-13 所示，虚拟机中使用的是"Phoenix"（凤凰）的 BIOS 程序。

技巧 如果使用"F2"键不好掌握按下的时机，则可以通过选择"虚拟机"→"电源"→"启动时进入 BIOS"而直接进入 BIOS 设置。

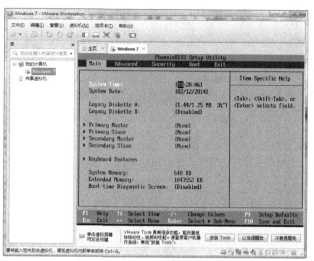

图 1-13　虚拟机系统 BIOS 设置

 在"Boot"选项卡中可以更改是否使用光盘启动。

大部分情况下并不需要设置虚拟机的 BIOS，通常只有使用光盘引导系统执行一些维护和修复时才会修改 BIOS 中与引导有关的选项。

具体安装 Windows Server 2008 的过程在后续课程中将详细介绍。

3．改变虚拟机的硬件配置

在某些应用和实验环境中，对硬件配置有特别的需求。例如，要完成磁盘 RAID 实验，需要操作系统具备多块磁盘才可以；而要完成一些路由和代理服务器的实验，则需要操作系统有多块网卡。在 VMware 虚拟机中，可以非常方便地进行硬件的添加和删除。

为了修改虚拟机的硬件配置，可以选择菜单"虚拟机"→"设置"，打开"虚拟机设置"对话框，并选择"硬件"选项卡。单击该选项卡左下角的"添加"按钮，即可启动添加硬件向导。继续单击"下一步"按钮，进入图 1-14 所示界面。

在图 1-14 所示界面中选择要添加的硬件类型，按照向导提示进行操作即可完成硬件的添加。

如果选择"硬盘"可以添加多块硬盘（最多支持 4 块 IDE 硬盘和 7 块 SCSI 硬盘）。

为了提高虚拟机系统的性能，建议将实验中不需要的硬件删除。例如软盘驱动器、声卡等设备，都可以暂时删除。方法是在"虚拟机设置"对话框中，选择要删除的硬件设备，单击"移除"按钮。

4．管理虚拟机快照

使用虚拟机系统的好处之一就是可以为虚拟机建立快照，并在需要的时候将系统恢复到某个快照。所谓快照是对虚拟机系统状态的保存，有了快照，就可以放心地对系统进行任意操作，当系统出现问题不能正常使用时，就可以将系统恢复到建立快照时的状态。

在 VMware Workstation 的工具栏中可以看到图 1-15 所示的管理按钮。

图 1-14 虚拟机添加硬件向导

图 1-15 虚拟机快照管理按钮

这 3 个按钮的功能分别是建立快照、恢复系统到上一个快照、管理虚拟机快照。单击第 1 个按钮可以立刻对系统建立快照；单击第 2 个按钮可以将系统恢复到上一次建立的快照；单击第 3 个按钮，打开如图 1-16 所示的对话框，在该对话框中可以对系统的快照进行管理。

图 1-16 虚拟机快照管理

在该对话框中，可以对快照进行各种管理操作。如建立新的快照，或者恢复到某个指定的快照，也可以将原有的快照删除。

为了更好地管理和使用虚拟机系统，建议在安装完一个操作系统之后，立即对系统建立快照，并使用简单易记的名字进行命名。在对虚拟机系统进行了重要配置之后，也应该建立相应的快照。

另外，为了不影响后面的实验，在每次做实验之前，将已经安装好的虚拟机创建一个"克隆"，在创建的克隆虚拟机中做实验，在实验之后，确认不再使用，则删除克隆后的虚拟机。创建"克隆"的操作如下。

如图 1-16 所示。单击选中创建的快照点，单击"克隆"（clone）按钮，出现向导对话框，单击"下一步"按钮，在接下来的对话框中选择"从快照作为原始点"（From Snapshot）按钮，接下来选择"创建一个链接克隆"（Create a link Clone）按钮，然后按提示输入克隆后的虚拟机名称，即可完成克隆虚拟机的创建。

1.6 安装和升级 VMware Tools

安装 VMware Tools 是创建新虚拟机的必需步骤。升级 VMware Tools 是为了让虚拟机始终符合最新标准的必需步骤。

为获得最佳性能和最新的更新，需要安装或升级 VMware Tools，使其与读者所使用的 Workstation 版本相匹配。

1.6.1 安装 VMware Tools

VMware Tools 是一种实用程序套件，可用于提高虚拟客户机操作系统的性能并改善对虚拟机的管理。

尽管客户机操作系统在未安装 VMware Tools 的情况下仍可运行，但许多 VMware 功能只有在安装 VMware Tools 后才可用。例如，如果虚拟机中没有安装 VMware Tools，则将无法使用工具栏中的关机或重新启动选项，只能使用"电源"选项。

没安装 VMware Tools 之前，U 盘等移动设备将无法使用。

安装完操作系统之后就可以使用 Windows 简易安装或 Linux 简易安装功能安装 VMware Tools。

VMware Tools 的安装程序是 ISO 映像文件。ISO 映像文件对客户机操作系统来说就如同 CD-ROM。针对每个类型的客户机操作系统，包括 Windows、Linux、Solaris、FreeBSD 和 NetWare 都有一个 ISO 映像文件。选择安装或升级 VMware Tools 的命令时，虚拟机的第一个虚拟 CD-ROM 磁盘驱动器会加载该 ISO 文件。

最新版本的 ISO 文件存储在 VMware 网站上。选择命令以安装或升级 VMware Tools 时，VMware 产品将确定是否已针对特定操作系统下载最新版本的 ISO 文件。如果未下载最新版本或还没有为该操作系统下载 VMware Tools ISO 文件，则系统会提示读者下载文件。

1.6.2 在 Windows 虚拟机中手动安装或升级 VMware Tools

所有受支持的 Windows 客户机操作系统都支持 VMware Tools。

在升级 VMware Tools 前，需考察运行虚拟机的环境，并权衡不同升级策略的利弊。例如，您可以安装最新版本的 VMware Tools 以增强虚拟机的客户机操作系统的性能并改进虚拟机管理，也可以继续使用现有版本以在所处环境中提供更大的灵活性。

对于 Windows 2000 及更高版本，VMware Tools 将安装虚拟机升级助手工具。如果将虚拟机兼容性从 ESX/ESXi 3.5 升级到 ESX/ESXi 4.0 或更高版本，或者从 Workstation 5.5 升级到 Workstation 6.0 或更高版本，则此工具可还原网络配置。

1. 前提条件

- 打开虚拟机电源。
- 确认客户机操作系统正在运行。
- 如果读者安装操作系统时已将虚拟机的虚拟 CD/DVD 驱动器连接到 ISO 映像文件，请更改设置以使虚拟 CD/DVD 驱动器配置为自动检测物理驱动器。自动检测设置使得虚拟机的第一个虚拟 CD/DVD 驱动器能够检测并连接到 VMware Tools ISO 文件以进行 VMware Tools 安装。ISO 文件对客户机操作系统来说就如同物理光驱。
- 除非读者使用的是较早版本的 Windows 操作系统，否则，请以管理员身份登录。任何用户都可以在 Windows 95、Windows 98 或 Windows ME 客户机操作系统中安装 VMware Tools。比这些版本更新的操作系统，则必须以管理员身份登录。

2. 安装步骤

① 在主机上，从 Workstation 菜单栏中选择"虚拟机"→"安装 VMware Tools"。如果安装了早期版本的 VMware Tools，则菜单项为"更新 VMware Tools"。

② 如果第一次安装 VMware Tools，请在"安装 VMware Tools"信息页面中单击"确定"按钮。如果在客户机操作系统中为 CD-ROM 驱动器启用了自动运行，则将启动 VMware Tools 安装向导。

③ 如果自动运行未启用，要手动启动向导，请单击"开始"→"运行"，然后输入 D:\setup.exe（setup64.exe 是 64 位版本），其中，D: 是第一个虚拟 CD-ROM 驱动器的盘符，如图 1-17 所示；或者打开 D 盘，双击"setup.exe"也可安装。图 1-18 所示为 VMware Tools 工具软件的内容。

图 1-17 虚拟 CD-ROM 驱动器

图 1-18 VMware Tools 工具软件

④ 按照屏幕上的说明进行安装操作。
⑤ 如果出现"新建硬件"向导，请按照提示并接受默认值。
⑥ 如果安装的是 VMware Tools 测试版或 RC 版本，且看到一个警告，指出软件包或驱动程序未签名，请单击"仍然安装"完成安装。
⑦ 出现提示时，请重新引导虚拟机。
⑧ 如果有新版虚拟硬件可用于虚拟机，请升级虚拟硬件。

1.6.3 在 Linux 虚拟机中手动安装或升级 VMware Tools

对于 Linux 虚拟机，通过使用命令行手动安装或升级 VMware Tools。

1. 前提条件
- 打开虚拟机电源。
- 确认虚拟机操作系统正在运行。
- 由于 VMware Tools 安装程序是采用 Perl 语言编写的，因此请确认虚拟机操作系统中已安装 Perl。

2. 安装步骤

① 在宿主机上，从 Workstation 菜单栏中选择"虚拟机"→"安装 VMware Tools"。如果已经安装了早期版本的 VMware Tools，则菜单项为"更新 VMware Tools"。

② 在虚拟机中，以 root 身份登录虚拟机操作系统，然后打开终端窗口。

③ 运行不带参数的 mount 命令以确定 Linux 系统是否已自动挂载 VMware Tools 虚拟 CD-ROM 映像。

如果已挂载 CD-ROM 设备，则将列出 CD-ROM 设备及其挂载点，如下所示：

/dev/cdrom on /mnt/cdrom type iso9660 (ro,nosuid,nodev)

④ 如果未挂载 VMware Tools 虚拟 CD-ROM 映像，请挂载 CD-ROM 驱动器。
- 如果挂载点目录尚不存在，请创建目录，如下所示：

mkdir /mnt/cdrom

某些 Linux 分发版本使用不同的挂载点名称。例如，一些分发版本的挂载点是 /media/VMware Tools，而不是 /mnt/cdrom。修改命令以适应读者使用的分发版本中的约定。

- 挂载 CD-ROM 驱动器，如下所示：

mount /dev/cdrom /mnt/cdrom

某些 Linux 版本使用不同的设备名称或采取不同的方式组织 /dev 目录。如果 CD-ROM 驱动器不是 /dev/cdrom，或者 CD-ROM 的挂载点不是 /mnt/cdrom，请修改命令以适应读者使用的分发版本中的约定。

⑤ 转到工作目录，如 /tmp，如下所示：

cd /tmp

⑥ 在安装 VMware Tools 之前，删除任何先前的 vmware-tools-distrib 目录。

此目录的位置取决于先前执行安装时所指定的位置。通常情况下，此目录位于 /tmp/vmware-tools-distrib 中。

⑦ 列出挂载点目录的内容，并记下 VMware Tools tar 安装程序的文件名，如下所示：

ls / mnt / cdrom

⑧ 解压缩如下安装程序：

tar zxpf /mnt/cdrom/VMwareTools-x.x.x-yyyy.tar.gz

其中，值 x.x.x 是产品版本号，yyyy 是产品发行版本的内部版本号。

如果尝试在 RPM 安装之上执行 tar 安装，或者在 tar 安装上执行 RPM 安装，安装程序将检测到先前的安装，并且必须转换安装程序使用的包格式，而后才能继续。

⑨ 如有必要，请卸载如下 CD-ROM 映像：

umount /dev/cdrom

如果 Linux 分发版本已自动挂载 CD-ROM，则不需要卸载映像。

⑩ 运行安装程序并配置 VMware Tools，如下所示：

cd vmware-tools-distrib

./vmware-install.pl

通常情况下，运行完安装程序文件之后会运行 vmware-config-tools.pl 配置文件。

如果默认值符合读者的配置，则请按照提示接受默认值。

 在 Linux 图形界面下，也可以双击桌面上的 VMware Tools 解压缩，然后双击"vmware-install.pl"文件运行，按提示进行安装即可。

1.6.4 卸载 VMware Tools

有时，VMware Tools 的升级是不完整的。通常可以通过卸载 VMware Tools 然后重新安装来解决此问题。

1. 前提条件

- 打开虚拟机电源。
- 登录客户机操作系统。

2. 卸载步骤

下面以卸载 Windows 7 的 VMware Tools 为例讲解卸载步骤。

① 在客户机操作系统中，选择"程序和功能"→"卸载程序"，出现如图 1-19 所示的界面。

图 1-19 卸载 VMware Tools 工具软件

② 双击"VMware Tools"，按提示卸载 VMware Tools 工具软件。

其他操作系统卸载 VMware Tools 工具软件的方法如表 1-3 所示。

表 1-3　　　　　　　　卸载 VMware Tools 工具软件的方法

操作系统	操作
Windows 7、Windows 8	在操作系统中，选择[程序]→[卸载程序]
Windows Vista 和 Windows Server 2008	在操作系统中，选择[程序和功能]→[卸载程序]
Windows XP 及更低版本	在操作系统中，选择[添加/删除程序]
Linux	在使用 RPM 包安装 VMware Tools 的 Linux 虚拟机操作系统中，请在终端窗口中输入 rpm -e VmwareTools
Linux、Solaris、FreeBSD、NetWare	以 root 用户登录并在终端窗口中输入 vmware-uninstall-tools.pl
Mac OS X Server	使用位于 /Library/Application Support/VMware Tools 中的[卸载 VMware Tools] 应用程序

1.7　在虚拟机中使用可移动设备

读者可以在虚拟机中连接和断开可移动设备，还可以通过修改远程虚拟机设置更改可移动设备的设置。

1.7.1　前提条件

- 开启虚拟机。
- 必须安装了 VMware Tools 工具软件。
- 如果要连接 USB 设备或断开 USB 设备的连接，请熟悉 Workstation 处理 USB 设备的方式。
- 如果要在 Linux 主机上连接 USB 设备或断开 USB 设备的连接，而 USB 设备文件不是位于 /proc/bus/usb，请将 USB 文件系统装载到该位置。

1.7.2　使用移动设备步骤

① 要连接可移动设备，请打开虚拟机窗口，然后选择"虚拟机"→"可移动设备"，选择设备，然后单击"连接（断开与主机的连接）"，从而在虚拟机中使用 USB 设备，如图 1-20 所示。

图 1-20　在 Windows Server 2008 中使用移动设备（USB）

　　一个 USB 设备要么在主机系统中使用，要么在虚拟机系统中使用。不可能同时在两种系统中使用。

　　② 如果设备通过 USB 集线器连接到主机系统，虚拟机只会发现 USB 设备，而非集线器。

　　③ 当设备连接到虚拟机后，设备名称旁边会显示一个复选标记，虚拟机任务栏上会显示一个设备图标。

　　④ 要更改可移动设备的设置，请选择"虚拟机"→"可移动设备"，选择设备，然后选择"设置"。

　　⑤ 要断开可移动设备的连接，请选择虚拟机，然后选择"虚拟机"→"可移动设备"，选择设备，然后选择[断开连接]。

　　读者也可以通过单击或右键单击虚拟机任务栏上的设备图标来断开设备的连接。如果是以全屏模式运行虚拟机，使用任务栏图标会非常便捷。

1.7.3　将 USB 设备连接到虚拟机

　　在虚拟机运行时，其窗口就属于活动窗口。如果将 USB 设备插入宿主机系统，设备将默认连接到虚拟机而非宿主机。如果连接到宿主机系统的 USB 设备未在虚拟机开机时连接到虚拟机，则必须手动将该设备连接到虚拟机。

　　将 USB 设备连接到虚拟机时，Workstation 会保留与宿主机系统上相应端口的连接。读者可以挂起、关闭虚拟机或在虚拟机中弹出该 USB 设备。在重新插入该设备或继续运行虚拟机时，Workstation 将自动重新连接该设备至虚拟机。Workstation 会将一个自动连接条目写入虚拟机配置（.vmx）文件以保留连接。

　　如果 Workstation 无法重新连接该设备（例如，设备从宿主机物理接口上移除），虚拟机中的设备也将被移除，Workstation 将显示一条消息表明其无法连接该设备。如果设备仍然可用，可以手动进行连接。

　　在拔出实际物理设备、将设备从主机系统移动到虚拟机、在虚拟机之间移动设备，或是将设备从虚拟机移到宿主机时，请按照对应操作系统的流程弹出 USB 设备。这些流程对于数据存储设备（如压缩驱动器）尤为重要。如果您在保存文件后未等操作系统真正将数据写入到磁盘就过早移动了数据存储设备，将有可能导致数据丢失。

1.7.4 在 Linux 系统中挂载 USB 设备

Linux 系统使用 USB 设备文件描述 USB 设备。如果 USB 设备未挂载在/proc/bus/usb 上，则必须将 USB 设备挂载到此位置。

> 请勿尝试将 USB 驱动器设备节点目录（如 /dev/sda）作为硬盘添加到虚拟机。

在 Linux 主机上挂载 USB 设备的步骤如下。
① 确认具有系统的 root 权限。
② 以 root 用户身份挂载 USB 文件系统。
mount -t usbfs none /proc/bus/usb
③ 将 USB 设备连接到主机系统。

1.8 为虚拟机设置共享文件夹

可以为虚拟机设置共享文件夹，共享文件夹可便于在虚拟机之间和虚拟机与宿主之间共享文件。

作为共享文件夹的目录可位于宿主系统中，也可以是主机系统可访问的网络目录。对共享文件夹的访问受控于宿主系统的权限设置。例如，如果作为用户"User"运行 Workstation，那么只有在 User 有权读写共享文件夹中的文件时，虚拟机才能读写这些文件。

要使用共享文件夹，虚拟机操作系统必须安装了最新版 VMware Tools 且必须支持共享文件夹。

> 共享文件夹会将文件呈现给虚拟机中的程序，这可能会使数据面临风险。请仅在使用信任的虚拟机时启用共享文件夹。

可以为特定的虚拟机启用文件夹共享。要设置用于在特定虚拟机间共享的文件夹，必须将每个虚拟机配置为使用宿主机系统中或网络共享中的同一目录。

> 无法为共享或远程虚拟机启用共享文件夹。

1. 前提条件
- 确认虚拟机使用的是支持共享文件夹的操作系统。
- 确认虚拟机的操作系统中安装了最新版 VMware Tools。
- 确认宿主系统的权限设置允许访问共享文件夹中的文件。例如，如果您作为用户"User"运行 Workstation，那么只有在 User 有权读写共享文件夹中的文件时，虚拟机才能读写这些文件。

支持共享文件夹的操作系统如下：

Windows Server 2008、Windows Server 2003、Windows XP、Windows 2000、Windows NT 4.0、Windows Vista、Windows 7、Linux（内核版本为 2.6 或更高）、Solaris x86 10、Solaris x86 10 Update 及更高版本。

2. 为虚拟机中的 Windows Server 2008 设置共享文件夹

① 选择虚拟机，然后选择"虚拟机"→"设置"。

② 在"选项"选项卡中，选择"共享文件夹"，如图 1-21 所示。

图 1-21　选择共享文件夹

③ 选择一个文件夹共享选项，各选项如表 1-4 所示。

表 1-4　　　　　　　　　　　　　　文件夹共享选项

选项	描述
总是启用	始终启用文件夹共享，即便虚拟机关闭、挂起或关机
在下次关机或挂起前一直启用	暂时启用文件夹共享，直到虚拟机关机、挂起或关闭。重新启动虚拟机后，共享文件夹仍保持启用状态。该设置仅在虚拟机处于开启状态时可用

④（可选）要将驱动器映射到 Shared Folders 目录，请选择"在 Windows 客户机中映射为网络驱动器"。该目录包含启用的所有共享文件夹。Workstation 会自动选择驱动器盘符。

⑤ 单击[添加]以添加共享文件夹。Windows 系统中会启动添加共享文件夹向导。Linux 系统上，"共享文件夹属性"对话框将打开。

⑥ 键入宿主系统上要共享的目录路径。

如果在网络共享中指定了一个目录，如 D:\share，Workstation 将始终尝试使用该路径。如果这个目录随后被移动到主机上的其他驱动器中，Workstation 将无法找到共享文件夹。

⑦ 指定虚拟机中应当显示的共享文件夹的名称。

对于虚拟机的操作系统认为非法的共享名称字符，其在虚拟机中会以其他形式显示。例如，如果在共享名称中使用了星号，则该名称中的"*"在虚拟机中将显示为%002A。非法字符会转换为相应的十六进制 ASCII 值。

⑧ 选择共享文件夹属性，如表 1-5 所示。

表 1-5　　　　　　　　　　　　　共享文件夹属性

选项	描述
启用此共享	启用共享文件夹。取消选择该选项可禁用共享文件夹，但不会将其从虚拟机配置中删除
只读	将共享文件夹设为只读。选择该属性后，虚拟机可以查看并从共享文件夹中复制文件，但不能添加、更改或移除文件。对共享文件夹中文件的访问还受控于宿主机的权限设置

⑨ 单击"完成"按钮添加共享文件夹。

共享文件夹会显示在"文件夹"列表中。如图 1-22 所示，文件夹名称旁的复选框表示文件夹正被共享，可以取消选中此复选框来禁用文件夹共享。

图 1-22　设置共享文件夹

⑩ 单击"确定"按钮保存所做的更改。这样就添加了"D:\share"作为虚拟机的共享文件夹。

3. 查看共享文件夹

（1）在 Linux 虚拟机中，共享文件夹位于 /mnt/hgfs 下。在 Solaris 虚拟机中，共享文件夹位于 /hgfs 下。

（2）在 Windows 虚拟机中查看共享文件夹

在 Windows 虚拟机操作系统中，可以使用桌面图标来查看共享文件夹。

如果虚拟机操作系统使用的是 Workstation 4.0 对应的 VMware Tools，共享文件夹会显示为指定驱动器盘符上的文件夹。

在 Windows 虚拟机中查看共享文件夹的步骤如下。

① 根据所用的 Windows 操作系统版本，在 "My Network Places（网上邻居）"、"Network Neighborhood（网上邻居）"或"网络"中查找 "VMware 共享文件夹"。

② 如果将共享文件夹映射为网络驱动器，则打开"我的电脑"，在"网络驱动器"中查找"vmware-host 上的共享文件夹"。

要查看特定的共享文件夹，请使用 UNC 路径 "\\vmware-host\Shared Folders\共享文件夹名称"直接前往该文件夹。以上面的例子，查看虚拟机 Windows Server 2008 设置共享文件夹。在运行中输入：\\vmware-host\Shared Folders\，出现如图 1-23 所示的对话框。

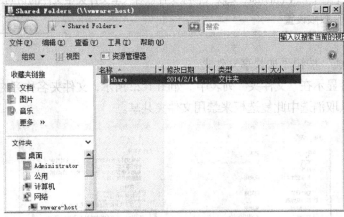

图 1-23　虚拟机中的共享文件夹

1.9　为虚拟机拍摄快照

为虚拟机拍摄快照可以保存虚拟机的当前状态，以便能够重复返回到同一状态。拍摄快照时，Workstation 会捕捉虚拟机的完整状态。可以使用快照管理器来查看和操作活动虚拟机的快照。

1.9.1　使用快照保留虚拟机状态

快照的内容包括虚拟机内存、虚拟机设置，以及所有虚拟磁盘的状态。恢复到快照时，虚拟机的内存、设置和虚拟磁盘都将返回到拍摄快照时的状态。

如果计划对虚拟机做出更改，则可能需要以线性过程拍摄快照。例如，可以拍摄快照，然后继续使用虚拟机，一段时间后再拍摄快照，以此类推。如果更改不符合预期，读者可以恢复到此项目中以前的一个已知工作状态快照。

对于本地虚拟机，每个线性过程可以拍摄超过 100 个快照。对于共享和远程虚拟机，每个线性过程最多可以拍摄 31 个快照。

如果要进行软件测试，则可能需要以过程树分支的形式保存多个快照（所有分支基于同一个基准点）。例如，可以在安装同一个应用程序的不同版本之前拍摄一个快照，以确保每次安装都从同一个基准点出发。图 1-24 所示为过程树中作为还原点的快照。

图 1-24　过程树中作为还原点的快照

多个快照之间为父子项关系。作为当前状态基准的快照即是虚拟机的父快照。拍摄快照后，所存储的状态即为虚拟机的父快照。如果恢复到更早的快照，则该快照将成为虚拟机的父快照。

在线性过程中，每个快照都有一个父项和一个子项，但最后一个快照没有子项。在过程树中，每个快照都有一个父项，但是可以有不止一个子项，也可能有些快照没有子项。

1.9.2　拍摄虚拟机快照

拍摄快照时，系统会及时保留指定时刻的虚拟机状态，而虚拟机则会继续运行。通过拍摄快照，可以反复恢复到同一个状态，也可以在虚拟机处于开启、关机或挂起状态时拍摄快照。

当虚拟机中的应用程序正在与其他计算机进行通信时，尤其是在生产环境中，请勿拍摄快照。例如，如果在虚拟机正从网络中的服务器下载文件时拍摄快照，虚拟机会在快照拍摄完成后继续下载文件。当恢复到该快照时，虚拟机和服务器之间的通信会出现混乱，文件传输将会失败。

 注意　Workstation 4 虚拟机不支持多个快照，必须将虚拟机升级到 Workstation 7.x 或更高版本才能拍摄多个快照。

1. 前提条件

- 确认虚拟机没有配置为使用物理磁盘。对于使用物理磁盘的虚拟机，无法拍摄快照。
- 要使虚拟机在开启时恢复到挂起、开机或关机状态，请确保在拍摄快照之前虚拟机处于相应的状态。恢复到快照时，虚拟机的内存、设置和虚拟磁盘都将返回到拍摄快照时的状态。
- 完成所有挂起操作。
- 确认虚拟机未与任何其他计算机通信。
- 为获得更高性能，可对虚拟机操作系统的驱动器进行碎片整理。
- 如果虚拟机具有多个不同磁盘模式的磁盘，请将虚拟机关机。例如，如果有需要使用独立磁盘模式的配置，那么在拍摄快照之前必须将虚拟机关闭。
- 对于使用 Workstation 4 创建的虚拟机，请删除所有现有快照，或者将虚拟机升级到 Workstation 5.x 或更高版本。

2. 步骤

① 选择虚拟机，然后选择"虚拟机"→"快照"→"拍摄快照"。
② 为快照键入唯一的名称。
③ （可选） 为快照输入描述。描述对记录说明虚拟机在拍摄快照时的状态非常有用。
④ 单击"确定"按钮拍摄快照。

1.9.3 恢复到快照

通过恢复到快照，可以将虚拟机恢复到以前的状态。

如果在为虚拟机拍摄快照后添加了任何类型的磁盘，恢复到该快照会从虚拟机中移除该磁盘。关联的磁盘（.vmdk）文件如果未被其他快照使用，则会被删除。

如果在将独立磁盘添加到虚拟机后拍摄快照，恢复到该快照不会影响独立磁盘的状态。

恢复到快照的步骤如下。
① 要恢复到父快照，请选择虚拟机，然后选择"虚拟机"→"快照"→"恢复到快照"。
② 要恢复到任意快照，请选择虚拟机，然后选择"虚拟机"→"快照"，选择所需快照，单击"转到"。

1.9.4 使用快照管理器

可以使用快照管理器来查看和操作活动虚拟机的快照。通过快照树可以查看虚拟机的快照以及快照之间的关系。

① 要使用快照管理器，请选择"虚拟机"→"快照"→"快照管理器"。

② "当前位置"图标显示了虚拟机的当前状态。其他图标代表自动保护快照、已开启的虚拟机的快照、已关机的虚拟机的快照，以及用于创建链接克隆的快照。要对选定快照执行操作，请单击相应的按钮。也可以通过按住 Ctrl 键单击的方式选择多个快照。表 1-6 描述了快照管理器的操作。

表 1-6　　　　　　　　　　　　　　　快照管理器操作

按钮	操作
拍摄快照	为选定的虚拟机拍摄快照 　　快照的内容包括虚拟机内存、虚拟机设置以及所有虚拟磁盘的状态。拍摄快照不会保存物理磁盘的状态。独立磁盘的状态不受快照影响 　　注意：如果"拍摄快照"功能被禁用，可能是因为虚拟机具有多个不同磁盘模式的磁盘。例如，如果采用了独立磁盘的特殊用途配置，那么在拍摄快照之前必须将虚拟机关闭
保留	防止选定的自动保护快照被删除 　　当 Workstation 拍摄的快照数达到您在设置自动保护时指定的最大自动保护快照数时，系统在每次拍摄新快照时会自动删除最早的自动保护快照，除非该快照具有删除保护
克隆	启动克隆虚拟机向导来指导完成操作或创建克隆。当需要将多个相同的虚拟机部署到一个组时，克隆功能会非常有用
放大和缩小	（仅限 Linux 主机）扩大或缩小快照树的大小
删除	删除选定的快照。删除快照不会影响虚拟机的当前状态。如果快照关联的虚拟机已被指定为克隆模板，则无法删除快照 　　要删除某个快照及其所有子级对象，请右键单击该快照，然后选择"删除快照及其子项"。如果快照的子级对象包括自动保护快照，这些自动保护快照只有在"显示自动保护快照"处于选中状态时才会被删除 　　重要提示：如果您使用某个快照创建克隆，该快照会被锁定。如果删除锁定的快照，通过该快照创建的克隆将无法继续正常工作
显示自动保护快照	在快照树中显示自动保护快照
转到	恢复到选定的快照 　　如果您在为虚拟机拍摄快照后添加了任何类型的磁盘，恢复到该快照会从虚拟机中移除该磁盘。如果关联的磁盘文件未被其他快照使用，则会被删除 　　如果在将独立磁盘添加到虚拟机后拍摄快照，恢复到该快照不会影响独立磁盘的状态
自动保护	显示选定虚拟机的自动保护选项
名称和描述	选定快照的名称和描述。编辑相应的文本框可以更改名称和描述

PART 2 第 2 篇 Linux 系统安装与常用命令

Linux 是当前最具发展潜力的计算机操作系统，互联网服务的旺盛需求正推动着 Linux 的发展热潮一浪高过一浪。Linux 自由与开放的特性，加上强大的网络功能，使 Linux 在 21 世纪有着无限的发展前景。

中小型企业在选择网络操作系统时，首先推荐企业版 Linux 网络操作系统。一是由于其开源的优势，另一个是考虑安全性。

本篇以 RHEL 5.4 为基础，首先介绍 Linux 系统的安装与系统管理，主要包括：Linux 的安装与配置、Linux 常用命令两部分内容。

2.1 Linux 的安装与配置

2.1.1 实训目的

- 掌握通过光盘安装 RHEL 5 的基本步骤。
- 了解系统中各硬件设备的设置方法。
- 了解磁盘分区的相关知识，并手工建立磁盘分区。
- 掌握 RHEL 5 的初始化设置。
- 掌握 RHEL 5 的启动过程。
- 掌握 RHEL 5 的运行级别。

2.1.2 实训环境

- 一台已经安装好 Windows 7 的计算机
- Windows 7 上已经安装好了 VMware Workstation 10.0.1，且运行正常
- 一套 RHEL 5 安装光盘
- 或者 RHEL 5 的镜像文件（ISO）

2.1.3 实训准备

要想成功安装 Linux，首先必须要对硬件的基本要求、硬件的兼容性、多重引导、磁盘分区和安装方式等进行充分了解，获取发行版本，查看硬件是否兼容，选择适合的安装方式。

做好这些准备工作，Linux 安装之旅才会一帆风顺。

用户可以借助 Windows 的设备管理器来查看计算机中各硬件的型号，并与 Red Hat 公司提供的硬件兼容列表进行对比，以确定硬件是否与 RHEL 5 兼容。

1．多重引导

Linux 和 Windows 的多系统共存有多种实现方式，最常用的有以下 3 种。

- 先安装 Windows，再安装 Linux，最后用 Linux 内置的 GRUB 或者 LILO 来实现多系统引导。这种方式实现起来最简单。
- 无所谓先安装 Windows 还是 Linux，最后经过特殊的操作，使用 Windows 内置的 OS Loader 来实现多系统引导。这种方式实现起来稍显复杂。
- 同样无所谓先安装 Windows 还是 Linux，最后使用第三方软件来实现 Windows 和 Linux 的多系统引导。这种实现方式最为灵活，操作也不算复杂。

在这 3 种实现方式中，目前用户使用最多的是通过 Linux 的 GRUB 或者 LILO 实现 Windows、Linux 多系统引导。

LILO 是最早出现的 Linux 引导装载程序之一，其全称为 Linux Loader。早期的 Linux 发行版本中都以 LILO 作为引导装载程序。GRUB 比 LILO 晚出现，其全称是 GRand Unified Bootloader。GRUB 不仅具有 LILO 的绝大部分功能，并且还拥有漂亮的图形化交互界面、方便的操作模式。因此，包括 Red Hat 在内的越来越多 Linux 发行版本转而将 GRUB 作为默认安装的引导装载程序。

GRUB 提供给用户交互式的图形界面，还允许用户定制个性化的图形界面。而 LILO 的旧版本只提供文字界面，在其最新版本中虽然已经有图形界面，但对图形界面的支持还比较有限。

LILO 通过读取硬盘上的绝对扇区来装入操作系统，因此每次改变分区后都必须重新配置 LILO。如果调整了分区的大小或者分区的分配，那么 LILO 在重新配置之前就不能引导这个分区的操作系统。而 GRUB 是通过文件系统直接把内核读取到内存，因此只要操作系统内核的路径没有改变，GRUB 就可以引导操作系统。

GRUB 不但可以通过配置文件进行系统引导，还可以在引导前动态改变引导参数，动态加载各种设备。例如，刚编译出 Linux 的新内核，却不能确定其能否正常工作时，就可以在引导时动态改变 GRUB 的参数，尝试装载新内核。LILO 只能根据配置文件进行系统引导。

GRUB 提供强大的命令行交互功能，方便用户灵活地使用各种参数来引导操作系统和收集系统信息。GRUB 的命令行模式甚至还支持历史记录功能，用户使用向上向下键就能寻找到以前的命令，非常高效易用，而 LILO 就不提供这种功能。

2．安装方式

任何硬盘在使用前都要进行分区。硬盘的分区有两种类型：主分区和扩展分区。一个 Red Hat Enterprise Linux 5 提供了 4 种安装方式支持，可以从光盘启动安装、从硬盘安装、从 NFS 服务器安装或者从 FTP/HTTP 服务器安装。

（1）从光盘安装。

对于绝大多数场合来说，最简单、快捷的安装方式当然是从光盘进行安装。只要设置启动顺序为光驱优先，然后将 Red Hat Enterprise Linux 5 CD Disk 1 或者 DVD 放入光驱启动即可进入安装向导（CD 版本有 5 张光盘）。

（2）从硬盘安装。

如果是从网上下载的光盘镜像，并且没有刻录机去刻盘，从硬盘安装也是一个不错的选择。需要进行的准备活动也很简单，将下载到的 ISO 镜像文件复制到 FAT32 或者 ext2 分区中，在安装的时候选择硬盘安装，然后选择镜像位置即可。

（3）从网络服务器安装。

对于网络速度不是问题的用户来说，通过网络安装也是不错的选择。Red Hat Enterprise Linux 5 目前的网络安装支持 NFS、FTP 和 HTTP 3 种方式。

在通过网络安装 Red Hat Enterprise Linux 5 时，一定要保证光驱中不能有安装光盘，否则有可能会出现不可预料的错误。

3．磁盘分区

（1）磁盘分区简介。

硬盘上最多只能有四个主分区，其中一个主分区可以用一个扩展分区来替换。也就是说主分区可以有 1～4 个，扩展分区可以有 0～1 个，而扩展分区中可以划分出若干个逻辑分区。

目前常用的硬盘主要有两大类：IDE 接口硬盘和 SCSI 接口硬盘。IDE 接口的硬盘读写速度比较慢，但价格相对便宜，是家庭用 PC 常用的硬盘类型。SCSI 接口的硬盘读写速度比较快，但价格相对较贵。通常，要求较高的服务器会采用 SCSI 接口的硬盘。一台计算机上一般有两个 IDE 接口（IDE0 和 IDE1），在每个 IDE 接口上可连接两个硬盘设备（主盘和从盘）。采用 SCSI 接口的计算机也遵循这一规律。

Linux 的所有设备均表示为/dev 目录中的一个文件，如：

- IDE0 接口上的主盘称为/dev/hda；
- IDE0 接口上的从盘称为/dev/hdb；
- IDE1 接口上的主盘称为/dev/hdc；
- IDE1 接口上的从盘称为/dev/hdd；
- 第一个 SCSI 接口的硬盘称为/dev/sda；
- 第二个 SCSI 接口的硬盘称为/dev/sdb；
- IDE0 接口上主盘的第 1 个主分区称为/dev/hda1；
- IDE0 接口上主盘的第 1 个逻辑分区称为/dev/hda5。

由此可知，/dev 目录下 "hd" 打头的设备是 IDE 硬盘，"sd" 打头的设备是 SCSI 硬盘。对于 IDE 硬盘，设备名称中第 3 个字母为 a，表示该硬盘是连接在第 1 个接口上的主盘硬盘，而 b 则表示该盘是连接在第 1 个接口上的从盘硬盘，并以此类推。对于 SCSI 硬盘，第 1～3 个磁盘所对应的设备名称依次为：/dev/sda、/dev/sdb、/dev/sdc，其他依次类推。另外，分区使用数字来表示，数字 1～4 用于表示主分区或扩展分区，逻辑分区的编号从 5 开始。

如果是在虚拟机中，则不存在主从盘的问题，建议在虚拟机中使用 SCSI 硬盘。

（2）分区方案。

对于初次接触 Linux 的用户来说，分区方案越简单越好，所以最好的选择就是为 Linux 装备两个分区，一个是用户保存系统和数据的根分区（/），另一个是交换分区（swap）。其中交换分区不用太大，与物理内存同样大小即可。根分区则需要根据 Linux 系统安装后占用资源的大小和所需要保存数据的多少来调整大小（一般情况下，划分 15～20GB 就足够了）。

当然，对于 Linux 熟手来说，这种分区方案就不太适合了。此时，一般还会单独创建一个 /boot 分区，用于保存系统启动时所需要的文件；一个 /usr 分区，操作系统基本都在这个分区中；一个 /home 分区，所有的用户信息都在这个分区下；还有 /var 分区，服务器的登录文件、邮件、Web 服务器的数据文件都会放在这个分区树中。常见分区方案的目录树如图 2-1 所示。

图 2-1 Linux 服务器常见分区方案

至于分区操作，由于 Windows 并不支持 Linux 下的 ext2、ext3 和 swap 分区，所以我们只有借助于 Linux 的安装程序进行分区了。当然，绝大多数第三方分区软件也支持 Linux 的分区，我们也可以用它们来完成这项工作。

4．挂载点与磁盘分区的规划

既然 Linux 系统使用的是目录树系统，所以安装的时候自然要规划磁盘分区与目录的挂载位置。实际上，在 Linux 安装的时候已经提供了相当多的默认模式让你选择分区的方式。不过，默认分区的结果可能并不符合你的需求。因为毕竟每个人的"想法"不太一样。

因此，强烈建议使用"自定义安装，Custom"这个安装模式。在某些 Linux 发行版中，会将这个模式叫做"专家模式，Expert"。

（1）自定义安装"Custom"。

① 对于初次接触 Linux 的读者，建议只划分分区"/"及"swap"。

初次安装 Linux 系统的朋友，建议直接以一个最大的分区"/"来安装系统。这样做有个好处，就是不怕因分区错误而陷入无法安装的困境。例如，/usr 是 Linux 的可执行程序及相关的文件存放的目录，所以他的容量需求很大，万一你分了一个分区给 /usr，但是却给的不够大，那么就伤脑筋了。因为这可能会造成因该分区写满而无法继续安装 Linux 的问题。因此如果你是初次安装的话，那么可以仅分成两个分区："/"与"swap"。

② 分区时建议预留备用的磁盘容量。

在使用 Linux 的过程中，最麻烦的可能就是得要常常处理分区的问题，因为分区是系统管理员很重要的一项任务。但如果你将整个硬盘的容量都用光了，那么你要如何练习分区呢？

最好的办法就是特别预留一块不分区的磁盘，在后续练习时使用。

此外，预留的磁盘也可以拿来作为备份之用。因为我们在实际使用 Linux 系统的过程中，可能会发现某些脚本程序或者是重要的文件很值得备份，这时就可以使用这个预留的磁盘。这样做有个最大的好处，就是当 Linux 重新安装的时候，一些软件或工具程序马上就可以直接在这块磁盘上找到。为什么要重新安装？因为"没有安装过 Linux 十次以上，就不要说会安装 Linux"。使用虚拟机多安装几次，没有坏处。读者朋友慢慢体会这句话吧！

（2）使用 Linux 安装程序提供的默认磁盘分区方式。

对于首次接触 Linux 的朋友们，通常不建议使用各个发行版所预设的 Server 安装方式。因为这会让你无法得知 Linux 到底是怎么安装的，而且也不一定符合你的需求。还有一点，使用 Server 方式安装的时候，请确定硬盘中的数据已不再需要。因为该方式会删除整块硬盘中的数据。此外，硬盘总容量至少要在 2GB 以上才可以选择这一个模式。

> **技巧**：在硬盘分区方面，先暂时划分"/"及"swap"两个分区。而且，还要预留一个未划分的空间，以应对将来针对系统的磁盘分区的练习和磁盘配额（quota）的练习。举例来说，如果你有一个 20GB 的硬盘，那么建议你分 15 GB 给"/"来安装 Linux，512 MB 给 swap，另外的 4GB 左右不要划分，先保留下来，以备将来之用。

2.1.4　实训步骤

在安装前需要对虚拟机软件做一点介绍，启动 VMWare 软件，在 VMWare Workstation 主窗口中单击"新建虚拟机"，或者选择"文件→新建虚拟机"命令，打开新建虚拟机向导。继续单击"下一步"按钮，出现图 2-2 所示的对话框。从 VMWare 6.5 开始，在建立虚拟机时有一项 Easy install，类似 Windows 的无人值守安装，如果不希望执行 Easy Install（前两项内容），请选择第 3 项"稍后安装操作系统（S）"单选按钮（推荐选择本项）。其他内容请参照相关资料。

图 2-2　在虚拟机中选择安装方式

1. 安装 Red Hat Enterprise Linux 5

（1）设置启动顺序。

决定了要采用的启动方式后，就要到 BIOS 中进行设置，将相关的启动设备设置为高优先级。因为现在所有的 Linux 版本都支持从光盘启动，所以我们就进入 Advanced BIOS Feature 选项，使用上下箭头设置第 1 个引导设备为"CD-ROM"。

一般情况下，本机硬盘是启动计算机的第一选择，也就是说计算机在开机自检后，将首先读取硬盘上引导扇区中的程序来启动计算机。要安装 RHEL 5 首先要确认计算机将光盘设置为第一启动设备。开启计算机电源后，屏幕会出现计算机硬件的检测信息，此时根据屏幕提示按下相应的按键就可以进入 BIOS 的设置画面，如屏幕出现 Press DEL to enter SETUP 字样，那么单击 Delete 键就进入 BIOS 设置画面。不同的计算机提示信息有所不同，不同主板的计算机 BIOS 设置画面也有所差别。

在 BIOS 设置画面中将系统启动顺序中的第一启动设备设置为 CD-ROM，并保存设置，退出 BIOS。

> 如果是在 VMware 虚拟机中安装 RHEL 5，而又需要光盘引导时，有两种方法可进入 BIOS 设置。

方法 1：打开虚拟机电源，在虚拟机窗口中单击鼠标左键，接受对虚拟机的控制，按 F2 键进入 BIOS 设置。

方法 2：如图 2-3 所示，在选中要启动的 RHEL 5 虚拟机后，依次单击"虚拟机"→"电源"→"启动时进入 BIOS（B）"，可以直接进入 BIOS 设置界面，虚拟机中使用的是"Phoenix（凤凰）"的 BIOS 程序。

图 2-3　VMwareWorkstation

（2）选择安装方式。

根据使用光盘或镜像文件的不同，可采取两种方法加载安装文件。

- 方法 1：在虚拟机中连接 ISO 文件（等同于将光盘放入光驱）。在 VMware Workstation 界面中，依次单击"虚拟机"→"设置"打开虚拟机设置对话框。如图 2-4 所示。在该对话框中单击"CD/DVD（IDE）"，选中右侧的"使用 ISO 镜像文件"单选按钮，然后单击浏览，查找并选中 RHEL5 镜像文件。

图 2-4　VMware Workstation 界面

- 方法 2：直接将 Red Hat Enterprise Linux 5 CD/DVD 放入光驱，并选中"使物理驱动器"单选按钮。

准备工作完成后，重新启动计算机（打开虚拟机电源），稍等片刻，就看到了经典的 Red Hat Linux 安装界面，如图 2-5 所示。

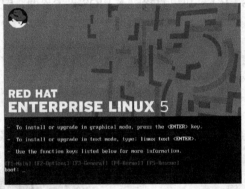

图 2-5　选择 Red Hat Enterprise Linux 5 安装模式

需要注意的是，在这个安装界面下按回车键表示采用默认的选项进行安装。如果想从硬盘安装，或者进入急救模式，或者设置安装时采用的分辨率，则分别按 F2 键（更多选项）、F3 键（常规配置）、F4 键（内核参数）、F5 键（急救模式）。如果在 boot: 后输入 Linux text 是用 CLI（命令行界面）安装。

说　明
如果想从硬盘或者网络载体上安装 Red Hat Enterprise Linux 5，就必须在 "boot:" 提示符下，输入 "Linux askmethod"，然后在接下来的窗口中选择从本地硬盘、网络还是光盘进行安装。

（3）检测光盘和硬件。

在 "boot:" 提示符下直接按回车键，安装程序就会自动检测硬件，并且会在屏幕上提示相关的信息，如光盘、硬盘、CPU、串行设备等，如图 2-6 所示。

图 2-6 Red Hat Enterprise Linux 5 安装程序检测硬件中

检测完毕后，还会出现一个光盘检测窗口，如图 2-7 所示。这是因为大家使用的 Linux 很多都是从网上下载的，为了防止下载错误导致安装失败，Red Hat Enterprise Linux 特意设置了光盘正确性检查程序。如果确认自己的光盘没有问题，就单击 skip 按钮跳过漫长的检测过程。

图 2-7 选择是否检测光盘介质

（4）选择安装语言并进行键盘设置。

如果你的主机硬件都可以很好地被 Red Hat Enterprise Linux 5 支持的话，现在就进入了图形化安装阶段。首先打开的是欢迎界面，Red Hat Enterprise Linux 5 的安装要靠我们简单地进行选择来一步一步地完成，如图 2-8 所示。

图 2-8 Red Hat Enterprise Linux 5 的欢迎界面

Red Hat Enterprise Linux 5 的国际化做得相当好，它的安装界面内置了数十种语言支持。根据自己的需求选择语言种类，这里选择"简体中文"，单击 Next 按钮后，整个安装界面就变成简体中文显示了，如图 2-9 所示。

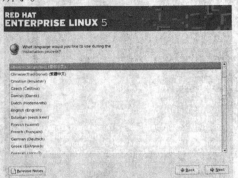

图 2-9 选择所采用的语言

接下来是键盘布局选择窗口，对于选择了"简体中文"界面的用户来说，这里最好选择"美国英语式"。

（5）输入安装号码。

在选择好键盘布局并继续安装时，Red Hat Enterprise Linux 5 会提醒输入"安装号码"。这个安装号码相当于 Windows 的安装序列号，只不过在 Red Hat Enterprise Linux 5 中即使跳过输入安装号码也可以安装、使用 Linux，但可以安装的功能受限，并且得不到 Red Hat 的技术支持，如图 2-10 所示。

图 2-10 输入安装号码

（6）为硬盘分区。

磁盘分区允许用户将一个磁盘划分成几个单独的部分，每一部分有自己的盘符。Red Hat Enterprise Linux 5 在安装向导中提供了一个简单易用的分区程序（Disk Druid）来帮助用户完成分区操作。

步骤一：在全新硬盘上安装 Red Hat Enterprise Linux 5，安装程序会提示你是否要初始化驱动器，单击"是"按钮继续（见图 2-11）。

图 2-11 初始化驱动器

步骤二：Red Hat Enterprise Linux 5 分区工具会首先让用户选择分区方案，如图 2-12 所示。

图 2-12 Red Hat Enterprise Linux 5 提供了 4 种分区方案

它内置的分区方案包括 4 种。

① 在选定磁盘上删除所有分区并创建默认分区结构。

选择该选项将会删除原来硬盘上的所有分区，包括 Windows 的 vfat、NTFS 分区。此选项适合于整个磁盘上只需要安装一个 Linux 系统，并且硬盘上不存在其他重要数据的场合。

注意　选择该选项将会导致原来磁盘上的所有分区和数据被删除。特别提示，在硬盘中数据得到妥善备份之前，请不要进行该操作。

② 在选定驱动器上删除 Linux 分区并创建默认的分区结构。

选择该选项将会删除原来硬盘上的 Linux 分区，但其他操作系统创建的分区例如 Windows 的 vfat、NTFS 将会得到保留。此选项适合于和其他操作系统共存的场合。

③ 使用选定驱动器中的空余空间并创建默认的分区结构。

该选项将会保留原来硬盘上的所有数据和分区，前提是你必须保证在硬盘上有足够的空间可以用来安装新的 Linux 系统。

④ 建立自定义的分区结构。

所有的操作都由用户手工来完成，适合于对 Linux 十分熟悉的用户，初次接触 Red Hat Enterprise Linux 5 的用户，还是不建议你采用这种方式。

提示　最好同时勾选分区方案选择窗口下方的"检验和修改分区方案"，这可以让你实时查看到将要采用的分区方案。经过你的同意后，再实施分区动作。

步骤三：如果选择了 3 种自动分区方案中的一种，并且勾选了"检验和修改分区方案"，你将会看到分区预览界面，如图 2-13 所示。在其中可以单击"新建"按钮创建一个新分区，单击"编辑"按钮修改选中的分区，或者单击"删除"按钮用来删除一个不适合的分区，"重设"按钮则用来将硬盘恢复到早期的分区状态。

步骤四：先创建/boot 分区。Red Hat Enterprise Linux 5 默认采用的是 LVM 分区格式，这是特殊的磁盘应用，对于采用单硬盘的大多数朋友来说，还是采用普通的分区格式为好，所以先选中原来的分区，逐个删除，然后开始重建。

单击"新建"按钮，会出现"添加分区"对话框，因为首先规划的是"启动分区"，所以在"挂载点"选择"/boot"，磁盘文件系统类型就选择标准的"ext3"，大小设置为 100MB（在"大小"框中输入 100,单位是 MB),并勾选"强制为主分区",其他的按照默认设置即可,如图 2-14 所示。

图 2-13　Red Hat Enterprise Linux 5 磁盘分区预览窗口

图 2-14　创建启动分区

提　示　为保证/boot 分区在整个硬盘的最前面,一定要选择"强制为主分区"选项。

步骤五:再创建交换分区。同样,单击"新建"按钮,此时会出现同样的窗口,我们只需要在"文件系统类型"中选择"swap",大小一般设置为物理内存的两倍即可。例如,若计算机物理内存大小为 1GB,设置的 swap 分区大小就是 2048MB(2GB)。

说　明　什么是 swap 分区?简单地说,swap 就是虚拟内存分区,它类似于 Windows 的 PageFile.sys 页面交换文件。就是当计算机的物理内存不够时,作为后备利用硬盘上的指定空间来动态扩充内存的大小。

提　示　由于 swap 并不会使用到目录树的挂载,所以 swap 就不需要指定挂载点。

当然,我们还需要创建其他分区,不过具体动作与上述操作大同小异,这里就不再赘述了。最后的分区规划为

- swap 分区大小为 2GB;
- /boot 分区大小为 100MB;
- /分区大小为 2GB;
- /usr 分区大小为 5GB;
- /home 分区大小为 8GB;
- /var 分区大小为 1GB。

其他的用来创建一个数据分区和备份分区。

① 不可与 root 分区分开的目录是：/dev、/etc、/sbin、/bin 和/lib。系统启动时，核心只载入一个分区，那就是"/"，核心启动要加载/dev、/etc、/sbin、/bin 和/lib 五个目录的程序，所以以上几个目录必须和根目录在一起。

② 最好单独分区的目录是：/home、/usr、/var 和/tmp，出于安全和管理的目的，以上四个目录最好要独立出来，例如在 samba 服务中，/home 目录可以配置磁盘配额 quota，在 sendmail 服务中，/var 目录可以配置磁盘配额 quota。

③ 在创建分区时，/boot、/、swap 分区都勾选"强制为主分区"选项，建立独立主分区（/dev/sda1-3）。/home、/usr、/var 和/tmp 四个目录分别挂载到/dev/sda5-8 四个独立逻辑分区（扩展分区/dev/sda4 被分成若干逻辑分区）。

分区结果如图 2-15 所示。

```
[root@localhost var]# fdisk -l

Disk /dev/sda: 42.9 GB, 42949672960 bytes
255 heads, 63 sectors/track, 5221 cylinders
Units = cylinders of 16065 * 512 = 8225280 bytes

   Device Boot      Start         End      Blocks   Id  System
/dev/sda1   *           1          13      104391   83  Linux
/dev/sda2              14         144     1052257+  83  Linux
/dev/sda3             145         209      522112+  82  Linux swap / Solaris
/dev/sda4             210        5221    40258890    5  Extended
/dev/sda5             210        1514    10482381   83  Linux
/dev/sda6            1515        2558     8385898+  83  Linux
/dev/sda7            2559        3211     5245191   83  Linux
/dev/sda8            3212        3603     3148708+  83  Linux
```

图 2-15　分区结果

在图 2-15 中，/dev/sda4 是扩展分区，最大磁柱是 5221。该扩展分区包含/dev/sda5-8 四个逻辑分区。最后一个逻辑分区的结束磁柱是 3603。由于 3603 小于 5221，所以该磁盘还有一部分空间未被划分分区。这个预留会在后面的磁盘管理实训中应用（fdisk）。

（7）引导设置。

给硬盘完成分区操作后，Red Hat Enterprise Linux 5 安装程序开始配置引导程序。在 Linux 中主要有 LILO 和 GRUB 两种引导管理器，目前 LILO 已经很少使用，Red Hat Enterprise Linux 5 内置的就是 GRUB。

一般情况下，我们选择把 GRUB 安装到 MBR 即可（默认设置就是安装到 MBR），如图 2-16 所示。这样如果你先在计算机上安装了 Windows，还可以实现 Windows 和 Linux 的双系统引导。

（8）网络配置。

Red Hat Enterprise Linux 5 会自动检测

图 2-16　选择 GRUB 安装位置

网络设备并将它显示在"网络设备"列表框中,如图 2-17 所示。

图 2-17　Red Hat Enterprise Linux 5 的网络配置窗口

在默认情况下,Red Hat Enterprise Linux 5 会使用 DHCP 动态获取 IP 地址来降低网络的配置难度。如果不想采用 DHCP 来进行网络设备的配置,则需要选中相应设备,单击右侧的"编辑"按钮打开配置窗口,如图 2-18 所示。清除"使用动态 IP 配置(DHCP)"复选框的对勾即可,然后设置 IP 地址和子网掩码。

图 2-18　手工设置 IP 地址

单击"确定"按钮后,就会出现如图 2-19 所示的画面。在这里可以为主机设置名称,也可以设置网关、DNS 服务器等。

图 2-19　设置网关和 DNS

若想在安装系统后打开网络配置窗口,只需要在命令行控制台输入"system-config-network"就可以了。这个配置网络的小工具叫作 Network Administration Tool。

(9) 设置时区。

时区用于标志计算机的物理位置,Red Hat Enterprise Linux 5 可以通过两种方式来进行设置,如图 2-20 所示。

图 2-20 设置时区

- 在"时区选择"窗口中,单击上方的交互式地图来选择,当前选中区域会显示一个红色的"×"。
- 在下方的"时区选择"下拉列表中选择。

 在安装好系统之后,想要设置时区就必须借助 Time and Date Properties Tool 工具了。它可以通过在命令行控制台窗口输入 system-config-date 指令来打开。

(10) 设置根用户口令。

设置根用户口令是 Red Hat Enterprise Linux 5 安装过程中最重要的一步。根用户类似于 Windows 中的 Administrator(管理员)账号,是系统的最高权限账号,如图 2-21 所示。

图 2-21 为根用户设置一个强壮的口令

提示: 如果想在安装好 Red Hat Enterprise Linux 5 之后重新设置根用户口令，就需要在命令行控制台下输入 system-config-rootpassword 指令。

（11）定制安装组件。

Red Hat Enterprise Linux 5 也为我们提供了可供安装的组件包的选择项，这些组件随用户安装号码的不同而有所差异。Red Hat Enterprise Linux 5 的可选组件包默认只有软件开发、虚拟化和网络服务器 3 类。如果需要进行更详细的定制，就需要勾选下方的"现在定制"选项，如图 2-22 所示。

图 2-22　Red Hat Enterprise Linux 5 的安装组件

如果勾选了"现在定制"选项，则会给你一个更加全面的选择机会。比如，当需要安装 KDE 桌面环境时，就需要在"桌面环境"下勾选"KDE（K 桌面环境）"，如图 2-23 所示。

图 2-23　详细定制 Red Hat Enterprise Linux 5 的安装组件

现在，终于开始正式安装了。Red Hat Enterprise Linux 5 安装进程会详细地显示安装需要的时间、目前正在安装的组件及组件的简单说明，经过一段时间的等待，Red Hat Enterprise Linux 5 终于顺利完成安装。如果你看到如图 2-24 所示的画面，就表示大功告成，请将光盘取出来，然后单击"重新引导"按钮启动系统。

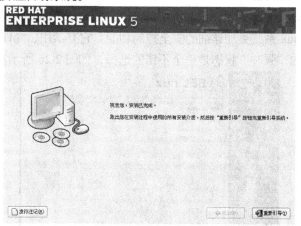

图 2-24 安装完成

2. 安装完成后的 Red Hat Enterprise Linux 5 的基本配置

Red Hat Enterprise Linux 5 和 Windows XP 类似，安装好重启之后，并不是立刻就可以投入使用，还必须进行必要的安全设置、日期和时间设置、创建用户和声卡等硬件的配置。Red Hat Enterprise Linux 5 安装后还需要经过配置才能使用。

（1）许可协议。

在开始配置之前会显示一个许可协议，只有勾选"是，我同意这个许可协议"，才能继续配置。

（2）防火墙设置。

Red Hat Enterprise Linux 5 的安全策略十分严格，在默认情况下，绝大多数服务都不允许外部计算机访问，所以如果想将一台计算机作为 FTP、HTTP 或者 samba 服务器，就必须在"防火墙设置"部分将对应的服务配置为可以信任的服务。

Red Hat Enterprise Linux 5 已经内置了 FTP、NFS4、SSH、samba、Telnet、WWW（HTTP）、安全 WWW（HTTPS）和邮件（SMTP）服务的配置模板。要在本机上启用这些服务，只需在"信任的服务"中将其选中即可。不过，如果所要架设的服务类型不在预设模板之列，就需要单击"其他端口"，然后添加相应服务的端口并进行简单的设置，如图 2-25 所示。

图 2-25 配置可以信任的服务

（3）加强安全的 SELinux。

Red Hat Enterprise Linux 5 采用 SELinux（Security Enhanced Linux）来加强系统的安全性，它可以提供比传统 Linux 系统更加详细的安全控制功能。它有禁用、允许和强制 3 种状态。对于服务器来说，默认的"强制"状态是一个不错的选择，如图 2-26 所示。

图 2-26　启用 SELinux，加强 Red Hat Enterprise Linux 5 系统的安全性

　为了确保安全，对于准备投入生产环境的 Linux 服务器，一定要开启防火墙和 SELinux 功能。但如果在安装系统时没有启用防火墙和 SELinux 功能，可以在安装后进行启用，方法有两种。

第一，执行 system-config-securitylevel 命令启动服务配置程序，在出现的对话框中的"安全级别"选项中，选择"启用"确定即可。

第二，启用 SELinux。编辑/etc/seLinux/config 文件，找到语句"SELINUX= disabled"，将该句改为"SELINUX=enforcing"。重新启动 Linux，SELinux 就会被启用了。

（4）Kdump。

Kdump 提供了一个新的崩溃转储功能，用于在系统发生故障时提供分析数据。在默认配置下该选项是关闭的，如果需要此功能，则选中"Enable kdump"来启用它，如图 2-27 所示。

需要说明的是，Kdump 会占用宝贵的系统内存，所以在确保你的系统已经可以长时间稳定运行，请关闭它。

图 2-27　启用 Kdump

(5)时间和日期设置。

Red Hat Enterprise Linux 5 与 Windows 一样，在安装之后提供日期和时间设置界面，如图 2-28 所示，我们可以手动来为计算机设置正确的日期和时间。

图 2-28　设置日期和时间

如果计算机此时连接到了网络上，还可以通过时间服务器来自动校准时间。只要选择图 2-29 中的"网络时间协议"选项卡，再勾选"启用网络时间协议"，重新启动计算机后，它会自动与配置的时间服务器进行校准。

(6)设置软件更新。

注册成为 Red Hat 用户，才能享受它的更新服务，不过遗憾的是，目前 Red Hat 公司的更新服务并不免费，你必须是 Red Hat 的付费订阅用户才行。当然，如果你是 Red Hat 的订阅用户，那么完全可以注册一个用户并进行设置，以后就可以自动从 Red Hat 获取更新了，如图 2-29 所示。

图 2-29　注册了 Red Hat 账号才能进行自动更新

(7)创建用户。

Red Hat Enterprise Linux 5 是一个多用户操作系统，安装系统之后为每个用户创建账号并设置相应权限的操作过程必不可少。也许有的用户会说，我已经有了 root 账号，并且设置了密码，为什么还要创建其他账号呢？这是因为在 Red Hat Enterprise Linux 5 中，root 账号的权限过大，为了防止用户一时操作失误，不慎损坏系统，最好创建其他账号，如图 2-30 所示。

图 2-30 创建用户并设置密码

（8）声卡配置。

Red Hat Enterprise Linux 5 内置了丰富的声卡驱动程序，它会在安装过程中自动检测声卡，安装相应的驱动程序，然后帮助用户进行设置，如图 2-31 所示。

图 2-31 测试、配置声卡

至此，Red Hat Enterprise Linux 5 安装、配置成功。

3. 认识 Linux 启动过程和运行级别

本小节将重点介绍 Linux 启动过程、INIT 进程及系统运行级别。

（1）启动过程。

Red Hat Enterprise Linux 5 的启动过程包括以下几个阶段。

- 主机启动并进行硬件自检后，读取硬盘 MBR 中的启动引导器程序，并进行加载。
- 启动引导器程序负责引导硬盘中的操作系统，根据用户在启动菜单中选择的启动项不同，可以引导不同的操作系统。对于 Linux 操作系统，启动引导器直接加载 Linux 内核程序。
- Linux 的内核程序负责操作系统启动的前期工作，并进一步加载系统的 INIT 进程。
- INIT 进程是 Linux 系统启动时运行的第一个进程，该进程将根据其配置文件执行相应的启动程序，并进入指定的系统运行级别。
- 在不同的运行级别中，根据系统的设置将启动相应的服务程序。
- 在启动过程的最后，将运行控制台程序，提示用户输入账号和口令进行登录。

（2）INIT 进程。

INIT 进程是由 Linux 内核启动的，系统运行的第一个进程，其进程号（PID）永远为 "1"。

INIT 进程运行后将作为其他进程的父进程并照其配置文件引导运行系统所需的其他进程。INIT 配置文件的全路径名为"/etc/inittab",INIT 进程运行后将按照该文件中的配置内容运行系统启动程序。

inittab 文件作为 INIT 进程的配置文件,用于描述系统启动时和正常运行中所运行的进程的属性。文件内容如下(黑体为输入内容,全书同):

```
[root@RHEL5 ~]# cat /etc/inittab
id:3:initdefault:
si::sysinit:/etc/rc.d/rc.sysinit
l0:0:wait:/etc/rc.d/rc 0
l1:1:wait:/etc/rc.d/rc 1
l2:2:wait:/etc/rc.d/rc 2
l3:3:wait:/etc/rc.d/rc 3
l4:4:wait:/etc/rc.d/rc 4
l5:5:wait:/etc/rc.d/rc 5
l6:6:wait:/etc/rc.d/rc 6
ca::ctrlaltdel:/sbin/shutdown -t3 -r now
pf::powerfail:/sbin/shutdown -f -h +2 "Power Failure; System Shutting Down"
pr:12345:powerokwait:/sbin/shutdown -c "Power Restored; Shutdown Cancelled"
1:2345:respawn:/sbin/mingetty tty1
2:2345:respawn:/sbin/mingetty tty2
3:2345:respawn:/sbin/mingetty tty3
4:2345:respawn:/sbin/mingetty tty4
5:2345:respawn:/sbin/mingetty tty5
6:2345:respawn:/sbin/mingetty tty6
x:5:respawn:/etc/X11/prefdm -nodaemon
```

inittab 文件中的每行是一个记录,每个记录中有 id、runlevels、action 和 process 4 个字段,各字段间用":"分隔,它们共同确定了一个进程在哪些运行级别以何种方式运行。

(3)系统运行级别。

运行级别就是操作系统当前所在的功能级别。在 Linux 系统中,这个级别从 0 到 6,共 7 个级别,各自具有不同的功能。这些级别在/etc/inittab 文件里指定。各运行级别的含义如下。

- 0:停机,不要把系统的默认运行级别设置为 0,否则系统不能正常启动。
- 1:单用户模式,用于 root 用户对系统进行维护,不允许其他用户使用主机。
- 2:字符界面的多用户模式,在该模式下不能使用 NFS。
- 3:字符界面的完全多用户模式,主机作为服务器时通常在该模式下。
- 4:未分配。
- 5:图形界面的多用户模式,用户在该模式下可以进入图形登录界面。
- 6:重新启动,不要把系统的默认运行级别设置为 6,否则系统不能正常启动。

步骤一:首先查看系统运行级别。

runlevel 命令用于显示系统当前的和上一次的运行级别。例如:

```
[root@RHEL5 ~]# runlevel
N 3
```

步骤二:接着改变系统运行级别。

使用 init 命令,后跟相应的运行级别作为参数,可以从当前的运行级别转换为其他运行级别。例如:

```
[root@RHEL5 ~]# init 2
```

```
[root@RHEL5 ~]# runlevel
3 2
```

4. 删除 Red Hat Enterprise Linux

要从计算机中完全删除 Linux，不仅要删除 Linux 分区，还要删除相应的引导信息才可以。

（1）删除 Linux 引导信息。

一般可以通过 DOS/Windows 自带的 Fdisk 小工具来完成。

删除 Red Hat Enterprise Linux 5 的引导信息，需要借助 DOS/Windows 下的分区工具 Fdisk。只需要启动到 DOS 或者 Windows 下，然后在命令行窗口输入以下指令即可。

```
fdisk /MBR
```

此操作会导致共生系统也无法启动，所以请读者慎用。

（2）删除 Linux 分区。

通过第三方分区工具或者 Linux 急救盘中自带的 parted，就可以删除 Linux 分区。

① 以 Red Hat Enterprise Linux 5 光盘/USB 启动计算机，在 "boot:" 提示符下，输入以下指令启动到急救模式。

```
boot:Linux rescue
```

② 在 Red Hat Enterprise Linux 5 的命令行提示符下，输入以下指令，用分区工具打开指定硬盘：

```
parted /dev/sda
```

③ parted 的指令很多，想钻研一下的读者可以输入 "help" 获取帮助；不想学习的朋友，直接输入以下指令查看分区表，如图 2-32 所示。

图 2-32　Linux 下的命令行分区小工具 parted

```
print
```

④ 从图 2-32 我们可以看出，Red Hat Enterprise Linux 5 包括多个分区，我们只要记住相应分区前的 ID 号，然后用 "rm+ID 号" 指令就可以删除相应分区了。比如，删除 ID 号为 2 的数据分区：

```
rm 2
```

5. 登录和注销 Linux

Red Hat Enterprise Linux 5 是一个多用户操作系统，所以，系统启动之后用户需要登录后才可使用。

（1）登录。

Red Hat Enterprise Linux 5 的登录方式根据启动的是图形界面还是文本模式而有所不同。

① 图形界面登录。

对于默认设置的 Red Hat Enterprise Linux 5 来说，就是启动到图形界面，让用户输入账号和密码登录，如图 2-33 所示。

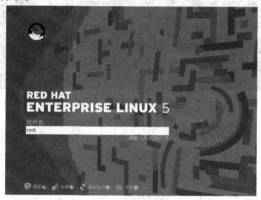

图 2-33　图形界面登录

有些细心的朋友也许已经注意到了，在登录界面的左下角还有"语言""会话""重新启动"和"关机"4 个选项。"重新启动"和"关机"顾名思义就可以知道作用，但是"语言"和"会话"呢？

如果单击"语言"，我们发现 Red Hat Enterprise Linux 5 有多种语言供选择，只需要点选，就可以马上启动到相应的语言界面，如图 2-34 所示。

图 2-34　语言选择对话框

至于"会话"，用鼠标单击它，打开的是如图 2-35 所示的会话方式界面。Red Hat Enterprise Linux 5 可以选择 X Window Manager（即窗口管理器）。如果你将所有组件都安装了，就会发现有 KDE 和 GNOME 两种选项。

② 文本模式登录。

如果是文本模式，打开的则是 mingetty 的登录界面。你会看到如图 2-36 所示的登录提示。

图 2-35　会话对话框

图 2-36　以文本方式登录 Red Hat Enterprise Linux 5

版本较新的 Red Hat Enterprise Linux 5 操作系统，默认采用的都是图形界面的 GNOME 或者 KDE 会话方式，要想使用文本方式登录，一般用户可以执行"应用程序"→"附件"→"终端"来打开终端窗口（或者直接右键单击桌面，选择"终端"命令），然后输入 init 3 命令，即可进入文本登录模式。如果在命令行窗口下输入 init 5 或 start x 命令可进入图形界面。

（2）注销。

至于注销方式，同样要根据所采用的是图形模式还是文本模式来进行相应的选择。

① 图形模式。图形模式很简单，只要执行"系统"→"注销"就可以了。

② 文本模式。Red Hat Enterprise Linux 5 文本模式也十分简单，只要同时按下 Ctrl+D 组合键就注销了当前用户。也可以在命令行窗口输入 logout 来注销。

6. shell 命令

操作系统的核心功能就是管理和控制计算机硬件、软件资源，以尽量合理、有效的方法组织多个用户共享多种资源，而 Shell 则是介于使用者和操作系统核心程序（Kernel）间的一个接口。各种 Linux 发行套件目前虽然已经提供了丰富的图形化接口，但是 shell 仍然是一条非常方便、灵活的途径。

Linux 中的 shell 又被称为命令行，在这个命令行窗口中，用户输入指令，操作系统执行并将结果回显在屏幕上。

（1）使用 Linux 系统的终端窗口。

版本较新的 Red Hat Enterprise Linux 5 操作系统默认采用的都是图形界面的 GNOME 或者 KDE 会话方式，要想使用 shell 功能，就必须像在 Windows 中那样打开一个命令行窗口。一般用户，可以执行"应用程序"→"附件"→"终端"命令来打开终端窗口（或者直接右键单击桌面，选择"终端"命令），如图 2-37 所示。

图 2-37 从这里打开终端

执行以上命令后,就打开了一个白底黑字的命令行窗口,在这里我们可以使用 Red Hat Enterprise Linux 5 支持的所有命令行指令。

(2)使用 shell。

在 Red Hat Enterprise Linux 5 中,还可以更方便地直接打开纯命令行窗口。应该怎么操作呢?Linux 启动过程的最后,定义了 6 个虚拟终端,可以供用户随时切换,切换时用 Ctrl+Alt+F1~Ctrl+Alt+F6 组合键可以打开其中任意一个。不过,此时就需要重新登录了。

进入纯命令行窗口之后,还可以使用 Alt+F1~Alt+F6 组合键在 6 个终端之间切换,每个终端可以执行不同的指令,进行不一样的操作。

登录之后,普通用户的命令行提示符以"$"号结尾,超级用户 root 的命令行以"#"号结尾。

```
[yy@localhost~]$                           ;一般用户以"$"号结尾
[yy@localhost~]$ su root                   ;切换到 root 账号
Password:
[root@localhost~]#                         ;命令行提示符变成以"#"号结尾了
```

~符号代表的是"用户的家目录",它是个变量。举例来说,root 的家目录在/root,所以~就代表/root。而 bobby 的家目录在/home/bobby,所以如果你以 bobby 登入时,看到的~就等于/home/bobby。

当用户需要返回图形界面时,只需要按下 Ctrl+Alt+F7 组合键即可。

也许有的用户想让 Red Hat Enterprise Linux 5 启动后就直接进入纯命令行窗口,而不是打开图形界面,这也很简单,使用任何文本编辑器打开/etc/inittab 文件,找到如下所示的行:

```
id:5:initdeafault
```

将它修改为

```
id:3:initdeafault
```

重新启动系统你就会发现,它登录的是命令行而不是图形界面。

提示 要想让 Red Hat Enterprise Linux 5 直接启动到图形界面，可以按照上述操作将"id:3"中的"3"修改为"5"，也可以在纯命令行模式，直接执行"startx"命令打开图形模式。

7. 启动引导器和 GRUB

启动引导器是计算机启动过程中运行的第一个真正的软件，通常计算机启动时在通过 BIOS 自检后读取并运行硬盘主引导扇区（MBR）中的启动引导器程序，启动引导器再负责加载启动硬盘分区中的操作系统。

GRUB 是 **GRand Unified Bootloader** 的缩写，它是一个多重操作系统启动管理器，用于在多个操作系统共存时选择引导哪个系统。它可以引导的操作系统包括 Linux、FreeBSD、NetBSD、BeOSi、OS/2、Windows 95/98、Windows NT、Windows 2000/ Server 2003。它通过载入操作系统的内核和初始化操作系统（如 Linux、FreeBSD），或者把引导权交给操作系统（如 Windows 2000/ Server 2003）来完成引导。

8. 使用 GRUB

GRUB 主要有 3 个强大的操作界面，它们提供了不同级别的功能。每个操作界面都允许用户引导操作系统，甚至可以在 GRUB 环境下的不同操作界面之间进行切换。

（1）菜单界面。

系统第一次启动后，按任意键，出现 GNU GRUB 的菜单，如图 2-38 所示。这是一个选择需要启动的操作系统或内核的菜单，每个选项事先已经用它们各自的引导命令配置好。

在该界面中可以使用方向键选择一个非默认选项（本例只有一个系统），然后按回车键来选定它。如果不是这样，倒计时结束后，GRUB 将启动装载那个默认的选项。

在菜单界面下，可以执行如下菜单命令。

① 按 e 键可以对高亮菜单项中的命令进行编辑。
② 按 a 键可以对高亮菜单项中的命令追加内核启动参数。
③ 按 c 键进入命令行操作界面。

（2）菜单项编辑器界面。

在引导装载菜单中按 e 键就进入了菜单项编辑界面，如图 2-39 所示。

图 2-38 GRUB 菜单界面

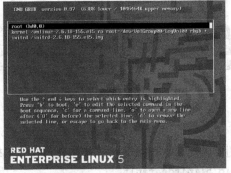
图 2-39 GRUB 的菜单项编辑界面

该界面提供了灵活的配置接口，对于调试操作系统的启动配置非常有用。

在引导操作系统之前，可以在此界面下执行如下菜单项编辑命令。

① 按 e 键编辑当前选中的行。
② 按 c 键进入 GRUB 的命令行界面。
③ 按 o 键在当前行后面插入一行。
④ 按 O 键在当前行前面插入一行。
⑤ 按 d 键删除当前行。
⑥ 按 b 键选定当前高亮的菜单项命令并引导操作系统。
⑦ 按 Esc 键返回菜单界面，取消对当前菜单项所作的任何修改。

在 GRUB 的启动菜单项编辑界面下所作的修改只对本次的启动生效，并不保存到配置文件中，如需永久改变启动菜单项的配置可编辑 GRUB 的配置文件"/boot/grub/grub.conf"。

（3）命令行操作界面。

命令行是 GRUB 最基本的操作界面，也是拥有最大控制能力的操作界面。在命令行操作界面中，输入任何相关的 GRUB 命令，再回车就可以执行了。

有如下两种方法进入命令行操作界面。
① 在菜单界面或菜单项编辑界面中按 c 键进入。
② 在 Linux 的 Shell 环境下输入 grub 进入。

另外，输入 info grub，能够得到一个所有命令的完全列表。

9．安装 VMware Tools

参考第一篇中的相关内容，完成 VMware Tools 的安装。

10．忘记根口令的解决方法

如果忘记根口令，需要把系统引导为 Linux single（单用户模式）。如果使用的是基于 x86 的系统，那么 GRUB 是默认的引导装载程序。显示 GRUB 引导屏幕后，选择以 kernel 开头的行，键入 e 来编辑，在行的结尾处添加：

```
single
```

按回车键来退出编辑模式，回到引导装载程序界面后键入 b 来引导系统。一旦引导进入单用户模式，则显示#提示符。键入 passwd root，为根用户输入一个新口令。完成后，可以键入 shutdown -r now 来重新引导系统。

2.1.5 实训思考题

- Linux 的版本分为哪两类？分别代表什么意思？
- Linux 有几种安装方法？
- 要建立一个 Linux 分区有哪几种方法？怎样使用 Disk Druid 工具建立磁盘分区。
- 安装 Linux 至少需要哪两个分区？常用分区有哪些？

2.1.6 实训报告要求

- 实训目的。
- 实训内容。
- 实训步骤。
- 实训中的问题和解决方法。

- 回答实训思考题。
- 实训心得与体会。
- 建议与意见。

2.2 Linux 常用命令

2.2.1 实训目的

- 掌握 Linux 各类命令的使用方法。
- 熟悉 Linux 操作环境。

2.2.2 实训内容

练习使用 Linux 常用命令，达到熟练应用的目的。

2.2.3 实训准备

1．Linux 命令特点

在 Linux 系统中命令区分大小写。在命令行中，可以使用【Tab】键来自动补齐命令，即可以只输入命令的前几个字母，然后按【Tab】键，系统将自动补齐该命令，若命令不止一个，则显示出所有和输入字符相匹配的命令。

按【Tab】键时，如果系统只找到一个和输入字符相匹配的目录或文件，则自动补齐；如果没有匹配的内容或有多个相匹配的名字，系统将发出警鸣声，再按一下【Tab】键将列出所有相匹配的内容（如果有的话），以供用户选择。例如，在命令提示符后输入"mou"，然后按【Tab】键，系统将自动补全该命令为"mount"；如果在命令提示符后只输入"mo"，然后按【Tab】键，此时将警鸣一声，再次按【Tab】键，系统将显示所有以"mo"开头的命令。

另外，利用向上或向下的光标键，可以翻查曾经执行过的历史命令，并可以再次执行。

如果要在一个命令行上输入和执行多条命令，可以使用分号来分隔命令，如"cd /;ls"。

断开一个长命令行，可以使用反斜杠"\"，以将一个较长的命令分成多行表达，增强命令的可读性。执行后，Shell 自动显示提示符">"，表示正在输入一个长命令，此时可继续在新行上输入命令的后续部分。

2．后台运行程序

一个文本控制台或一个仿真终端在同一时刻只能运行一个程序或命令，在命令执行期间，一般不能进行其他操作，此时可采用将程序在后台执行，以释放控制台或终端，使其仍能进行其他操作。要使程序以后台方式执行，只需在要执行的命令后跟上一个"&"符号即可，如"find / -name httpd.conf &"。

3．浏览目录类命令

- pwd 命令

pwd 命令用于显示用户当前所在的目录。如果用户不知道自己当前所在的目录，就必须使用它。

- cd 命令

cd 命令用来在不同的目录中进行切换。用户在登录系统后，会处于用户的家目录（$HOME）

中，该目录一般以/home 开始，后跟用户名，这个目录就是用户的初始登录目录（root 用户的家目录为/root）。如果用户想切换到其他的目录中，就可以使用 cd 命令，后跟想要切换的目录名。

- ls 命令

ls 命令用来列出文件或目录信息。该命令的语法为

```
ls [参数] [目录或文件]
```

4．浏览文件类命令

- cat 命令

cat 命令主要用于滚屏显示文件内容或是将多个文件合并成一个文件。该命令的语法为

```
cat [参数] 文件名
```

- more 命令

more 命令通常用于分屏显示文件内容。大部分情况下，可以不加任何参数选项执行 more 命令查看文件内容，执行 more 命令后，进入 more 状态，按【Enter】键可以向下移动一行，按【Space】键可以向下移动一页，按【Q】键可以退出 more 命令。该命令的语法为

```
more [参数] 文件名
```

- less 命令

less 命令是 more 命令的改进版，比 more 命令的功能强大。more 命令只能向下翻页，而 less 命令可以向下、向上翻页，甚至可以前后左右的移动。执行 less 命令后，进入 less 状态，按【Enter】键可以向下移动一行，按【Space】键可以向下移动一页，按【B】键可以向上移动一页，也可以用光标键向前、后、左、右移动，按【Q】键可以退出 less 命令。

less 命令还支持在一个文本文件中进行快速查找。先按下斜杠键【/】，再输入要查找的单词或字符。less 命令会在文本文件中进行快速查找，并把找到的第 1 个搜素目标高亮度显示。如果希望继续查找，就再次按下斜杠键【/】，再按【Enter】键即可。

less 命令的用法与 more 基本相同，例如：

```
[root@RHEL5 ~]#less /etc/httpd/conf/httpd.conf    // 以分页方式查看 httpd.conf 文件的内容
```

- head 命令

head 命令用于显示文件的开头部分，默认情况下只显示文件的前 10 行内容。该命令的语法为

```
head [参数] 文件名
```

- tail 命令

tail 命令用于显示文件的末尾部分，默认情况下只显示文件的末尾 10 行内容。该命令的语法为

```
tail [参数] 文件名
```

5．目录操作类命令

- mkdir 命令

mkdir 命令用于创建一个目录。该命令的语法为

```
mkdir [参数] 目录名
```

- rmdir 命令

rmdir 命令用于删除空目录。该命令的语法为

```
rmdir  [参数]  目录名
```

6. 文件操作类命令

- cp 命令

cp 命令主要用于文件或目录的复制。该命令的语法为

```
cp  [参数]  源文件  目标文件
```

- mv 命令

mv 命令主要用于文件或目录的移动或改名。该命令的语法为

```
mv  [参数]  源文件或目录  目标文件或目录
```

- rm 命令

rm 命令主要用于文件或目录的删除。该命令的语法为

```
rm  [参数]  文件名或目录名
```

- touch 命令

touch 命令用于建立文件或更新文件的修改日期。该命令的语法为

```
touch  [参数]  文件名或目录名
```

- diff 命令

diff 命令用于比较两个文件内容的不同。该命令的语法为

```
diff  [参数]  源文件  目标文件
```

- ln 命令

ln 命令用于建立两个文件之间的链接关系。该命令的语法为

```
ln  [参数]  源文件或目录  链接名
```

- gzip 和 gunzip 命令

gzip 命令用于对文件进行压缩，生成的压缩文件以".gz"结尾，而 gunzip 命令是对以".gz"结尾的文件进行解压缩。该命令的语法为

```
gzip  -v  文件名
gunzip -v  文件名
```

- tar 命令

tar 是用于文件打包的命令行工具，tar 命令可以把一系列的文件归档到一个大文件中，也可以把档案文件解开以恢复数据。总的来说，tar 命令主要用于打包和解包。tar 命令是 Linux 系统中常用的备份工具之一。该命令的语法为

```
tar  [参数]  档案文件  文件列表
```

- rpm 命令

rpm 命令主要用于对 RPM 软件包进行管理。RPM 包是 Linux 各种发行版本中应用最为广泛的软件包格式之一。学会使用 rpm 命令对 RPM 软件包进行管理至关重要。该命令的语法为

```
rpm  [参数]  软件包名
```

- find 命令

find 命令用于文件查找。它的功能非常强大。该命令的语法为

```
find  [路径]  [匹配表达式]
```

- grep 命令

grep 命令用于查找文件中包含有指定字符串的行。该命令的语法为

```
grep  [参数]   要查找的字符串   文件名
```

7．系统信息类命令

- dmesg 命令

dmesg 命令用实例名和物理名称来标识连到系统上的设备。dmesg 命令也显示系统诊断信息、操作系统版本号、物理内存大小及其他信息。例如：

```
[root@RHEL5 ~]#dmesg|more
```

- df 命令

df 命令主要用来查看文件系统各个分区的占用情况。

该命令列出系统上所有已挂载分区的大小、已占用的空间、可用空间及占用率。空间大小的单位为 K。使用选项-h，将使输出的结果具有更好的可读性。

- du 命令

du 命令主要用来查看某个目录中各级子目录所使用的硬盘空间数。基本用法是在命令后跟目录名。如果不跟目录名，则默认为当前目录。

- free 命令

free 命令主要用来查看系统内存、虚拟内存的大小及占用情况。

- date 命令

date 命令可以用来查看系统当前的日期和时间。

- cal 命令

cal 命令用于显示指定月份或年份的日历，可以带两个参数，其中年、月份用数字表示；只有一个参数时表示年份，年份的范围为 1～9 999；不带任何参数的 cal 命令显示当前月份的日历。

- clock 命令

clock 命令用于从计算机的硬件获得日期和时间。

8．进程管理类命令

- ps 命令

ps 命令主要用于查看系统的进程。该命令的语法为

```
ps  [参数]
```

- kill 命令

前台进程在运行时，可以用【Ctrl+C】组合键终止它，但后台进程无法使用这种方法终止，此时可以使用 kill 命令向进程发送强制终止信号，以达到目的。

- killall 命令

和 kill 命令相似，killall 命令可以根据进程名发送信号。例如：

```
[root@RHEL5 dir1]# killall -9 httpd
```

- top 命令

和 ps 命令不同，top 命令可以实时监控进程的状况。top 屏幕自动每 5s 刷新一次，也可以用 "top –d 20"，使得 top 屏幕每 20s 刷新一次。

- bg、jobs、fg 命令

bg 命令用于把进程放到后台运行。例如：

```
[root@RHEL5 dir1]# bg find
```

jobs 命令用于查看在后台运行的进程。例如：

```
[root@RHEL5 dir1]# find / -name aaa &
[1] 2469
[root@RHEL5 dir1]# jobs
[1]+ Running                 find / -name aaa &
```

fg 命令用于把从后台运行的进程调到前台。例如：

```
[root@RHEL5 dir1]# fg find
```

9. 其他命令

- man 命令

man 命令用于列出命令的帮助手册。例如：

```
[root@RHEL5 dir1]# man ls
```

2.2.4 实训环境

- 一台已经安装好 Linux 操作系统的主机，并且已经配置好基本的 TCP/IP 参数，能够通过网络连接局域网中或远程的主机。
- 一台 Linux 服务器，能够提供 FTP、Telnet 和 SSH 连接。

2.2.5 实训步骤

1．文件和目录类命令

（1）启动计算机，利用 root 用户登录到系统，进入字符终端界面。

（2）用 pwd 命令查看当前所在的目录。

```
#pwd
```

（3）用 ls 命令列出此目录下的文件和目录。

```
#ls
```

（4）用-a 选项列出此目录下包括隐藏文件在内的所有文件和目录。

```
#ls -a
```

（5）用 man 命令查看 ls 命令的使用手册。

```
#man ls
```

（6）在当前目录下，创建测试目录 test。

```
#mkdir test
```

（7）利用 ls 命令列出文件和目录，确认 test 目录创建成功。

```
#ls
```

（8）进入 test 目录，利用 pwd 查看当前工作目录。

```
#cd test;pwd
```

（9）利用 touch 命令，在当前目录创建一个新的空文件 newfile。

```
#touch newfile
```

（10）利用 cp 命令复制系统文件/etc/profile 到当前目录下。

```
#cp /etc/profile .
```

（11）复制文件 profile 到一个新文件 profile.bak，作为备份。

```
#cp profile profile.bak
```

（12）用 ll 命令以长格形式列出当前目录下的所有文件，注意比较每个文件的长度和创建时间的不同。

```
#ll
```
（13）用 less 命令分屏查看文件 profile 的内容，注意练习 less 命令的各个子命令，如 b、p、q 等，并对 then 关键字查找。
```
#less profile
```
（14）用 grep 命令在 profile 文件中对关键字 then 进行查询，并与上面的结果比较。
```
#grep profile
```
（15）给文件 profile 创建一个软链接 lnsprofile 和一个硬链接 lnhprofile。
```
#ln -s profile lnsprofile
#ln profile lnhprofile
```
（16）长格形式显示文件 profile、lnsprofile 和 lnhprofile 的详细信息。注意比较 3 个文件链接数的不同。
```
#ll
```
（17）删除文件 profile，用长格形式显示文件 lnsprofile 和 lnhprofile 的详细信息，比较文件 lnhprofile 的链接数的变化。
```
#rm profile;ll
```
（18）用 less 命令查看文件 lnsprofile 的内容，查看有什么结果。
```
#less lnsprofile
```
（19）用 less 命令查看文件 lnhprofile 的内容，查看有什么结果。
```
#less lnhprofile
```
（20）删除文件 lnsprofile，显示当前目录下的文件列表，回到上层目录。
```
#rm lnsprofile;ls;cd ..
```
（21）用 tar 命令把目录 test 打包。
```
#tar -cvf  test.tar  test
```
（22）用 gzip 命令把打好的包进行压缩。
```
#gzip  test.tar
```
（23）把文件 test.tar.gz 改名为 backup.tar.gz。
```
#mv test.tar.gz  backup.tar.gz
```
（24）显示当前目录下的文件和目录列表，确认重命名成功。
（25）把文件 backup.tar.gz 移动到 test 目录下。
```
#mv  backup.tar.gz test/
```
（26）显示当前目录下的文件和目录列表，确认移动成功。
（27）进入 test 目录，显示目录中的文件列表。
（28）把文件 backup.tar.gz 解包。
```
#tar -zxvf backup.tar.gz
```
（29）显示当前目录下的文件和目录列表，复制 test 目录为 testbak 目录作为备份。
```
#ls;cp -r test testbak
```
（30）查找 root 用户自己主目录下的所有名为 newfile 的文件。
```
#grep ~ -name newfile
```
（31）删除 test 子目录下的所有文件。
```
#rm test/*
```
（32）利用 rmdir 命令删除空子目录 test。
```
#rmdir test
```
回到上层目录，利用 rm 命令删除目录 test 和其下所有文件。

2．系统信息类命令

（1）利用 date 命令显示系统当前时间，并修改系统的当前时间。

```
#date;date -d 08/23/2008
```

（2）显示当前登录到系统的用户状态。

（3）利用 free 命令显示内存的使用情况。

```
#free
```

（4）利用 df 命令显示系统的硬盘分区及使用状况。

```
#df
```

（5）显示当前目录下各级子目录的硬盘占用情况。

```
#du
```

3．进程管理类命令

（1）使用 ps 命令查看和控制进程。

① 显示本用户的进程：`#ps`。

② 显示所有用户的进程：`#ps -au`。

③ 在后台运行 cat 命令：`#cat &`。

④ 查看进程 cat：`#ps aux |grep cat`。

⑤ 杀死进程 cat：`#kill -9 cat`。

⑥ 再次查看进程 cat，查看是否被杀死。

（2）使用 top 命令查看和控制进程。

① 用 top 命令动态显示当前的进程。

② 只显示用户 user01 的进程（利用【U】键）。

③ 利用【K】键，杀死指定进程号的进程。

（3）挂起和恢复进程。

① 执行命令 cat。

② 按【Ctrl+Z】组合键，挂起进程 cat。

③ 输入 jobs 命令，查看作业。

④ 输入 bg，把 cat 切换到后台执行。

⑤ 输入 fg，把 cat 切换到前台执行。

⑥ 按【Ctrl+C】组合键，结束进程 cat。

（4）find 命令的使用。

① 在 /var/lib 目录下查找所有文件其所有者是 games 用户的文件。

```
#find /var/lib -user games 2> /dev/null
```

② 在 /var 目录下查找所有文件其所有者是 root 用户的文件。

```
#find /var -user root 2>/dev/mull
```

③ 查找所有文件其所有者不是 root、bin 和 student 用户，并用长格式显示（如 ls-l 的显示结果）。

```
#find / -not -user root -not -user bin -not -user student -ls 2> /dev/null
```

或者是：

```
#find / ! -user root ! -user bin ! -user student -exec ls -ld {} \; 2> /dev/null
```

④ 查找 /usr/bin 目录下所有大小超过一百万 byte 的文件，并用长格式显示（如 ls-l 的显

示结果）。
```
#find /usr/bin -size +1000000c -ls 2> /dev/null
```
⑤ 对/etc/mail 目录下的所有文件使用 file 命令。
```
#find /etc/maill -exec file {} \; 2 > /dev/null
```
⑥ 查找/tmp 目录下属于 student 的所有普通文件，这些文件的修改时间为 120 分钟以前，查询结果用长格式显示（如 ls-l 的显示结果）。
```
# find /tmp -user student -and -mmin +120 -and -type f -ls 2> /dev/null
```
⑦ 对于查到的上述文件，用-ok 选项删除。
```
# find /tmp -user student -and -mmin +120 -and -type f -ok rm {} \;
```

4．rpm 软件包的管理

（1）查询系统是否安装了软件包 squid。
```
[root@RHEL5 ~]#rpm -q squid
```
（2）如果没有安装，则挂载 Linux 第 2 张安装光盘，安装 squid-3.5.STABLE6-3.i386.rpm 软件包。
```
[root@RHEL5 ~]#mount /media/cdrom
[root@RHEL5 ~]#rpm -ivh /media/cdrom/RedHat/RPMS/squid-3.5.STABLE6-3.i386.rpm
```
（3）卸载刚刚安装的软件包。
```
[root@RHEL5 ~]#rpm -e squid
```
（4）软件包的升级：`rpm   Uvh squid-3.5.STABLE6-3.i386.rpm`。
（5）软件包的更新：`rpm   Fvh squid-3.5.STABLE6-3.i386.rpm`。

5．tar 命令的使用

系统上的主硬盘在使用的时候有可怕的噪声，但是它上面有有价值的数据。系统在两年半以前备份过，你决定手动备份少数几个最紧要的文件。/tmp 目录里储存在不同硬盘的分区上快坏的分区，这样你想临时把文件备份到那里。

（1）在/home 目录里，用 find 命令定位文件所有者是 student 的文件，然后将其压缩。
```
#find /home -user student -exec tar zvf /tmp/backup.tar {} \;
```
（2）保存/etc 目录下的文件到/tmp 目录下。
```
#tar cvf /tmp/confbackup.tar /etc
```
（3）列出两个文件的大小。
（4）使用 gzip 压缩文档。

2.2.6 实训思考题

more 与 less 命令有何区别。

2.2.7 实训报告要求

- 参考 2.1.6 小节，按要求完成实训报告。

PART 3 第3篇 Linux 系统配置与管理

Linux 操作系统是多用户多任务的操作系统，它允许多个用户同时登录到系统，使用系统资源。当多个用户同时使用系统时，为了使所有用户的工作都能顺利进行，保护每个用户的文件和进程，也为了系统自身的安全和稳定，必须建立一种秩序，使每个用户的权限都能得到规范。为了区分不同的用户，就产生了用户账户。

账户和组群的管理只是 Linux 系统配置与管理的一部分。除此外，本篇内容还包括安装与管理软件包、配置与管理文件系权限、配置与管理磁盘、管理 Linux 服务器的网络配置等内容。

3.1 Linux 系统用户管理

3.1.1 实训目的
- 熟悉 Linux 用户的访问权限。
- 掌握在 Linux 系统中增加、修改、删除用户或用户组的方法。
- 掌握用户账户管理及安全管理。
- 掌握批量创建新账号。
- 使用常用的账户管理命令

3.1.2 实训内容
- 用户的访问权限。
- 账号的创建、修改、删除。
- 自定义组的创建与删除。

3.1.3 实训环境
一台已经安装好 RHEL5 的计算机（最好有音响或耳机），一套 RHEL 5 安装光盘（或 ISO 镜像）。

3.1.4 实训准备
Linux 属于多用户、多任务的操作系统，可让不同的用户从本地登录。在网络上则允许用户利用 Telnet 等方式从远程登录。但无论是从本机还是从远程登录，用户都必须在该主机上拥有账号。

1. 管理员账号

安装 Linux 之后，系统默认包括了 root 账号。此账号的用户为系统管理员，对系统有完全的控制权，可对系统做任何设置和修改（甚至摧毁整个系统），所以维护 root 账号的安全格外重要。以管理员身份登录系统后，可对 root 账号密码进行修改，修改密码可在 X Window 图形模式中进行，也可以命令方式进行。

2. 用户账号

用户登录系统时，必须有自己的账号名（login name）和密码，且用户的账号名必须是唯一的。用户的账号可以由管理员创建、修改或删除。

3. 组

为方便用户管理，把具有相同性质、相同权限的用户集中起来管理，这种用户集合就称为组。创建组的方法和创建账号几乎相同，组名也必须是唯一的，组也可以由管理员创建、修改和删除。

用户和组的管理可以在图形模式下进行，也可以在字符方式下用 Linux 相关命令进行管理。

注意

- 用户标识码 UID 和组标识码 GID 的编号从 500 开始，0~499 保留给系统使用，若创建用户账号或组群时未指定标识码，则系统会自动指定从编号 500 开始查找尚未使用的号码。
- 在 Linux 系统中，英文字母的大小写是有差别的。

4. 用户切换

在某些情况下，已经登录的用户需要改变身份，即进行用户切换，以执行当前用户权限之外的操作。这时可以用下述方法实现。

（1）注销重新进入系统。在 GNOME 桌面环境中单击左上角的"系统"按钮，执行"注销"命令，屏幕上会出现新的登录界面，如图 3-1 所示。这时输入新的用户账号及密码，重新进入系统。

图 3-1　GNOME 桌面环境

（2）运行 su 命令进行用户切换。Linux 操作系统提供了虚拟控制台功能，即在同一物理控制台实现多用户同时登录和同时使用该系统。使用者可以充分利用这种功能进行用户切换。su

命令可以使用户方便地进行切换，不需要用户进行注销操作就可以完成用户切换。要升级为超级用户（root），只需在提示符$下输入 su，按屏幕提示输入超级用户（root）的密码，即可切换成超级用户。依次单击左上角的"应用程序→附件→终端"，进入终端控制台，然后在终端控制台输入以下命令。

```
[root@RHEL5 ~]# whoami
root
[root@RHEL5 ~]# su user1            //root 用户转换为任何用户都不需要口令
[user1@RHEL5 root]$ whoami
User1
[user1@RHEL5 root]$ su root         //普通用户转换为任何用户都需要提供口令
Password:
[user1@RHEL5 root]$ exit            //使用 exit 命令可以退回到上一次使用 su 命令时的用户
exit
[root@RHEL5 ~]# whoami
root
```

su 命令不指定用户名时将从当前用户转换为 root 用户，但需要输入 root 用户的口令。

3.1.5 实训步骤

1．用户账号管理

在图形模式下管理用户账号。以 root 账号登录 GNOME 后，在 GNOME 桌面环境中单击左上角的主选按钮，单击"系统"→"管理"→"用户和组群"，出现"用户管理器"界面，如图 3-2 所示。

图 3-2 "用户管理器"界面

在用户管理器中可以创建用户账号，修改用户账号和口令，删除账号，加入指定的组群等操作。

（1）创建用户账号。在图 3-2 所示界面的用户管理器的工具栏中单击"添加用户"按钮，出现"创建新用户"界面。在界面中相应位置输入用户名、全称、口令、确认口令、主目录等，最后单击"确定"按钮，新用户即可建立。

（2）修改用户账号和口令。在用户管理器的用户列表中选定要修改用户账号和口令的账号，单击"属性"按钮，出现"用户属性"界面，选择"用户数据"选项卡，修改该用户的账号（用户名）和密码，单击"确定"按钮即可，如图 3-3 所示。

图 3-3 "用户属性"界面

（3）将用户账号加入组群。在"用户属性"界面中，单击"组群"选项卡，在组群列表中选定该账号要加入的组群，单击"确定"按钮。

（4）删除用户账号。在用户管理器中选定欲删除的用户名，单击"删除"按钮，即可删除用户账号。

（5）其他设置。在"用户属性"界面中，单击"账号信息"和"口令信息"，可查看和设置账号与口令信息。

2．在图形模式下管理组群

在"用户管理者"窗口中选择"组群"选型卡，选择要修改的组，然后单击工具栏上的"属性"按钮，打开"组群属性"窗口，如图 3-4 所示，从中可以修改该组的属性。

单击"用户管理者"窗口中工具栏上的"添加组群"按钮，可以打开"创建新组群"窗口，在该窗口中输入组群名和 GID，然后单击"确定"按钮即可创建新组群，如图 3-5 所示。组群的 GID 也可以采用系统的默认值。

图 3-4 "组群属性"窗口

图 3-5 "创建新组群"窗口

要删除现有组群，只需选择要删除的组群，并单击工具栏上的"删除"按钮即可。

3. 批量新建账号

由于 RHEL 5.x 的 passwd 已经提供了 --stdin 的功能，因此如果我们可以提供账号口令的话，那么就能够很简单地建立起我们的账号口令了。

那么如何批量新建账号呢？请看下面的实例。要求批量创建 std01~std10 十个用户账户。

```
[root@Server ~]# vim account1.sh
#!/bin/bash
# 这个程序用来创建新增账号，功能有：
# 1. 检查 account1.txt 是否存在，并将该文件内的账号取出；
# 2. 创建上述文件的账号；
# 3. 将上述账号的口令修订成为『强制第一次进入需要修改口令』的格式。
# 2013/12/31    Bobby Yang
export PATH=/bin:/sbin:/usr/bin:/usr/sbin

# 检查 account1.txt 是否存在
if [ ! -f account1.txt ]; then
        echo "所需要的账号文件不存在，请创建 account1.txt ，每行一个账号名称"
        exit 1
fi

usernames=$(cat account1.txt)

for username in $usernames
do
        useradd $username                              #<==新增账号
        echo $username | passwd --stdin $username      #<==与账号相同的口令
        chage -d 0 $username                           #<==强制登录修改口令
done
```

接下来只要创建 account1.txt 这个文件就可以了。这个文件里面共有十行，你可以自行创建该文件，每一行一个账号。注意，最终的结果会是每个账号具有与账号相同的口令，且初次登录后，必须要重新配置口令后才能够再次登录使用系统资源。

```
[root@Server ~]# vim account1.txt
std01
std02
std03
std04
std05
std06
std07
std08
std09
std10

[root@Server ~]# sh account1.sh
Changing password for user std01.
passwd: all authentication tokens updated successfully.
....(后面省略)....
```

4. 使用常用的账户管理命令

账户管理命令可以在非图形化操作中对账户进行有效管理。

（1）vipw。

vipw 命令用于直接对用户账户文件/etc/passwd 进行编辑，使用的默认编辑器是 vi。在对/etc/passwd 文件进行编辑时将自动锁定该文件，编辑结束后对该文件进行解锁，保证了文件的一致性。vipw 命令在功能上等同于"vi /etc/passwd"命令，但是比直接使用 vi 命令更安全。命令格式如下：

`[root@Server ~]# vipw`

（2）vigr。

vigr 命令用于直接对组群文件/etc/group 进行编辑。在用 vigr 命令对/etc/group 文件进行编辑时将自动锁定该文件，编辑结束后对该文件进行解锁，保证了文件的一致性。vigr 命令在功能上等同于"vi/etc/group"命令，但是比直接使用 vi 命令更安全。命令格式如下：

`[root@Server ~]# vigr`

（3）pwck。

pwck 命令用于验证用户账户文件认证信息的完整性。该命令检测/etc/passwd 文件和/etc/shadow 文件的每行中字段的格式和值是否正确。命令格式如下：

`[root@Server ~]#pwck`

（4）grpck。

grpck 命令用于验证组群文件认证信息的完整性。该命令检测/etc/group 文件和/etc/gshadow 文件的每行中字段的格式和值是否正确。命令格式如下：

`[root@Server ~]#grpck`

（5）id。

id 命令用于显示一个用户的 UID 和 GID 以及用户所属的组列表。在命令行输入 id 直接回车将显示当前用户的 ID 信息。id 命令格式如下：

`id [选项] 用户名`

例如，显示 user1 用户的 UID、GID 信息的实例如下所示：

```
[root@Server ~]# id user1
uid=500(user1) gid=500(user1) groups=500(user1)
```

（6）finger、chfn、chsh。

使用 finger 命令可以查看用户的相关信息，包括用户的主目录、启动 Shell、用户名、地址、电话等存放在/etc/passwd 文件中的记录信息。管理员和其他用户都可以用 finger 命令来了解用户。直接使用 finger 命令可以查看当前用户信息。finger 命令格式及实例如下：

```
finger [选项] 用户名
[root@Server ~]# finger
Login     Name      Tty       Idle  Login Time    Office        Office Phone
root      root      tty1      4     Sep 1 14:22
root      root      pts/0           Sep 1 14:39 (192.168.1.101)
```

finger 命令常用的一些选项如表 3-1 所示。

表 3-1　finger 命令选项

选项	说明
-l	以长格形式显示用户信息，是默认选项
-m	关闭以用户姓名查询账户的功能，如不加此选项，用户可以用一个用户的姓名来查询该用户的信息
-s	以短格形式查看用户的信息
-p	不显示 plan（plan 信息是用户主目录下的.plan 等文件）

　　用户自己可以使用 chfn 和 chsh 命令来修改 finger 命令显示的内容。chfn 命令可以修改用户的办公地址、办公电话和住宅电话等。chsh 命令用来修改用户的启动 Shell。用户在用 chfn 和 chsh 修改个人账户信息时会提示输入密码。例如：

```
[user1@Server ~]$ chfn
Changing finger information for user1.
Password:
Name [oneuser]:oneuser
Office []: network
Office Phone []: 66773007
Home Phone []: 66778888
Finger information changed.
```

　　用户可以直接输入 chsh 命令或使用-s 选项来指定要更改的启动 Shell。例如用户 user1 想把自己的启动 Shell 从 bash 改为 tcsh。可以使用以下两种方法：

```
[user1@Server ~]$ chsh
Changing shell for user1.
Password:
New shell [/bin/bash]: /bin/tcsh
Shell changed.
```

或：

```
[user1@Server ~]$ chsh -s /bin/tcsh
Changing shell for user1.
```

　　（7）whoami。

　　whoami 命令用于显示当前用户的名称。whoami 与命令 "id -un" 作用相同。

```
[user1@Server ~]$ whoami
User1
```

　　（8）su。

　　su 命令用于转换当前用户到指定的用户账户，root 用户可以转换到任何用户而不需要输入该用户口令，普通用户转换为其他用户时需要输入用户口令。例如：

```
[root@Server ~]# whoami
root
[root@Server ~]# su user1          //root 用户转换为任何用户都不需要口令
[user1@Server /root]$ whoami
User1
[user1@Server /root]$ su root      //普通用户转换为任何用户都需要提供口令
Password:
```

```
[user1@Server /root]$ exit          //使用exit命令可以退回到上一次使用su命令时的用户
exit
[root@Server ~]# whoami
Root
```

su 命令不指定用户名时将从当前用户转换为 root 用户，但需要输入 root 用户的口令。

（9）newgrp。

newgrp 命令用于转换用户的当前组到指定的主组群，对于没有设置组群口令的组群账户，只有组群的成员才可以使用 newgrp 命令改变主组群身份到该组群。如果组群设置了口令，其他组群的用户只要拥有组群口令也可以改变主组群身份到该组群。应用实例如下：

```
[root@Server ~]# id                 //显示当前用户的gid
uid=0(root) gid=0(root) groups=0(root),1(bin),2(daemon),3(sys),4(adm),6(disk),10(wheel)
[root@Server ~]# newgrp group1      //改变用户的主组群
[root@Server ~]# id
uid=0(root) gid=500(group1) groups=0(root),1(bin),2(daemon),3(sys),4(adm),6(disk),10(wheel)
[root@Server ~]# newgrp             //newgrp命令不指定组群时转换为用户的私有组
[root@Server ~]# id
uid=0(root) gid=0(root) groups=0(root),1(bin),2(daemon),3(sys),4(adm),6(disk),10(wheel)
```

使用 groups 命令可以列出指定用户的组群。例如：

```
[root@Server ~]# whoami
root
[root@Server ~]# groups
root bin daemon sys adm disk wheel
```

5. 企业实战与应用——账号管理实例

（1）情境：假设需要的账号数据如下，你该如何操作？

账号名称	账号全名	支持次要群组	是否可登录主机	口令
myuser1	1st user	mygroup1	可以	password
myuser2	2nd user	mygroup1	可以	password
myuser3	3rd user	无额外支持	不可以	password

（2）解决方案。

```
# 先处理账号相关属性的数据：
[root@www ~]# groupadd mygroup1
[root@www ~]# useradd -G mygroup1 -c "1st user" myuser1
[root@www ~]# useradd -G mygroup1 -c "2nd user" myuser2
[root@www ~]# useradd -c "3rd user" -s /sbin/nologin myuser3

# 再处理账号的口令相关属性的数据：
[root@www ~]# echo "password" | passwd --stdin myuser1
[root@www ~]# echo "password" | passwd --stdin myuser2
[root@www ~]# echo "password" | passwd --stdin myuser3
```

要注意的地方主要有：myuser1 与 myuser2 都支持次要群组，但该群组不见得存在，因此需要先手动创建。再者，myuser3 是"不可登录系统"的账号，因此需要使用 /sbin/nologin 来设置，这样该账号就成为非登录账户了。

3.1.6 实训思考题

- root 账号和普通账号有什么区别？root 账号为什么不能删除？
- 用户和组群有何区别？
- 如何在组群中添加用户？

3.1.7 实训报告要求

- 参考 2.1.6 小节，按要求完成实训报告。

3.2 安装与管理软件包

3.2.1 实训目的

- 掌握 RPM 安装、查询、移除软件的方法。
- 学会使用 yum 安装与升级软件。

3.2.2 实训内容

练习 Linux 系统下软件安装的方法与技巧。

3.2.3 实训准备

1. RPM 与 DPKG

Linux 软件的安装方式最常见的有两种。

- dpkg

这个机制最早是由 Debian Linux 社群开发出来的，通过 dpkg 的机制，Debian 提供的软件就能够简单地安装，同时还能提供安装后的软件信息。凡是衍生于 Debian 的其他 Linux distributions 大多使用 dpkg 机制来管理软件，包括 B2D、Ubuntu 等。

- RPM

这个机制最早是由 Red Hat 公司开发出来的。后来由于软件很好用，很多 distributions 就使用这个机制来作为软件安装的管理方式。包括 Fedora、CentOS、SuSE 等知名的开发商都是用 RPM。

如前所述，dpkg/rpm 机制或多或少都会有软件依赖性的问题，那该如何解决呢？其实前面谈到过，每个软件文件都提供软件依赖性的检查。如果我们将依赖属性的数据做成列表，等到实际软件安装时，若发生有依赖属性的软件时，例如安装 A 需要先安装 B 与 C，而安装 B 则需要安装 D 与 E 时，那么当你要安装 A，通过依赖属性列表，管理机制自动去取得 B、C、D、E 来同时安装，不就解决了软件依赖性的问题了吗？

没错！目前新的 Linux 开发商都提供这样的"线上升级"机制，通过这个机制，原版光盘只有第一次安装时用到，其他时候只要有网络，就能够取得开发商所提供的任何软件了。在 dpkg 管理机制上开发出了 APT 线上升级机制，RPM 则依开发商的不同，有 Red Hat 系统的 yum，SuSE 系统的 Yast Online Update（YOU），Mandriva 的 urpmi 软件等。线上升级如表 3-2 所示。

表 3-2   各发行版本的线上升级

distribution 代表	软件管理机制	使用命令	线上升级机制(命令)
Red Hat/Fedora	RPM	rpm, rpmbuild	YUM（yum）
Debian/Ubuntu	DPKG	dpkg	APT（apt-get）

RHEL5 使用的软件管理机制为 RPM 机制，而用来作为线上升级的方式则为 yum。下面将会谈到 RPM 与 YUM。

2. 什么是 RPM 与 SRPM

（1）RPM。

RPM 全名是"RedHat Package Manager"，简称为 RPM。当初这个软件管理的机制是由 Red Hat 公司开发出来的。RPM 是以一种数据库记录的方式来将所需要的软件安装到 Linux 系统的一套管理机制。

最大的特点就是将要安装的软件先编译通过，并且打包成为 RPM 机制的包装文件，通过包装好的软件里面默认的数据库记录，记录这个软件要安装的时候必须具备的依赖属性软件。当将软件安装在 Linux 主机上时，RPM 会先依照软件里面的数据库记录查询 Linux 主机的依赖属性软件是否满足，若满足则予以安装，若不满足则不予安装。

但是这也造成一些困扰。由于 RPM 文件是已经打包好的数据，即里面的数据已经"编译完成"了。所以，该软件文件几乎只能安装在原来默认的硬件与操作系统版本中。换句话说，主机系统环境必须要与当初创建这个软件文件的主机环境相同才可以。举例来说，rp-pppoe 这个 ADSL 拨号软件，必须要在 ppp 这个软件存在的环境下才能进行安装。如果主机并没有 ppp 这个软件，那么很抱歉，除非你先安装 ppp，否则 rp-pppoe 不能成功安装（当然你可以强制安装，但是通常都会出现一些问题）。

所以，通常不同的 distribution 发布的 RPM 文件，并不能用在其他的 distributions 上。举例来说，Red Hat 发布的 RPM 文件，通常无法直接在 SuSE 上面进行安装。更有甚者，相同 distribution 的不同版本之间也无法互通，例如 RHEL 4.x 的 RPM 文件就无法直接套用在 RHEL 5.x 上。由此可知，RPM 的安装要满足一定条件。

- 软件文件安装的环境必须与打包时的环境需求一致或相当；
- 需要满足软件的依赖属性需求；
- 反安装时需要特别小心，最底层的软件不可先移除，否则可能造成整个系统的问题。

那如果真的想要安装其他 distributions 提供的好用的 RPM 软件文件，那怎么办？只有使用 SRPM。

（2）SRPM。

SRPM 是 Source RPM 的意思，也就是 RPM 文件里面含有源码。特别注意，SRPM 所提供的软件内容"并没有经过编译"，他提供的是源码。

通常 SRPM 的扩展名是以***.src.rpm 这种格式命名。SRPM 虽然内容是源码，但是他仍然含有该软件所需要的依赖性软件说明、以及所有 RPM 文件所提供的数据。同时，他与 RPM 不同的是，他也提供了参数配置文件（就是 configure 与 makefile）。所以，如果读者下载的是

SRPM，那么要安装该软件时，就必须做到：
- 先将该软件以 RPM 管理的方式编译，此时 SRPM 会被编译成为 RPM 文件；
- 然后将编译完成的 RPM 文件安装到 Linux 系统当中。

通常一个软件在发布的时候，都会同时发布该软件的 RPM 与 SRPM 。RPM 文件必须要在相同的 Linux 环境下才能够安装，而 SRPM 既然是源码的格式，自然可以通过修改 SRPM 内的参数配置文件，然后重新编译产生能适合 Linux 环境的 RPM 文件，如此一来，就可以将该软件安装到系统当中，而不必与原作者打包的 Linux 环境相同。这就是 SRPM 的用处，如表 3-3 所示。

表 3-3　　　　　　　　　　　　　RPM 与 SRPM 比较

文件格式	文件名格式	直接安装与否	内含程序类型	可否修改参数并编译
RPM	xxx.rpm	可	已编译	不可
SRPM	xxx.src.rpm	不可	未编译之源码	可

3. 什么是 i386、i586、i686、noarch、x86_64

从上面的说明可以知道 RPM 与 SRPM 的格式分别为

xxxxxxxxx.rpm　　<==RPM 的格式，已经经过编译且包装完成的 rpm 文件；
xxxxx.src.rpm　　<==SRPM 的格式，包含未编译的源码信息。

通过文件名可以知道软件的版本、适用的平台、编译发布的次数：

rp-pppoe -　　　3.1　　-　　5　　.i386　　.rpm
软件名称　　软件的版本信息　　发布的次数　适合的硬件平台　扩展名

除了后面适合的硬件平台与扩展名外，主要是以 "-" 来隔开各个部分，这样可以很清楚地找到该软件的名称、版本信息、打包次数与操作的硬件平台。

- 软件名称。

上面的范例就是 rp-pppoe。

- 版本信息：

通常又分为主版本跟次版本。以上面为例，主版本为 3，在主版本的架构下改动部分源码内容，而派生出一个新的版本，就是次版本。上面例子中次版本是 "1"。

- 发布版本次数：

通常就是编译的次数。那么为何需要重复地编译呢？这是由于同一版本的软件中，可能由于有某些 bug 或者是安全上的顾虑，所以必须要进行小幅度的更新（patch）或重设一些编译参数。配置完成之后重新编译并打包生成 RPM 文件。

- 操作硬件平台：

由于 RPM 可以适用在不同的操作平台上，但是不同的平台配置的参数还是有所差异的。并且，我们可以针对比较高阶的 CPU 来进行最佳化参数的配置，这样才能够使用高阶 CPU 所具有的硬件加速功能。所以就出现了形如 i386、i586、i686、x86_64 与 noarch 等的文件名称。如表 3-4 所示。

表 3-4　　　　　　　　　　　　　　不同的硬件平台

平台名称	适合平台说明
i386	几乎适用于所有的 x86 平台,不论是旧的 pentum 或者是新的 Intel Core 2 与 K8 系列的 CPU 等,都可以正常地工作。"i" 指的是 Intel 兼容 CPU 的意思,至于 386 不用说,就是 CPU 的等级了。
i586	针对 586 等级计算机进行最佳化编译。包括 pentum 第一代 MMX CPU、AMD 的 K5、K6 系列 CPU (socket 7 插脚) 等的 CPU。
i686	在 pentun II 以后的 Intel 系列 CPU ,及 K7 以后等级的 CPU 都属于这个 686 等级! 由于目前市面上几乎仅剩 P-II 以后等级的硬件平台,因此很多 distributions 都直接发布这种等级的 RPM 文件。
x86_64	针对 64 位的 CPU 进行最佳化编译配置,包括 Intel 的 Core 2 以上等级 CPU,以及 AMD 的 Athlon64 以后等级的 CPU,都属于这一类型的硬件平台。
noarch	就是没有任何硬件等级上的限制。一般来说,这种类型的 RPM 文件,里面应该没有 binary program 存在, 较常出现的就是属于 shell script 方面的软件。

4. RPM 属性依赖的解决方法:YUM 线上升级

为了重复利用既有的软件功能,因此很多软件都会以函数库的方式发布部分功能,以方便其他软件的调用。例如 PAM 模块的验证功能。此外,为了节省用户的网络流量,目前的 distributions 在发布软件时,都会将软件的内容分为一般使用与开发使用(development)两大类。所以读者才会常常看到有类似 pam-x.x.rpm 与 pam-devel-x.x.rpm 之类的文件名。而默认情况下,大部分的 software-devel-x.x.rpm 都不必安装,因为终端用户大部分不去做开发软件的工作。

因此,RPM 软件包就有依赖问题(其实所有的软件几乎都有这方面的情况存在)。那有没有办法解决呢？前面不是谈到 RPM 软件文件内部会记录依赖属性的数据吗？那想一想,要是将这些依赖属性的软件先列表,在需要安装软件的时候,先到这个列表中查找,同时与系统内已安装的软件相比较,没安装的依赖软件进行安装,那不就解决了依赖性的问题了吗？有没有这种机制呢？当然有！那就是 YUM 机制。

RHEL 先将发布的软件存放到 YUM 服务器内,然后分析这些软件的依赖属性,将软件内的记录信息写下来(header)。然后再将这些信息分析后记录成软件相关性的清单列表。这些列表数据与软件所在的位置叫容器(repository)。当用户端有软件安装的需求时,用户端主机会主动地向网络上的 yum 服务器的容器网址下载清单列表,然后通过清单列表的数据与本机 RPM 数据库已存在的软件数据相比较,就能够一下安装所有需要的具有依赖属性的软件了。整个流程如图 3-6 所示。

图 3-6 YUM 使用的流程示意图

当用户端有升级、安装的需求时，yum 会向容器要求清单的更新，使清单更新到本机的 /var/cache/yum 里面。当用户端实施更新、安装时，就会用本机清单与本机的 RPM 数据库进行比较，这样就知道该下载什么软件了。接下来 yum 会到容器服务器（yum server）下载所需要的软件，然后再通过 RPM 的机制开始安装软件。这就是整个流程，其实仍然离不开 RPM。

3.2.4 实训步骤

1. 使用 RPM 软件管理程序

（1）RPM 默认安装的路径。

一般来说，RPM 类型的文件在安装的时候，会先去读取文件内记载的配置参数内容，然后将该数据用来比对 Linux 系统的环境，以找出是否有属性依赖的软件尚未安装的问题。例如 Openssh 连接软件需要依赖 Openssl 加密软件，所以得先安装 openssl 才能安装 openssh。你的环境如果没有 openssl，也就无法安装 openssh。

若环境检查合格了，RPM 文件就开始被安装到 Linux 系统上。安装完毕后，该软件相关的信息就会被写入/var/lib/rpm/目录下的数据库文件中。上面这个目录内的数据很重要。因为未来如果我们有任何软件升级的需求，版本之间的比较就来自于这个数据库，而如果你想要查询系统已经安装的软件，也是从这里查询的。同时，目前的 RPM 也提供数字签名信息，这些数字签名也是在这个目录内记录的。所以，这个目录千万不能删除。

那么软件内的文件到底是存放在哪呢？当然与文件系统有关。表 3-5 所示为某些重要目录的意义。

表 3-5　　　　　　　　　　　　　　重要目录的含义

/etc	一些配置文件放置的目录，例如 /etc/crontab
/usr/bin	一些可运行文件
/usr/lib	一些程序使用的动态函数库
/usr/share/doc	一些基本的软件使用手册与说明文件
/usr/share/man	一些 man page 文件

（2）RPM 安装 (install)。

因为安装软件是 root 的工作，因此只有 root 的身份才能够操作 rpm 命令。 用 rpm 安装软件很简单。假设需要安装一个文件名为 rp-pppoe-3.5-32.1.i386.rpm 的文件，那么可以这样操作：

```
[root@www ~]# rpm -i rp-pppoe-3.5-32.1.i386.rpm
```

不过，这样的参数其实无法显示安装的进度，所以，通常我们会这样操作：

```
[root@www ~]# rpm -ivh package_name
```

选项与参数：

-i ：install

-v ：查看更细微的安装信息

-h ：以安装信息列显示安装进度

范例一：安装 rp-pppoe-3.5-32.1.i386.rpm

```
[root@www ~]# rpm -ivh rp-pppoe-3.5-32.1.i386.rpm
```

范例二、安装两个以上的软件

```
[root@www ~]# rpm -ivh a.i386.rpm b.i386.rpm *.rpm
# 后面可以直接跟多个软件包!
```

范例三、根据网址安装网络上的某个文件

```
[root@www ~]# rpm -ivh http://website.name/path/pkgname.rpm
```

另外，如果我们在安装的过程当中发现问题，或者已经知道会发生的问题，而还是要"强行"安装这个软件时，可以使用--force 参数"强制"安装。但可能会发生很多不可预期的问题。除非你很清楚的知道使用上面的参数后，安装的结果是你预期的。

亲自动手做一下：在没有网络的前提下，你想要安装一个名为 pam-devel 的软件，你手边只有原版光盘，该如何操作？

分析：可以通过挂载原版操作系统光盘来进行关联关系的查询与安装。先将光盘放入光驱。下面我们尝试将光盘挂载到 /media 当中，并据此处理包的依赖关系。

① 挂载光盘，使用：mount /dev/cdrom /media
② 找出文件的实际路径：find /media –name 'pam-devel*'
③ 测试此软件是否具有依赖性：rpm -ivh pam-devel... --test
④ 直接安装：rpm -ivh pam-devel...
⑤ 卸载光盘：umount /dev/cdrom

该实例在 RHEL5 中的运行如下所示，请读者对照完成实例。

[root@localhost ~]# **mount /dev/cdrom /media**

mount: block device /dev/cdrom is write-protected, mounting read-only

[root@localhost ~]# **cd /media/Server**

[root@localhost Server]# **find /media -name 'pam-devel*'**

/media/Server/pam-devel-0.99.6.2-6.el5.i386.rpm

[root@localhost Server]# **rpm -ivh pam-devel-0.99.6.2-6.el5.i386.rpm --test**

warning: pam-devel-0.99.6.2-6.el5.i386.rpm: Header V3 DSA signature: NOKEY, key ID 897da07a

```
Preparing...                    ################################# [100%]
[root@localhost Server]# rpm -ivh pam-devel-0.99.6.2-6.el5.i386.rpm
warning: pam-devel-0.99.6.2-6.el5.i386.rpm: Header V3 DSA signature: NOKEY, key ID 897da07a
Preparing...                    ################################# [100%]
   1:pam-devel                   ################################# [100%]
[root@localhost Server]#
```

在 RHEL5 系统中，刚好这个软件并没有安装依赖的问题，因此最后一个步骤可以顺利地进行下去。

（3）RPM 查询 (query)。

RPM 在查询的时候，其实查询的是/var/lib/rpm/目录下的数据库文件。另外，RPM 也可以查询未安装的 RPM 文件的信息。那如何去查询呢？

```
[root@www ~]# rpm -qa                                  <==已安装软件
[root@www ~]# rpm -q[licdR] 已安装的软件名称            <==已安装软件
[root@www ~]# rpm -qf 存在于系统上面的某个文件名        <==已安装软件
[root@www ~]# rpm -qp[licdR] 未安装的某个文件名称       <==查阅 RPM 文件
```

选项与参数：

查询已安装软件的信息：

-q   ：仅查询后面跟的软件是否安装；

-qa ：列出所有的已经安装在本机 Linux 系统上面的所有软件名称；

-qi ：列出该软件的详细信息 (information)，包括开发商、版本与说明等；

-ql ：列出该软件所有的文件与目录所在的完整文件名（list）；

-qc ：列出该软件的所有配置文件（找出在 /etc/ 下面的文件名）；

-qd ：列出该软件的所有说明文件（找出与 man 有关的文件）；

-qR ：列出与该软件有关的依赖软件所含的文件（Required 的意思）；

-qf ：由后面跟的文件名称，找出该文件属于哪一个已安装的软件。

查询某个 RPM 文件内含有的信息：

-qp[icdlR]

注意　　-qp 后面接的所有参数与上面的说明一致。但用途仅在于找出某个 RPM 文件内的信息，而非已安装的软件信息！

在查询的部分，所有的参数之前都需要加上-q。查询主要分为两部分，一部分是查看已安装到系统上面的的软件信息，这部分的信息由/var/lib/rpm/提供。另一部分则是查看某个 rpm 文件内容，即由 RPM 文件内找出一些要写入数据库的信息，使用 –qp（p 是 package 的意思）。

下面请读者对照范例完成实训。

范例一：找出 Linux 系统是否安装了 logrotate 软件？

[root@www ~]# rpm -q logrotate

logrotate-3.7.4-9

[root@www ~]# rpm -q logrotating

```
package logrotating is not installed
```
不必要加上版本！至于显示的结果，一看就知道是否安装。

范例二：列出上题当中，属于该软件所提供的所有目录与文件：
```
[root@www ~]# rpm -ql logrotate
/etc/cron.daily/logrotate
/etc/logrotate.conf
....(以下省略)....
```

范例三：列出 logrotate 软件的相关说明数据：
```
[root@www ~]# rpm -qi logrotate
Name        : logrotate              Relocations: (not relocatable)
Version     : 3.7.4                  Vendor: CentOS
Release     : 8                      Build Date: Sun 02 Dec 2007 08:38:06 AM CST
Install Date: Sat 09 May 2009 11:59:05 PM CST    Build Host: builder6
……省略一部分显示……

Install the logrotate package if you need a utility to deal with the
log files on your system.
```
列出该软件的 information（信息）里面的信息，包括软件名称、版本、开发商、
#SRPM 文件名称、打包次数、简单说明信息、软件打包者、安装日期等。

范例四：分别找出 logrotate 的配置文件与说明文件
```
[root@www ~]# rpm -qc logrotate
[root@www ~]# rpm -qd logrotate
```

范例五：若要成功安装 logrotate，还需要哪些文件？
```
[root@www ~]# rpm -qR logrotate
/bin/sh
config(logrotate) = 3.7.4-8
libc.so.6
....(以下省略)....
```
可以看出，还需要很多文件的支持。

范例六：由上面的范例五，找出 /bin/sh 是哪个软件提供的？
```
[root@www ~]# rpm -qf /bin/sh
bash-3.2-24.el5
```
这个参数后面跟的可是"文件"，不像前面都是跟软件。

这个功能是查询系统的某个文件属于哪一个软件。在解决依赖关系时用处很大（知道所依赖的模块属于哪个软件才能安装这个软件）。

范例七：假设下载了一个 RPM 文件，想要知道该文件的依赖文件，该如何操作？
[root@www ~]# **rpm -qpR filename.i386.rpm**
加上 -qpR，找出该文件的依赖数据

（4）RPM 反安装与重建数据库 (erase/rebuilddb)。

反安装就是将软件卸载。要注意的是，"反安装的过程一定要由最上一级往下删除"。以 rp-pppoe 为例，这一软件主要是依据 ppp 这个软件来安装的，所以当你要卸载 ppp 的时候，就必须要先卸载 rp-pppoe 才行，否则就会发生结构上的问题。正如你要拆除 5 楼、6 楼，必须由 6 楼拆起是同样的道理。

移除的选项很简单，通过 -e 即可移除。不过，常常会发生软件包依赖导致无法移除某些软件的问题。

请完成下面的实例：

```
# 1. 找出与 pam 有关的软件名称，并尝试移除 pam 软件。
[root@www ~]# rpm -qa | grep pam
pam_krb5-2.2.14-10
……省略一部分显示……
pam_smb-1.1.7-7.2.1
[root@www ~]# rpm -e pam
error: Failed dependencies:    <==这里提到的是依赖性的问题
        libpam.so.0 is needed by (installed) coreutils-5.97-14.el5.i386
        libpam.so.0 is needed by (installed) libuser-0.54.7-2.el5.5.i386
....(以下省略)....

# 2. 若仅移除 pam-devel 呢？
[root@www ~]# rpm -e pam-devel     <==不会出现任何信息！
[root@www ~]# rpm -q pam-devel
package pam-devel is not installed
```

从范例一看出 pam 所提供的函数库是很多软件共同使用的，因此不能移除 pam，除非将其他依赖软件也全部移除！你当然也能加 --nodeps 来强制移除，不过，如此一来所有会用到 pam 函数库的软件，都将成为无法运行的程序，你的操作系统也就不能用了。至于范例二，由于 pam-devel 是依赖于 pam 的开发工具，你可以单独安装与单独移除。

由于 RPM 文件常常会被执行"安装/移除/升级"等操作，某些操作可能会导致 RPM 数据库（/var/lib/rpm/）内的文件受损。读者可以使用 --rebuilddb 这个选项来重建数据库。操作过程如下：

```
[root@www ~]# rpm --rebuilddb    <==重建数据库
```

2. 使用 yum

yum 通过分析 RPM 的标题数据后，根据各软件的相关性制作出包依赖时的解决方案，然

后自动处理软件的依赖属性问题，以解决软件安装、移除或升级的属性依赖问题。详细的 yum 服务器与用户端之间的链接，可以参看前图 7-1 的说明。

由于 distribution 必须先发布软件，然后将软件放在 yum 服务器上，供用户端进行安装与升级之用。因此我们想要使用 yum 的功能时，必须要先找到适合的 yum server 才行。而每个 yum server 可能都会提供许多不同的软件功能，那就是我们之前谈到的"容器"。因此，你必须前往 yum server 查询到相关的容器网址后，再继续处理后续的配置工作。

事实上 RHEL 发布软件时已经制作出多个映射站点（mirror site）提供给全世界的用户进行软件升级。所以，理论上不需要修改任何配置值，只要能够连上 Internet，就可以使用 yum。

（1）制作本地 yum 源。

rhel5 系统安装的时候其实已经有 yum 了，但如果你的软件没有花钱购买，也就无法注册，红帽官方的 yum 源也将不能应用。那么有什么解决方法呢？

第一种方法，把 yum 的更新地址改成开源的就行了。而限定 yum 更新地址的文件在 /etc/yum.repos.d/ 里。具体的内容请参考相关资料。

第二种方法，利用已有的 ISO 镜像制作本地 yum 源。

我们以第二种方法为例介绍（光盘或镜像已提前部署好）。

① 挂载 ISO 安装镜像。

```
//挂载光盘到 /iso 下
[root@rhel5 ~]# mkdir /iso
[root@rhel5 ~]# mount /dev/cdrom /iso
```

② 制作用于安装的 yum 源文件。

```
[root@rhel5 ~]# vim /etc/yum.repos.d/dvd.repo
```

dvd.repo 文件的内容如下：

```
# /etc/yum.repos.d/dvd.repo
# or for ONLY the media repo, do this:
# yum --disablerepo=\* --enablerepo=c6-media [command]
[dvd]
name=dvd
baseurl=file:///iso/Server        //特别注意本地源文件的表示，3 个 "/"。
gpgcheck=0
enabled=1
```

各选项的含义如下所示：

- [base]：代表容器的名字。中括号一定要存在，里面的名称则可以随意取。但是不能有两个相同名称的容器，否则 yum 会不知道该到哪里去找容器相关软件的清单文件。
- name：只是说明一下这个容器的意义，重要性不高。
- mirrorlist=：列出这个容器可以使用的映射站点，如果不想使用，可以注释这行；
- baseurl=：这个最重要，因为后面接的就是容器的实际路径。mirrorlist 指定了需要 yum 程序自行去搜寻的映射站点，baseurl 则是指定一个固定的容器的地址。上例中我们使用了本地地址。如果使用网址的话，则形如：baseurl=http://mirror.centos.org/centos/$releasever/os/$basearch/。
- enable=1：使用此容器。如果不想使用可以设置 enable=0。
- gpgcheck=1：指定是否需要查阅 RPM 文件内的数字签名。

- gpgkey=：数字签名的公钥文件所在位置，使用默认值即可。

特别提示　如果没有购买 RHEL 的服务，请一定配置本地 yum 源。或者配置开源的 yum 源。下面的例子以设置好本地 yum 源为基础。

（2）修改容器产生的问题与解决方法。

首先查看系统默认的配置文件。

```
[root@localhost yum.repos.d]# vim rhel-debuginfo.repo
[rhel-debuginfo]
name=Red Hat Enterprise Linux $releasever - $basearch - Debug
baseurl=ftp://ftp.redhat.com/pub/redhat/Linux/enterprise/$releasever/en/os/$basearch/Debuginfo/
enabled=0
gpgcheck=1
gpgkey=file:///etc/pki/rpm-gpg/RPM-GPG-KEY-redhat-release
```

如果修改系统默认的配置文件，比如修改了网址却没有修改容器名称（中括号内的文字），可能会造成本机的清单与 yum 服务器的清单不同步，此时就会出现无法进行升级的问题。

怎么办呢？很简单，清除掉本机上面的旧数据即可。通过 yum 的 clean 选项来实现。

```
[root@www ~]# yum clean [packages|headers|all]
```

选项与参数：

　packages ：将已下载的软件文件删除；

　headers　 ：将下载的软件文件头删除；

　all　　　 ：将所有容器数据都删除！

范例一：删除已下载过的所有容器的相关数据（含软件本身与清单）

```
[root@www ~]# yum clean all
```

注意　"yum clean all" 是经常使用的一个命令。

（3）利用 yum 进行查询。

格式：yum [list|info|search|provides|whatprovides] 参数

① 利用 yum 来查询原版 distribution 所提供的软件，或已知某软件的名称，想知道该软件的功能，可以利用 yum 提供的相关参数：

```
[root@www ~]# yum [option] [查询工作项目] [相关参数]
```

选项与参数：

[option]：主要的选项，包括：

　-y ：当 yum 要等待使用者输入时，这个选项可以自动提供 yes 的回应；

　--installroot=/some/path ：将该软件安装在 /some/path 而不使用默认路径

[查询工作项目] [相关参数]：这方面的参数有：

　search　 ：搜寻某个软件名称或者是描述（description）的重要关键字；

　list　　 ：列出目前 yum 所管理的所有的软件名称与版本，有点类似 rpm -qa；

　info　　 ：同上，不过有点类似 rpm -qai 的运行结果；

provides：在文件中搜寻软件。类似 rpm -qf 的功能！

范例一：搜寻磁盘阵列（raid）相关的软件有哪些？
```
[root@www ~]# yum search raid
....（前面省略）....
mdadm.i386 : mdadm controls Linux md devices (software RAID arrays)
lvm2.i386 : Userland logical volume management tools
....（后面省略）....
# 在冒号（:）左边的是软件名称，右边的则是在 RPM 内的 name 配置（软件名）
```

范例二：找出 mdadm 这个软件的功能。
```
[root@www ~]# yum info mdadm
Installed Packages      <==这说明该软件已经安装
Name    : mdadm         <==这个软件的名称
Arch    : i386          <==这个软件的编译架构
Version : 2.6.4         <==此软件的版本
Release : 1.el5         <==发布的版本
Size    : 1.7 M         <==此软件的文件总容量
Repo    : installed     <==容器回应说已安装
Summary : mdadm controls Linux md devices (software RAID arrays)
Description:            <==与 rpm -qi 一致。
mdadm is used to create, manage, and monitor Linux MD (software RAID)
devices.  As such, it provides similar functionality to the raidtools
package.  However, mdadm is a single program, and it can perform
almost all functions without a configuration file, though a configuration
file can be used to help with some common tasks.
```

范例三：列出 yum 服务器上面提供的所有软件名称。
```
[root@www ~]# yum list
Installed Packages <==已安装软件
Deployment_Guide-en-US.noarch        5.2-9.el5.centos    installed
Deployment_Guide-zh-CN.noarch        5.2-9.el5.centos    installed
Deployment_Guide-zh-TW.noarch        5.2-9.el5.centos    installed
....（中间省略）....
Available Packages <==还可以安装的其他软件
Cluster_Administration-as-IN.noarch  5.2-1.el5.centos    base
Cluster_Administration-bn-IN.noarch  5.2-1.el5.centos    base
....（下面省略）....
# 上面提供的意义为：" 软件名称    版本    所在容器 "
```

范例四：列出目前服务器上可供本机进行升级的软件有哪些？
```
[root@www ~]# yum list updates  <==一定是 updates
Updated Packages
Deployment_Guide-en-US.noarch        5.2-11.el5.centos   base
Deployment_Guide-zh-CN.noarch        5.2-11.el5.centos   base
Deployment_Guide-zh-TW.noarch        5.2-11.el5.centos   base
....（下面省略）....
# 上面列出了在各个容器内可以提供升级的软件与版本
```

范例五：列出提供 passwd 文件的软件有哪些？
[root@www ~]# **yum provides passwd**
passwd.i386 : The passwd utility for setting/changing passwords using PAM
passwd.i386 : The passwd utility for setting/changing passwords using PAM
#上面这个软件提供了 passwd 文件！

② 实际应用。

问题：利用 yum 功能，找出以 pam 为开头软件名称有哪些？而其中尚未安装的又有哪些？
解决方案： 可以通过如下的方法来查询：

```
[root@www ~]# yum list pam*
Installed Packages
pam.i386                    0.99.6.2-3.27.el5      installed
……省略一部分显示……
pam_smb.i386                1.1.7-7.2.1            installed
Available Packages  <==下面则是"可升级"的或"未安装"的
pam.i386                    0.99.6.2-4.el5         base
pam_krb5.i386               2.2.14-10              base
```

如上所示，可升级者有 pam、pam_krb5 两个软件，完全没有安装的则是 pam-devel 软件。

（4）利用 yum 进行安装和升级。

安装/升级功能格式：**yum [install|update] 软件**

既然可以查询，那么安装与升级呢？很简单，利用 install 与 update 参数。

注 意　　如果使用光盘中的文件，一定制作好本地 yum 源。

[root@www ~]# **yum [option] [查询工作项目] [相关参数]**
选项与参数：
　install ：后面接要安装的软件名称。
　update ：后面接要升级的软件，若要整个系统都升级，直接执行 update 即可

范例一：将前一个练习找到的未安装的 pam-devel 进行安装
```
[root@www ~]# yum install pam-devel
Setting up Install Process
Parsing package install arguments
Resolving Dependencies   <==先检查软件的属性依赖问题

(省略一部分显示……)
Transaction Summary
=======================================================================
Install      1 Package(s)   <==结果发现要安装此软件需要升级另一个依赖的软件
Update       1 Package(s)
Remove       0 Package(s)

Total download size: 1.1 M
Is this ok [y/N]: y  <==确定要安装
```

```
Downloading Packages: <==下载安装包
(1/2): pam-0.99.6.2-4.el5 100% |=========================| 965 kB     00:05
(2/2): pam-devel-0.99.6.2 100% |=========================| 186 kB     00:01
Running rpm_check_debug
（省略一部分显示……）
Installed: pam-devel.i386 0:0.99.6.2-4.el5
Updated: pam.i386 0:0.99.6.2-4.el5
Complete!
```

（5）利用 yum 进行移除软件。

移除功能格式：yum [remove] 软件

将刚安装的软件移除。

```
[root@www ~]# yum remove pam-devel
Setting up Remove Process
Resolving Dependencies   <==同样的，先解决属性依赖的问题
--> Running transaction check
---> Package pam-devel.i386 0:0.99.6.2-4.el5 set to be erased
--> Finished Dependency Resolution

Dependencies Resolved

……省略一部分显示……

Transaction Summary
===============================================================================
Install       0 Package(s)
Update        0 Package(s)
Remove        1 Package(s)     <==还好，并没有属性依赖的问题，单纯移除一个软件

Is this ok [y/N]: y
Downloading Packages:
Running rpm_check_debug
Running Transaction Test
Finished Transaction Test
Transaction Test Succeeded
Running Transaction
  Erasing    : pam-devel                        ######################### [1/1]

Removed: pam-devel.i386 0:0.99.6.2-4.el5
Complete!
```

3.2.5 实训思考题

1. 如果你曾经修改过 yum 配置文件内的容器配置 (/etc/yum.repos.d/*.repo)，导致下次使用 yum 进行安装时老是发现错误，该如何解决这个问题？

2. 假设我想要安装一个软件，例如 pkgname.i386.rpm，但却老是发生无法安装的问题，请问可以加入哪些参数来强制安装该软件？

3. 承上题，强制安装之后，该软件是否可以正常运行？为什么？

4. 有些人使用 OpenLinux 3.1 Server 安装在自己的 P-166 MMX 计算机上，却发现无法安装，在查询了该原版光盘的内容后，发现里面的文件名称为 ***.i686.rpm 。请问，无法安装的可能原因是什么？

5. 使用 rpm -Fvh *.rpm 及 rpm -Uvh *.rpm 来升级时,两者有何不同?

6. 假设有一个厂商推出软件时,自行处理了数字签名,你想要安装他们的软件,所以需要使用数字签名,假设数字签名的文件名为 signe,那你该如何安装?

7. 承上题,假设该软件厂商提供了 yum 的安装网址为:http://their.server.name/path/ ,那你该如何处理 yum 的配置文件?

 答案请参考光盘相关内容。

3.2.6 实训报告要求

- 参考 2.1.6 小节,按实训报告要求完成实训报告。

3.3 配置与管理文件权限

3.3.1 实训目的

- 了解 Linux 文件系统结构。
- 掌握通过命令实现 Linux 文件权限管理的方法。
- 掌握磁盘和文件系统管理工具的使用。

3.3.2 实训内容

练习 Linux 系统下文件权限管理、磁盘和文件系统管理工具使用。

3.3.3 实训准备

1. 理解文件和文件权限

文件是操作系统用来存储信息的基本结构,是一组信息的集合。文件通过文件索引节点位置来唯一地标识。Linux 中的文件名称最长可允许 255 个字符,这些字符可用 A~Z、0~9、.、_、-等符号来表示。与其他操作系统相比,Linux 最大的不同点是没有"扩展名"的概念,也就是说文件的名称和该文件的种类并没有直接的关联,例如 sample.txt 可能是一个可执行文件,而 sample.exe 也有可能是文本文件,甚至可以不使用扩展名。另一个特性是 Linux 文件名区分大小写。例如 sample.txt、Sample.txt、SAMPLE.txt、samplE.txt 在 Linx 系统中代表不同的文件,但在 DOS 和 Windows 平台却是指同一个文件。在 Linux 系统中,如果文件名以"."开始,表示该文件为隐藏文件,需要使用"ls -a"命令才能显示。

在 Linux 中的每一个文件或目录都包含有访问权限,这些访问权限决定了谁能访问和如何访问这些文件和目录。

通过设定权限可以从以下三种访问方式限制访问权限:只允许用户自己访问;允许一个预先指定的用户组中的用户访问;允许系统中的任何用户访问。同时,用户能够控制一个给定的文件或目录的访问程度。一个文件或目录可能有读、写及执行权限。当创建一个文件时，系统会自动地赋予文件所有者读和写的权限，这样可以允许所有者能够查看文件内容和修改文件。文件所有者可以将这些权限改变为任何他想指定的权限。一个文件也许只有读权限，禁止任何修改。文件也可能只有执行权限，允许它像一个程序一样执行。

三种不同类型的用户能够有区分地访问一个目录或者文件：所有者、用户组或其他用户。所有者是创建文件的用户，文件的所有者能够授予所在用户组的其他成员以及系统中除所属组之外的其他用户不同的文件访问权限。

系统中的所有文件针对每一个用户都有单独的读、写和执行权限。第一套权限控制访问自己创建的文件权限，即所有者权限。第二套权限控制用户组访问其中一个用户的文件的权限。第三套权限控制其他所有用户访问一个用户的文件的权限，这三套权限赋予不同角色用户（即所有者、用户组和其他用户）不同的读、写及执行权限，就构成了一个有 9 种类型的权限组。

我们可以用"ls -l"或者 ll 命令显示文件的详细信息，其中包括权限。如下所示：

```
[root@Server ~]# ll
total 84
drwxr-xr-x   2 root root   4096 Aug  9 15:03 Desktop
-rw-r--r--   1 root root   1421 Aug  9 14:15 anaconda-ks.cfg
-rw-r--r--   1 root root    830 Aug  9 14:09 firstboot.1186639760.25
-rw-r--r--   1 root root  45592 Aug  9 14:15 install.log
-rw-r--r--   1 root root   6107 Aug  9 14:15 install.log.syslog
drwxr-xr-x   2 root root   4096 Sep  1 13:54 webmin
```

上面列出了各种文件的详细信息，共分 7 列。所列信息的含义如图 3-7 所示。

图 3-7　文件属性示意图

2. 详解文件的各种属性信息

（1）第 1 栏为文件权限。

每一行的第一个字符一般用来区分文件的类型，一般取值为 d，-，l，b，c，s，p。具体含义如下。

- d：表示是一个目录，在 ext 文件系统中目录也是一种特殊的文件。
- -：表示该文件是一个普通的文件。
- l：表示该文件是一个符号链接文件，实际上它指向另一个文件。
- b、c：分别表示该文件为区块设备或其他的外围设备，是特殊类型的文件。
- s、p：这些文件关系到系统的数据结构和管道，通常很少见到。

每一行的第 2~10 个字符表示文件的访问权限。这 9 个字符每 3 个为一组，左边三个字符表示所有者权限，中间 3 个字符表示与所有者同一组的用户的权限，右边 3 个字符是其他用户的权限。代表的意义如下。

- 第 2、3、4 字符表示该文件所有者的权限，有时也简称为 u（User）的权限。
- 第 5、6、7 字符表示该文件所有者所属组的组成员的权限。例如，此文件拥有者属于"user"组群，该组群中有 6 个成员，表示这 6 个成员都有此处指定的权限。简称为 g（Group）的权限。

- 第 8、9、10 字符表示该文件所有者所属组群以外的权限，简称为 o（Other）的权限。

这 9 个字符根据权限种类的不同，也分为 3 种类型。

- r（Read，读取）：对文件而言，具有读取文件内容的权限；对目录来说，具有浏览目录的权限。
- w（Write，写入）：对文件而言，具有新增、修改文件内容的权限；对目录来说，具有删除、移动目录内文件的权限。
- x（execute，执行）：对文件而言，具有执行文件的权限；对目录来说该用户具有进入目录的权限。
- -：表示不具有该项权限。

下面举例说明。

- brwxr--r--：该文件是块设备文件，文件所有者具有读、写与执行的权限，其他用户则具有读取的权限。
- -rw-rw-r-x：该文件是普通文件，文件所有者与同组用户对文件具有读写的权限，而其他用户仅具有读取和执行的权限。
- drwx--x--x：该文件是目录文件，目录所有者具有读写与进入目录的权限，其他用户能进入该目录，却无法读取任何数据。
- lrwxrwxrwx：该文件是符号链接文件，文件所有者、同组用户和其他用户对该文件都具有读、写和执行权限。

每个用户都拥有自己的主目录，通常在/home 目录下，这些主目录的默认权限为 rwx------；执行 mkdir 命令所创建的目录，其默认权限为 rwxr-xr-x，用户可以根据需要修改目录的权限。

此外，默认的权限可用 umask 命令修改，用法非常简单，只需执行"umask 777"命令，便代表屏蔽所有的权限，因而之后建立的文件或目录，其权限都变成 000，依次类推。通常 root 账号搭配 umask 命令的数值为 022、027 和 077，普通用户则是采用 002，这样所产生的默认权限依次为 755、750、700、775。有关权限的数字表示法，后面将会详细说明。

用户登录系统时，用户环境就会自动执行 umask 命令来决定文件、目录的默认权限。

（2）第 2 栏表示有多少文件名连结到此节点（i-node）。

每个文件都会将其权限与属性记录到文件系统的 i-node 中，不过，我们使用的目录树却是使用文件名来记录，因此每个文件名就会连结到一个 i-node。这个属性记录的就是有多少不同的文件名连结到相同的一个 i-node。

（3）第 3 栏表示这个文件（或目录）的拥有者账号。

（4）第 4 栏表示这个文件的所属群组。

在 Linux 系统下，你的账号会附属于一个或多个的群组中。举例来说明：class1、class2、class3 均属于 projecta 这个群组，假设某个文件所属的群组为 projecta，且该文件的权限为(-rwxrwx---)，则 class1、class2、class3 三人对于该文件都具有可读、可写、可执行的权限（看群组权限）。但如果是不属于 projecta 的其他账号，对于此文件就不具有任何权限了。

（5）第 5 栏为这个文件的容量大小，默认单位为 bytes。

（6）第 6 栏为这个文件的创建日期或者是最近的修改日期。

这一栏的内容分别为日期（月/日）及时间。如果这个文件被修改的时间距离现在太久了，那么时间部分会仅显示年份。如果想要显示完整的时间格式，可以利用 ls 的选项，即 ls -l

--full-time 就能够显示出完整的时间格式了。

（7）第 7 栏为这个文件的文件名。

比较特殊的是：如果文件名之前多一个 "."，则代表这个文件为隐藏文件。请读者使用 ls 及 ls -a 这两个指令去体验一下什么是隐藏文件。

3．数字表示法修改权限

在文件建立时系统会自动设置权限，如果这些默认权限无法满足需要，此时可以使用 chmod 命令来修改权限。通常在权限修改时可以用两种方式来表示权限类型：数字表示法和文字表示法。

chmod 命令的格式是：

chmod 选项 文件

所谓数字表示法是指将读取（r）、写入（w）和执行（x）分别以 4、2、1 来表示，没有授予的部分就表示为 0，然后再把所授予的权限相加而成。表 3-6 所示为几个示范的例子。

表 3-6　　　　　　　　　　以数字表示法修改权限的例子

原始权限	转换为数字			数字表示法
rwxrwxr-x	（421）	（421）	（401）	775
rwxr-xr-x	（421）	（401）	（401）	755
rw-rw-r--	（420）	（420）	（400）	664
rw-r--r--	（420）	（400）	（400）	644

4．文字表示法

使用权限的文字表示法时，系统用 4 种字母来表示不同的用户。

- u：user，表示所有者。
- g：group，表示属组。
- o：others，表示其他用户。
- a：all，表示以上三种用户。

操作权限使用下面三种字符的组合表示法。

- r：read，可读。
- w：write，写入。
- x：execute，执行。

操作符号包括以下几种。

- +：添加某种权限。
- -：减去某种权限。
- =：赋予给定权限并取消原来的权限。

例如，要同时将/etc 目录中的所有文件权限设置为所有人都可读取及写入，应该使用下面的命令：

```
[root@Server ~]# chmod a=rw /etc/*
```

或者

```
[root@Server ~]# chmod 666 /etc/*
```

3.3.4 实训步骤

1. 使用数字表示法修改权限

① 为文件/etc/file 设置权限：赋予拥有者和组群成员读取和写入的权限，而其他人只有读取权限。则应该将权限设为"rw-rw-r--"，而该权限的数字表示法为 664，因此可以输入下面的命令来设置权限：

```
[root@Server ~]# chmod 664 /etc/file
[root@Server ~]# ll
total 0
-rw-rw-r-- 1 root root 0 Sep 1 16:09 file
```

② 如果要将.bashrc 这个文件所有的权限都设定启用，那么就使用如下命令：

```
[root@www ~]# ls   -al    .bashrc
-rw-r--r-- 1 root root 395 Jul 4 11:45.bashrc
[root@www ~]# chmod 777 .bashrc
[root@www ~]# ls   -al    .bashrc
-rwxrwxrwx 1 root root 395 Jul 4 11:45.bashrc
```

③ 如果有些文件不希望被其他人看到，可以将文件的权限设定为-rwxr-----，执行 chmod 740 filename 指令。

2. 利用 chmod 命令也可以修改文件的特殊权限

① 例如要设置/etc/file 文件的 SUID 权限的方法如下（先了解，后面会详细介绍）：

```
[root@Server ~]# chmod u+s /etc/file
[root@Server ~]# ll
总计 0
-rwSr--r-- 1 root root 0 11-27 11:42 file
```

② 特殊权限也可以采用数字表示法。SUID、SGID 和 sticky 权限分别为：4、2 和 1。使用 chmod 命令设置文件权限时，可以在普通权限的数字前面加上一位数字来表示特殊权限。例如：

```
[root@Server ~]# chmod 6664 /etc/file
[root@Server ~]# ll
总计 22
-rwSrwSr-- 1 root root 22 11-27 11:42 file
```

3. 使用文字表示法的有趣实例

① 假如我们要设置一个文件的权限成为-rwxr-xr-x 时，所表述的含义如下。

- user (u)：具有可读、可写、可执行的权限。
- group 与 others (g/o)：具有可读与执行的权限。

执行结果如下：

```
[root@www ~]# chmod u=rwx,go=rx  .bashrc
# 注意：那个 u=rwx,go=rx 是连在一起的，中间并没有任何空格。
[root@www ~]# ls -al .bashrc
-rwxr-xr-x 1 root root 395 Jul 4 11:45.bashrc
```

② 假如是-rwxr-xr--这样的权限又该如何设置呢？可以使用"chmod u=rwx，g= rx，o=r filename"来设定。此外，如果不知道原先的文件属性，而只想增加.bashrc 这个文件的每个人均有写入的权限，那么就可以使用如下命令：

```
[root@www ~]# ls   -al    .bashrc
-rwxr-xr-x 1 root root 395 Jul 4 11:45.bashrc
[root@www ~]# chmod a+w .bashrc
```

```
[root@www ~]# ls    -al    .bashrc
-rwxrwxrwx 1 root root 395 Jul 4 11:45.bashrc
```

③ 而如果是要将权限去掉而不改动其他已存在的权限呢？例如要去掉全部人的可执行权限，则可以使用如下命令：

```
[root@www ~]# chmod a-x    .bashrc
[root@www ~]# ls    -al    .bashrc
-rw-rw-rw- 1 root root 395 Jul 4 11:45.bashrc
```

特别提示　　+与–的状态下，只要是没有指定到的项目，则该权限不会被变动，例如上面的例子中，由于仅是去掉 x 权限，则其他两个保持当时的值不变。举例来说，你想要让用户拥有执行的权限，但你又不知道该文件原来的权限是什么，此时，利用 chmod a+x filename，就可以让该程序拥有执行的权限。

4. 修改文件所有者与属组

要修改文件的所有者可以使用 chown 来设置。chown 命令格式如下所示：

chown　选项　用户和属组　文件列表

用户和属组可以是名称，也可以是 UID 或 GID。多个文件之间用空格分隔。

① 要把/etc/file 文件的所有者修改为 test 用户，命令如下：

```
[root@Server ~]# chown test /etc/file
[root@Server ~]# ll
总计 22
-rw-rwSr-- 1 test root 22 11-27 11:42 file
```

② chown 命令可以同时修改文件的所有者和属组，用 ":" 分隔。例如将/etc/file 文件的所有者和属组都改为 test 的命令如下所示：

```
[root@Server ~]# chown test:test /etc/file
```

③ 如果只修改文件的属组可以使用下列命令：

```
[root@Server ~]# chown :test /etc/file
```

④ 修改文件的属组也可以使用命令 chgrp。命令范例如下所示：

```
[root@Server ~]# chgrp test /etc/file
```

5. 利用 umask

umask 的分值指的是该默认值需要减掉的权限。因为 r、w、x 的权值分别是 4、2、1，所以当要去掉能写入的权限，就输入 2，而如果要去掉能读的权限，就输入 4，那么要去掉读与写的权限，也就是 6，而要去掉执行与写入的权限，也就是 3。

思考一下：*权值为 5 代表什么？就是读与执行的权限。*

如果 umask 为 022，表示 user 并没有被拿掉任何权限，不过 group 与 others 的权限被拿掉了 2（也就是 w 这个权限），那么当使用者：

- 建立文件时：(-rw-rw-rw-) - (-----w--w-) =-rw-r--r--
- 建立目录时：(drwxrwxrwx) - (d----w--w-) =drwxr-xr-x

① 是这样吗？让我们来测试一下吧！

```
[root@www ~]# umask
0022
[rot@www ~]# touch test1
[root@www ~]# mkdir test2
[root@www ~]# ll
```

```
-rw-r--r-- 1 root root      0 Sep 27 00:25 test1
drwxr-xr-x 2 root root   4096 Sep 27 00:25 test2
```

② 当我们需要新建文件给同群组的使用者共同编辑时，umask 的群组就不能去掉 2 这个 w 的权限。这时 umask 的值应该是 002，才使新建的文件的权限是 -rw-rw-r--。那么如何设定 umask 呢？简单得很，直接在 umask 后面输入 002 就可以了。命令运行情况如下，实际做一下：

```
[root@www ~]# umask 002
[root@www ~]# touch test3
[root@www ~]# mkdir test4
[root@www ~]# ll
-rw-rw-r-- 1 root root      0 Sep 27 00:36 test3
drwxrwxr-x 2 root root   4096 Sep 27 00:36 test4
```

6．设置文件隐藏属性

（1）chattr。

功能说明：改变文件属性。

语法：chattr [-RV][-v<版本编号>][+/-/=<属性>][文件或目录...]

● a：系统只允许在这个文件之后追加数据，不允许任何进程覆盖或截断这个文件。如果目录具有这个属性，系统将只允许在这个目录下建立和修改文件，而不允许删除任何文件。

● i：不得任意改动文件或目录。

① 范例：请尝试到 /tmp 下面建立文件，并加入 i 的参数，尝试删除。

```
[root@www ~]# cd   /tmp
[root@www tmp]# touch attrtest       <==建立一个空文件
[root@www tmp]# chattr  +i attrtest  <==给予 i 的属性
[root@www tmp]# rm attrtest          <==尝试删除
rm:remove write-protected regular empty file `attrtest'?y
rm:cannot remove `attrtest':Operation not permitted <==操作被阻止
# root 也没有办法将这个文件删除。
```

② 范例：请将该文件的 i 属性取消。

```
[root@www tmp]# chattr -i attrtest
```

这个指令很重要，尤其是在系统的数据安全方面。其中，最重要的当属 +i 与 +a 这两个属性了。由于这些属性是隐藏的，所以需要用 lsattr 才能看到该属性。

（2）lsattr（显示文件隐藏属性）。

语法：

```
[root@www~]# lsattr [-adR]文件或目录
```

选项与参数：

-a：显示隐藏文件的属性；

-d：如果接的是目录，仅列出目录本身的属性而非目录内的文件名；

-R：连同子目录的数据也一并列出来。

例如：

```
[root@www tmp]# chattr  +aij attrtest
[root@www tmp]# lsattr attrtest
----ia---j--- attrtest
```

7．企业实战与应用

（1）情境及需求。

情境：假设系统中有两个账号，分别是 alex 与 arod，这两个人除了自己群组之外还共同属于一个名为 project 的群组。假设这两个用户需要共同拥有/srv/ahome/目录的开发权，且该目录不许其他人进入查阅。请问该目录的权限应如何设定？请先以传统权限说明，再以 SGID 的功能解析。

目标：了解为何项目开发时，目录最好需要设定 SGID 的权限。
前提：多个账号属于同一群组，且共同拥有目录的使用权。
需求：需要使用 root 的身份运行 chmod、chgrp 等命令帮用户设定好他们的开发环境。这也是管理员的重要任务之一。

（2）解决方案。

① 首先制作出这两个账号的相关数据，如下图所示：

```
[root@www ~]# groupadd project        <==增加新的群组
[root@www ~]# useradd -G project alex  <==建立 alex 账号，且属于 project
[root@www ~]# useradd -G project arod  <==建立 arod 账号，且属于 project
[root@www ~]# id alex                  <==查阅 alex 账号的属性
uid=501(alex)gid=502(alex)groups=502(alex),501(project)  <==确定属于 project 组
[root@www ~]# id arod
uid=502(arod)gid=503(arod)groups=503(arod),501(project)
```

② 再建立所需要开发的项目目录。

```
[root@www ~]# mkdir    /srv/ahome
[root@www ~]# ll  -d   /srv/ahome
drwxr-xr-x 2 root root 4096 Sep 29 22:36/srv/ahome
```

③ 从上面的输出结果可发现 alex 与 arod 都不能在该目录内建立文件，因此需要进行权限与属性的修改。由于其他人均不可进入此目录，因此该目录的群组应为 project，权限应为 770 才合理。

```
[root@www ~]# chgrp project  /srv/ahome
[root@www ~]# chmod 770      /srv/ahome
[root@www ~]#ll -d /srv/ahome
drwxrwx---  2 root project 4096 Sep 29 22:36/srv/ahome
# 从上面的权限结果来看，由于 alex/arod 均支持 project，因此似乎没问题了！
```

④ 分别以两个使用者来测试。先用 alex 建立文件，然后用 arod 去处理。

```
[root@www ~]# su   -   alex      <==先切换身份成为 alex 来处理
[alex@www ~]$ cd    /srv/ahome   <==切换到群组的工作目录
[alex@www ahome]$ touch abcd     <==建立一个空的文件
[alex@www ahome]$ exit           <==离开 alex 的身份
[root@www ~]# su   -   arod
[arod@www ~]$ cd    /srv/ahome
[arod@www ahome]$ ll abcd
-rw-rw-r-- 1 alex alex 0 Sep 29 22:46 abcd
# 仔细看一下上面的文件，由于群组是 alex，arod 并不能操作
# 因此对于 abcd 这个文件来说，arod 应该只是其他人，只有 r 的权限。
[arod@www ahome]$ exit
```

由上面的结果我们可以知道，若单纯使用传统的 rwx，则对 alex 建立的 abcd 这个文件来说，

arod 可以删除它，但是却不能编辑它。若要实现目标，就需要用到特殊权限。

⑤ 加入 SGID 的权限，并进行测试。

```
[root@www ~]# chmod 2770    /srv/ahome
[root@www ~]# ll  -d  /srv/ahome
drwxrws---  2 root project 4096 Sep 29 22:46 /srv/ahome
```

⑥ 测试：使用 alex 去建立一个文件，并且查阅文件权限：

```
[root@www ~]# su - alex
[alex@www ~]$ cd  /srv/ahome
[alex@www ahome]$ touch 1234
[alex@www ahome]$ ll 1234
-rw-rw-r-- 1 alex project 0 Sep 29 22:53 1234
# 现在 alex, arod 建立的新文件所属群组都是 project,
# 由于两人均属于此群组，加上 umask 都是 002，这样两人才可以互相修改对方的文件。
```

最终的结果显示，此目录的权限最好是 2770，所属文件拥有者属于 root 即可，至于群组必须要为两人共同支持的 project 这个群组才可以。

3.3.5 实训思考题

- umask 的作用是什么？
- 有的书籍或者是 BBS 上面，喜欢使用文件默认属性 666 与目录默认属性 777 来与 umask 进行相减来计算文件属性，这样对吗？

参考：不对。以上面例题来看，如果使用默认属性相加减，则文件属性变成：666-003=663，即-rw-rw--wx，这可就完全不对了。想想看，原来文件就已经去除了 x 的默认属性了，怎么可能突然间冒出来了呢？所以，这个地方一定要特别小心。

3.3.6 实训报告要求

- 参考 2.1.6 小节，按要求完成实训报告。

3.4 使用 ACL 规划详细权限

3.4.1 实训目的

- 了解 ACL 概念。
- 掌握使用 ACL 的方法。
- 掌握 ACL 的配置技巧：getfacl, setfacl。

3.4.2 实训内容

练习 Linux 系统下文件权限管理、磁盘和文件系统管理工具使用。

3.4.3 实训准备

Linux 的权限概念是非常重要的。但是传统的权限仅有三种身份（owner，group，others）搭配三种权限（r，w，x），并没有办法单纯的针对某一个使用者或某一个群组来配置特定的权限需求。此时就得要使用 ACL。

ACL 是 Access Control List 的缩写，主要的目的是在提供传统的 owner,group,others 的 read,write,execute 权限之外的特殊权限配置。ACL 可以针对单一使用者、单一文件或目录来进行 r,w,x 的权限规范，对于需要特殊权限的使用状况非常有帮助。

那 ACL 主要可以针对哪些方面来控制权限呢？

- 使用者（user）：可以针对使用者来配置权限；
- 群组（group）：针对群组为对象来配置其权限；
- 默认属性（mask）：还可以针对在该目录下创建新文件/目录时，规范新数据的默认权限；

3.4.4 实训步骤

1．启动 ACL

由于 ACL 是传统的 Unix-like 操作系统权限的额外支持项目，因此要使用 ACL 必须要有文件系统的支持才行。目前绝大部分的文件系统都有支持 ACL 的功能，包括 ReiserFS、EXT2/EXT3、JFS、XFS 等。在 RHEL 5.x 中，使用 Ext3 文件系统，默认启动了 ACL 支持。

下面是查看文件系统是否支持 ACL 的过程：

```
[root@www ~]# mount    <==直接查阅挂载参数的功能
/dev/sda2 on / type ext3 (rw)         #特别注意："/"根分区是独立分区：/dev/sda2
proc on /proc type proc (rw)
sysfs on /sys type sysfs (rw)         # 其他项目省略了。在这里没看到acl。
```

如果系统默认没启动 acl 的支持，可以这样做（对 "/" 根分区加上 ACL 支持）：

```
[root@www ~]# mount -o remount,acl /
[root@www ~]# mount
/dev/sda2 on / type ext3 (rw,acl)
```

2．ACL 的配置技巧：setfacl

filesystem 启动 ACL 支持后，接下来该如何配置与查看 ACL 呢？很简单，利用这两个命令就可以了：

- getfacl：取得某个文件/目录的 ACL 配置项目；
- setfacl：配置某个目录/文件的 ACL。

① 先来学习 setfacl 命令的用法。

```
[root@www ~]# setfacl [-bkRd] [{-m|-x} acl参数] 目标文件名
选项与参数：
-m：配置后续的 acl 参数给文件使用，不可与 -x 合用；
-x：删除后续的 acl 参数，不可与 -m 合用；
-b：移除所有的 ACL 配置参数；
-k：移除默认的 ACL 参数，关于"默认"参数于后续范例中介绍；
-R：递归配置 acl，亦即包括次目录都会被配置；
```

-d：配置"默认 acl 参数"。只对目录有效，在该目录新建的数据会引用此默认值

② 上面谈到的是 acl 的选项功能，那么如何配置 ACL 的特殊权限呢？特殊权限的配置方法有很多，我们先来谈谈最常见的，就是针对单一使用者的配置方式：

```
# 1. 针对特定使用者的方式：
# 配置规范："u:[使用者账号列表]:[rwx]"，例如针对用户 bobby 的权限规范 rx（用户 bobby 请提前建立）：
[root@www ~]# touch acl_test1
[root@www ~]# ll acl_test1
-rw-r--r-- 1 root root 0 Feb 27 13:28 acl_test1
[root@www ~]# setfacl -m u:bobby:rx acl_test1
[root@www ~]# ll acl_test1
-rw-r-xr--+ 1 root root 0 Feb 27 13:28 acl_test1
# 权限部分多了个 +，且与原来的权限（644）看起来差异很大。但要如何查阅呢？

[root@www ~]# setfacl -m u::rwx acl_test1
[root@www ~]# ll acl_test1
-rwxr-xr--+ 1 root root 0 Feb 27 13:28 acl_test1
# 无使用者列表，代表配置该文件拥有者，所以上面显示 root 的权限成为 rwx 了。
```

上述动作为最简单的 ACL 配置，利用 "u:使用者:权限" 的方式来配置。配置前请加上-m选项。如果一个文件配置了 ACL 参数，它的权限部分就会多出一个+号。但是此时你看到的权限与实际权限可能就会有误差。那么如何查看呢？需要用到 getfacl。

3. ACL 的配置技巧：getfacl

① getfacl 命令用法。

```
[root@www ~]# getfacl filename
选项与参数：
getfacl 的选项几乎与 setfacl 相同。

# 请列出刚刚我们配置的 acl_test1 的权限内容：
[root@www ~]# getfacl acl_test1
# file: acl_test1      <==文件名
# owner: root          <==此文件的拥有者，亦即使用 ll 命令看到的第三使用者字段
# group: root          <==此文件的所属群组，亦即使用 ll 命令看到的第四群组字段
user::rwx              <==使用者列表栏是空的，代表文件拥有者的权限
user:bobby:r-x         <==针对 bobby 的权限配置为 rx，与拥有者并不同
group::r--             <==针对文件群组的权限配置仅有 r
mask::r-x              <==此文件默认的有效权限（mask）
other::r--             <==其他人拥有的权限
```

上面的数据非常容易查阅。显示的数据前面加上#的，代表这个文件的默认属性，包括文件名、文件拥有者与文件所属群组。下面出现的 user、group、mask、other 则是对应不同使用者、群组与有效权限（mask）的配置值。从上面的结果来看，我们刚刚配置的 bobby 对于这个文件具有 r 与 x 的权限。

② 接下来测试其他类型的 setfacl 配置。

```
# 2. 针对特定群组的方式：
# 配置规范："g:[群组列表]:[rwx]"，例如针对组 mygroup1 的权限规范为 rx（请提前建好 mygroup1 群组）：
```

```
[root@www ~]# setfacl -m g:mygroup1:rx acl_test1
[root@www ~]# getfacl acl_test1
# file: acl_test1
# owner: root
# group: root
user::rwx
user:bobby:r-x
group::r--
group:mygroup1:r-x   <==这里就是新增的部分，多了这个群组的权限配置。
mask::r-x
other::r--
```

群组与使用者的配置并没有什么太大的差异。如上表所示，非常容易理解。

③ 那么 mask 是什么？其实有点像"有效权限"的意思。其含义是：使用者或群组所配置的权限必须要存在于 mask 的权限配置范围内才会生效，此即"有效权限(effective permission)"，请完成下面的例子：

```
# 3. 针对有效权限 mask 的配置方式：
# 配置规范："m:[rwx]"，例如针对刚才的文件，规范为仅有 r ：
[root@www ~]# setfacl -m m:r acl_test1
[root@www ~]# getfacl acl_test1
# file: acl_test1
# owner: root
# group: root
user::rwx
user:bobby:r-x         #effective:r--  <==bobby+mask 均存在者，仅有 r
group::r--
group:mygroup1:r-x     #effective:r--
mask::r--
other::r--
```

bobby 与 mask 的集合发现仅有 r 存在，因此 bobby 仅具有 r 的权限，并不存在 x 权限。这就是 mask 的功能。通过使用 mask 来规范最大允许的权限，就能够避免不小心开放某些权限给其他使用者或群组。

4．企业实战与应用——账号权限实例

（1）情境：需要的账号数据如下。

账号名称	账号全名	所在次要群组	是否可登录主机	口令
myuser1	1st user	mygroup1	可以	password
myuser2	2nd user	mygroup1	可以	password
myuser3	3rd user	无额外支持	不可以	password

使用者 pro1, pro2, pro3 是同一个项目计划的开发人员，显然，这三个用户拥有自己的家目录与基本的私有群组。现在如果想让这三个用户在同一个目录/srv/projecta 下面进行开发工作，该如何办呢？

（2）解决方案。

表中的账号数据已在 3.1.5 中 "5. 企业实战与应用-账号管理实例"完成，此处不再重复。

① 创建群组、开发目录等。

```
# 1. 假设这三个账号都尚未创建，可先创建一个名为 projecta 的群组，
# 再让这三个用户加入其次要群组即可：
[root@www ~]# groupadd projecta
[root@www ~]# useradd -G projecta -c "projecta user" pro1
[root@www ~]# useradd -G projecta -c "projecta user" pro2
[root@www ~]# useradd -G projecta -c "projecta user" pro3
[root@www ~]# echo "password" | passwd --stdin pro1
[root@www ~]# echo "password" | passwd --stdin pro2
[root@www ~]# echo "password" | passwd --stdin pro3

# 2. 开始创建此项目的开发目录：
[root@www ~]# mkdir /srv/projecta
[root@www ~]# chgrp projecta /srv/projecta
[root@www ~]# chmod 2770 /srv/projecta
[root@www ~]# ll -d /srv/projecta
drwxrws--- 2 root projecta 4096 Feb 27 11:29 /srv/projecta
```

由于此项目计划只能够给 pro1、pro2、pro3 三个人使用，所以/srv/projecta 的权限配置一定要正确才行。所以该目录群组一定是 projecta，但是权限怎么会是 2770 呢？请查找作者的其他教材上有关 SGID 的内容。为了让三个使用者能够互相修改对方的文件，SGID 必须存在。

② 但接下来有个困扰的问题发生了。假如前面建好的 myuser1 是 projecta 这个项目的助理，他需要查看这个项目的内容，但是"不可以修改"项目目录内的任何数据，那该怎么办？下面的做法行吗？请分析一下。

- 将 myuser1 加入 projecta 群组，但是这样会让 myuser1 具有完整的/srv/projecta 的权限，myuser1 是可以删除该目录下的任何数据的。这样是有问题的；
- 将/srv/projecta 的权限改为 2775，让 myuser1 可以进入查阅数据。但此时会发生所有其他人均可进入该目录查阅的困扰！这也不是我们要的环境。

如果再增加一个功能：myuser1 可以进入/srv/projecta 目录，可以查阅其内容，但 myuser1 不具有修改的权力，那么又该如何做呢？

③ 由于 myuser1 是独立的使用者与群组，而/srv 是附属于"/"之下的，因此/srv 已经具有 acl 的功能。通过如下的配置可达到目的：

```
# 1. 先测试，看使用 myuser1 能否进入该目录？
[myuser1@www ~]$ cd /srv/projecta
-bash: cd: /srv/projecta: Permission denied   <==确实不能进入。

# 2. 开始用 root 的身份来配置一下该目录的权限。
[root@www ~]# setfacl -m u:myuser1:rx /srv/projecta
[root@www ~]# getfacl /srv/projecta
# file: srv/projecta
# owner: root
# group: projecta
user::rwx
user:myuser1:r-x   <==还是要查看有没有配置成功。
group::rwx
mask::rwx
other::---
```

```
# 3. 还是得要使用myuser1去测试结果。
[myuser1@www ~]$ cd /srv/projecta
[myuser1@www projecta]$ ll -a
drwxrws---+ 2 root projecta 4096 Feb 27 11:29 .   <==确实可以查询文件名
drwxr-xr-x  4 root root     4096 Feb 27 11:29 ..

[myuser1@www projecta]$ touch testing
touch: cannot touch `testing': Permission denied <==确实不能写入。
```

 上述的 1、3 步骤使用 myuser1 的身份,2 步骤使用 root 身份去配置。

④ 测试。

上面的配置我们完成了之前任务的后续需求。很简单,接下来测试一下。如果我用 root 或者是 pro1 的身份去/srv/projecta 添加文件或目录时,该文件或目录是否具有 ACL 的配置权限呢?换句话说,ACL 的权限配置是否能够被次目录所"继承"呢?不妨做一做:

```
[root@www ~]# cd /srv/projecta
[root@www ~]# touch abc1
[root@www ~]# mkdir abc2
[root@www ~]# ll -d abc*
-rw-r--r-- 1 root projecta    0 Feb 27 14:37 abc1
drwxr-sr-x 2 root projecta 4096 Feb 27 14:37 abc2
```

可以明显地发现,权限后面都没有 + ,代表这个 acl 属性并没有继承。如果想要让 acl 在目录下面的数据都有继承的功能,可以这样做。

```
# 4. 针对默认权限的配置方式:
# 配置规范:"d:[ug]:使用者列表:[rwx]"

# 让 myuser1 在/srv/projecta 下面一直具有 rx 的默认权限。
[root@www ~]# setfacl -m d:u:myuser1:rx /srv/projecta
[root@www ~]# getfacl /srv/projecta
# file: srv/projecta
# owner: root
# group: projecta
user::rwx
user:myuser1:r-x
group::rwx
mask::rwx
other::---
default:user::rwx
default:user:myuser1:r-x
default:group::rwx
default:mask::rwx
default:other::---

[root@www ~]# cd /srv/projecta
[root@www projecta]# touch zzz1
[root@www projecta]# mkdir zzz2
[root@www projecta]# ll -d zzz*
```

```
-rw-rw----+ 1 root projecta    0 Feb 27 14:57 zzz1
drwxrws---+ 2 root projecta 4096 Feb 27 14:57 zzz2
#确实有继承。然后我们使用getfacl再次确认。

[root@www projecta]# getfacl zzz2
# file: zzz2
# owner: root
# group: projecta
user::rwx
user:myuser1:r-x
group::rwx
mask::rwx
other::---
default:user::rwx
default:user:myuser1:r-x
default:group::rwx
default:mask::rwx
default:other::---
```

通过"针对目录来配置的默认 ACL 权限配置值"的项目，可以让这些属性继承到次目录下面。如果想要让 ACL 的属性全部消失该如何处理呢？通过"setfacl -b 文件名"即可，请读者自行测试。

3.4.5 实训思考题

1. root 的 UID 与 GID 是多少？而基于这个原因，我要让 test 这个账号具有 root 的权限，应该怎么做？

2. 假设你是一个系统管理员，想暂停某个用户，让他近期无法进行任何动作，等到合适时间再将他的账号激活，请问：怎么做比较好？

3. 使用 useradd 新增账号的 UID,GID 及其他相关的口令控制，在哪几个文件里面配置？

4. 你想让 dmtsai 用户，加入 group1, group2, group3 这三个群组，且不影响 dmtsai 原来已经存在的次要群组时，该如何操作？

3.4.6 实训报告要求

- 参考 2.1.6 小节，按要求完成实训报告。

3.5 管理磁盘分区、挂载与卸载

3.5.1 实训目的

- 掌握 Linux 下使用磁盘管理工具管理磁盘的方法；
- 掌握文件系统、磁盘、U 盘的挂载与卸载。

3.5.2 实训内容

练习 Linux 系统下磁盘管理工具的使用，练习文件系统、磁盘、U 盘的挂载与卸载。

3.5.3 实训准备

1. fdisk 命令的用法

```
[root@www ~]# fdisk [-l] 设备名称
```
选项与参数：
-l ：输出后面接的设备所有的 partition 内容。若仅有 fdisk -l 时，
     则系统将会把整个系统内能够搜寻到的设备的 partition 均列出来。

范例：找出你系统中的根目录所在磁盘，并查阅该硬盘内的相关信息

```
[root@www ~]# df /            <==注意：重点在找出磁盘文件名
文件系统            1K-块       已用    可用 已用% 挂载点
/dev/sda2         2030768    476656  1449288  25%  /

[root@www ~]# fdisk /dev/sda  <==不要加上数字，fdisk 后面跟磁盘
The number of cylinders for this disk is set to 5005.
There is nothing wrong with that, but this is larger than 1024,
and could in certain setups cause problems with:
1) software that runs at boot time (e.g., old versions of LILO)
2) booting and partitioning software from other OSs
   (e.g., DOS FDISK, OS/2 FDISK)

Command (m for help):
Command (m for help): m    <== 输入 m 后，就会看到下面这些命令介绍
Command action
   a   toggle a bootable flag
   b   edit bsd disklabel
   c   toggle the dos compatibility flag
   d   delete a partition           <==删除一个 partition
   l   list known partition types
   m   print this menu
   n   add a new partition          <==新增一个 partition
   o   create a new empty DOS partition table
   p   print the partition table    <==在屏幕上显示分区表
   q   quit without saving changes  <==不储存，离开 fdisk 程序
   s   create a new empty Sun disklabel
   t   change a partition's system id
   u   change display/entry units
   v   verify the partition table
   w   write table to disk and exit <==将刚刚的动作写入分区表
   x   extra functionality (experts only)
```
技巧与注意：你可以使用 fdisk 在您的硬盘上面进行任意的实际操作，但是请"千万记住，不要按下 w ！"当你离开的时候一定按下 q。这时你之前的改动将会无效。
```
Command (m for help): p   <== 这里可以输出目前磁盘的状态

Disk /dev/sda: 41.1 GB, 41174138880 bytes      <==这个磁盘的文件名与容量
255 heads, 63 sectors/track, 5005 cylinders    <==磁头、扇区与磁柱大小
Units = cylinders of 16065 * 512 = 8225280 bytes <==每个磁柱的大小

   Device Boot    Start       End     Blocks   Id  System
/dev/sda1   *         1        13     104391   83  Linux
```

```
/dev/sda2                14        1288     10241437+  83  Linux
/dev/sda3              1289        1925      5116702+  83  Linux
/dev/sda4              1926        5005     24740100    5  Extended
/dev/sda5              1926        2052      1020096   82  Linux swap / Solaris
# 设备文件名 启动区否  开始磁柱   结束磁柱  1K大小容量  磁盘分区槽内的系统

Command (m for help): q
# 想要不储存离开吗？按下 q，不要按 w。
```

使用"p"可以列出目前磁盘的分区表信息，这个信息的上半部在显示整体磁盘的状态。以上面磁盘为例，这个磁盘共有 41.1GB 左右的容量，共有 5005 个磁柱，每个磁柱通过 255 个磁头在管理读写，每个磁头管理 63 个扇区，而每个扇区的大小均为 512bytes，因此每个磁柱为"255*63*512 = 16065*512 = 8225280bytes"。

下半部的分区表信息主要在列出每个分区的个别信息项目。每个项目的意义如下。

- Device：设备文件名，依据不同的磁盘接口/分区位置而变。
- Boot：是否为启动引导块？通常 Windows 系统的 C 盘需要这块。
- Start, End：这个分区在哪个磁柱号码之间，可以决定此分区的大小。
- Blocks：就是以 1K 为单位的容量。如上所示，/dev/sda1 大小为 104391K = 102MB
- ID、System：代表这个分区内的文件系统类型、分区类型。

2. 磁盘挂载与卸载

要进行挂载前，先确定：

- 单一分区不应该被重复挂载在不同的挂载点(目录)中；
- 单一目录不应该重复挂载多个分区；
- 要作为挂载点的目录，理论上应该都是空目录。

举个例子来说，假设你的/home 原来与根目录(/)在同一个分区上，/home 下存在/home/test 与/home/bobby 两个目录。现在你想要加入新的硬盘分区，并且直接挂载到/home 下面，那么当你挂载上新的分区时，/home 目录显示的是新分区内的数据，原先的 test 与 bobby 这两个目录就会暂时被隐藏。注意：并不是被覆盖掉，而是暂时地隐藏起来，等到新分区被卸载之后，则/home 原来的内容就会显示出来。

使用 mount 命令挂载

```
[root@www ~]# mount -a
[root@www ~]# mount [-l]
[root@www ~]# mount [-t 文件系统] [-L Label名] [-o 额外选项] [-n] 设备文件名 挂载点
选项与参数：
-a ：依照配置文件/etc/fstab 的数据将所有未挂载的磁盘都挂载上来
-l ：单纯地输入 mount 会显示目前挂载的信息。加上-l 可显示 Label 名称
-t ：与 mkfs 的选项非常类似的，可以加上文件系统种类来指定欲挂载的类型。
     常见的 Linux 支持类型有：ext2, ext3, vfat, reiserfs, iso9660(光盘格式)，
     Nfs, cifs, smbfs (此三种为网络文件系统类型)
-n ：在默认情况下，系统会将实际挂载的情况实时写入/etc/mtab 中，以方便其他程序
     的运行。但在某些情况下（例如单人维护模式），为避免问题，会刻意不写入。
     此时就要使用-n 的选项了。
-L ：系统除了利用设备文件名（例如/dev/hdc6）之外，还可利用分区的标签名称
     (Label)来进行挂载。最好为分区取一个独一无二的名称。
```

```
-o ：后面可以跟一些挂载时额外加上的参数，比如账号、密码、读写权限等：
    ro, rw:      挂载文件系统成为只读（ro）或可读写（rw）
    async, sync: 此文件系统使用同步写入（sync）还是异步（async）的
                 缓存机制。默认为async。
    auto, noauto: 允许此partition被mount -a自动挂载（auto）
    dev, nodev:  是否允许此partition上创建设备文件。dev为允许
    suid, nosuid: 是否允许此partition含有suid/sgid的文件格式
    exec, noexec: 是否允许此partition上拥有可运行binary文件的权限
    user, nouser: 是否允许此partition让任何使用者运行mount。一般来说，
                 mount仅root可以运行，但执行user参数，则可让
                 一般user也能够在此partition上运行mount。
    defaults:    默认值为: rw, suid, dev, exec, auto, nouser, async
    remount:     重新挂载，这在系统出错，或重新加载参数时，很有用。
```

3.5.4 实训步骤

1. 磁盘分区工具 fdisk

在 Linux 系统安装时，其中有一个步骤是进行磁盘分区。在分区时可以采用 Disk Druid、RAID 和 LVM 等方式进行分区。除此之外，在 Linux 系统中还有 fdisk、cfdisk、parted 等分区工具。

在安装 Linux 的实训中，对硬盘分区时，预留了部分未分区空间。下面将会用到。

 由于读者的计算机的分区状况各不相同，显示的信息也不尽相同，后面的图形显示只作参考。读者应根据自己计算机的磁盘情况进行练习。

（1）查阅磁盘分区。

[root@www ~]# **fdisk -l**

（2）删除磁盘分区。

练习一： 先运行 fdisk

[root@www ~]# **fdisk /dev/sda**

练习二： 先查看整个分区表的情况

Command (m for help): **p**

Disk /dev/sda: 41.1 GB, 41174138880 bytes
255 heads, 63 sectors/track, 5005 cylinders
Units = cylinders of 16065 * 512 = 8225280 bytes

Device Boot	Start	End	Blocks	Id	System
/dev/sda1 *	1	13	104391	83	Linux
/dev/sda2	14	1288	10241437+	83	Linux
/dev/sda3	1289	1925	5116702+	83	Linux

/dev/sda4	1926	5005	24740100	5	Extended
/dev/sda5	1926	2052	1020096	82	Linux swap/Solaris

练习三：使用 d 删除分区

Command (m for help): **d**
Partition number (1-5): **4**

Command (m for help): d
Partition number (1-4): **3**

Command (m for help): **p**

Disk /dev/sda: 41.1 GB, 41174138880 bytes
255 heads, 63 sectors/track, 5005 cylinders
Units = cylinders of 16065 * 512 = 8225280 bytes

Device Boot		Start	End	Blocks	Id	System
/dev/sda1	*	1	13	104391	83	Linux
/dev/sda2		14	1288	10241437+	83	Linux

因为 /dev/sda5 是由 /dev/sda4 所衍生出来的逻辑分区，因此 /dev/sda4 被删除，
/dev/sda5 就自动不见了，最终就会剩下两个分区。

Command (m for help): **q**
#这里仅是做一个练习，所以，按下 q，不保存当前配置。

（3）练习新增磁盘分区。

新增磁盘分区有多种情况，因为新增 Primary / Extended / Logical 的显示结果都不大相同。下面先将/dev/sda 全部删除成为干净未分区的磁盘，然后依次新增。

练习一：运行 fdisk 删除所有分区：
[root@www ~]# **fdisk /dev/sda**
Command (m for help): **d**
Partition number (1-5): **4**

Command (m for help): **d**
Partition number (1-4): **3**

Command (m for help): **d**
Partition number (1-4): **2**

```
Command (m for help): d
Selected partition 1
```
由于最后仅剩下一个 partition，因此系统自动选取这个 partition 进行删除。

练习二： 开始新增，先新增一个 Primary 的分区，且指定为 4 号分区。
```
Command (m for help): n
Command action            <==因为是全新磁盘，因此只会显示 extended/primary
   e   extended
   p   primary partition (1-4)
p                         <==选择 Primary 分区
Partition number (1-4): 4 <==配置为 4 号。
First cylinder (1-5005, default 1): <==直接按[enter]键
Using default value 1     <==起始磁柱选用默认值
Last cylinder or +size or +sizeM or +sizeK (1-5005, default 5005): +512M
```
这里需要注意。Partition 包含了由 n1 到 n2 的磁柱号码（cylinder），
但不同磁盘的磁柱的大小各不相同，可以填入 +512M 让系统自动计算找出
"最接近 512M 的那个 cylinder 号"。因为不可能正好等于 512MBytes。
如上所示：这个地方输入的方式有两种：
1）直接输入磁柱号，需要读者自己计算磁柱/分区的大小；
2）用 +XXM 来输入分区的大小，让系统自己寻找磁柱号。
+与 M 是必须要有的，XX 为数字

```
Command (m for help): p

Disk /dev/sda: 41.1 GB, 41174138880 bytes
255 heads, 63 sectors/track, 5005 cylinders
Units = cylinders of 16065 * 512 = 8225280 bytes


   Device Boot      Start         End      Blocks   Id  System
/dev/sda4                1          63      506016   83  Linux
```
注意：只有 4 号， 1~3 保留未用。

练习三： 继续新增一个分区，这次新增 Extended 的分区。
```
Command (m for help): n
Command action
   e   extended
   p   primary partition (1-4)
e                         <==选择的是 Extended。
Partition number (1-4): 1
```

First cylinder (64-5005, default 64): <==直接按 Enter 键！
Using default value 64
Last cylinder or +size or +sizeM or +sizeK (64-5005, default 5005): <==直接按 Enter 键
Using default value 5005
扩展分区最好能够包含所有未分区空间，所以将所有未分配的磁柱都分配给这个分区。
在开始/结束磁柱的位置上，按两次 Enter 键，使用默认值

Command (m for help): **p**

Disk /dev/sda: 41.1 GB, 41174138880 bytes
255 heads, 63 sectors/track, 5005 cylinders
Units = cylinders of 16065 * 512 = 8225280 bytes

Device Boot	Start	End	Blocks	Id	System
/dev/sda1	64	5005	39696615	5	Extended
/dev/sda4	1	63	506016	83	Linux

如上所示，所有的磁柱都在/dev/sda1 里面了

练习四：随便新增一个 2GB 的分区。
Command (m for help): **n**
Command action
  l logical (5 or over) <==因为已有 extended，所以出现 logical 分区
  p primary partition (1-4)
p <==能否新增主要分区？试一试
Partition number (1-4): **2**
No free sectors available <==肯定不行，因为没有多余的磁柱可供分配

Command (m for help): **n**
Command action
  l logical (5 or over)
  p primary partition (1-4)
l <==必须使用逻辑分区。
First cylinder (64-5005, default 64): <==直接按 Enter 键
Using default value 64
Last cylinder or +size or +sizeM or +sizeK (64-5005, default 5005): **+2048M**

Command (m for help): **p**

Disk /dev/sda: 41.1 GB, 41174138880 bytes

```
255 heads, 63 sectors/track, 5005 cylinders
Units = cylinders of 16065 * 512 = 8225280 bytes

   Device Boot      Start         End      Blocks     Id   System
/dev/sda1             64          5005    39696615     5   Extended
/dev/sda4              1            63      506016    83   Linux
/dev/sda5             64           313     2008093+   83   Linux
# 这样就新增了 2GB 的分区，且由于是 logical，所以分区号从 5 号开始
Command (m for help): q
#这里仅做一个练习，所以，按下 q 离开。
```

（4）实际分区训练。

请依照你的系统情况，创建一个 1GB 左右的分区，并显示该分区的相关信息。前面讲过 /dev/sda 尚有剩余磁柱号码，因此可以这样操作：

```
[root@www ~]# fdisk /dev/sda
Command (m for help): n
First cylinder (2495-2610, default 2495): <==直接按 Enter 键
Using default value 2495
Last cylinder or +size or +sizeM or +sizeK (2495-2610, default 2610): <==直接按 Enter 键
Using default value 2610

Command (m for help): p
Disk /dev/sda: 21.4 GB, 21474836480 bytes
255 heads, 63 sectors/track, 2610 cylinders
Units = cylinders of 16065 * 512 = 8225280 bytes
   Device Boot      Start         End      Blocks     Id   System
/dev/sda1     *        1            13      104391    83   Linux
/dev/sda2             14           274     2096482+   83   Linux
/dev/sda3            275           535     2096482+   82   Linux swap / Solaris
/dev/sda4            536          2610    16667437+    5   Extended
/dev/sda5            536          1579     8385898+   83   Linux
/dev/sda6           1580          2232     5245191    83   Linux
/dev/sda7           2233          2363     1052226    83   Linux
/dev/sda8           2364          2494     1052226    83   Linux
/dev/sda9           2495          2610      931738+   83   Linux

Command (m for help): w
[root@www ~]# partprobe   <==强制重写 partition table
```

如上的练习中,重启系统后生效。如果不想重启就生效,只需要执行 partprobe 命令。

2．磁盘格式化工具 mkfs

[root@www ~]# **mkfs** [**-t** 文件系统格式] 设备文件名

选项与参数：

-t ：可以跟文件系统的格式如 ext3、ext2、vfat 等（系统有支持才会生效）

范例一：请将上个小节中制作出来的 /dev/sda9 格式化为 ext3 文件系统

[root@www ~]# **mkfs -t ext3 /dev/sda9**
mke2fs 1.39 (29-May-2006)
Filesystem label=   <==这里指的是分区的名称（label）
OS type: Linux
Block size=4096 (log=2)   <==block 的大小配置为 4K
Fragment size=4096 (log=2)
116480 inodes, 232934 blocks   <==由此配置决定的 inode/block 数量
11646 blocks (5.00%) reserved for the super user
First data block=0
Maximum filesystem blocks=239075328
8 block groups
32768 blocks per group, 32768 fragments per group
14560 inodes per group
Superblock backups stored on blocks:
        32768, 98304, 163840, 229376

Writing inode tables: done
Creating journal (4096 blocks): done   <==有日志记录
Writing superblocks and filesystem accounting information: done

This filesystem will be automatically checked every 25 mounts or
180 days, whichever comes first. Use tune2fs -c or -i to override.
这样就创建起来需要的 Ext3 文件系统了。

[root@www ~]# **mkfs[tab][tab]**
mkfs   mkfs.cramfs   mkfs.ext2   mkfs.ext3   mkfs.msdos   mkfs.vfat
按下两个[tab],会发现 mkfs 支持的文件格式如上所示,可以格式化成 vfat 格式。

3. 磁盘检验：fsck，badblocks

由于系统在运行时不一定何时硬件或者是电源会有问题，所以"死机"是难免的（不管是硬件还是软件）。文件系统运行时会有硬盘与内存数据异步的状况发生，因此莫名其妙的死机极有可能导致文件系统的错乱。如果文件系统发生错乱，该怎么办呢？那就需要进行磁盘检验。

（1）fsck。

[root@www ~]# **fsck**　　[-t 文件系统] [-ACay] 设备名称

选项与参数：

-t ：如同 mkfs 一样，fsck 也是综合软件。因此同样需要指定文件系统。若不指定，Linux 会自动判断。

-A ：依据/etc/fstab 的内容，将需要的设备扫瞄一次。通常，在启动过程中就会运行此命令。

-a ：自动修复检查到的有问题的扇区

-y ：与 -a 类似，但是某些 filesystem 仅支持 -y 这个参数

-C ：可以在检验的过程当中，使用一个直方图来显示目前的进度

范例一：强制的将前面创建的 /dev/sda9 设备检验一下

[root@www ~]# **fsck -C -f -t ext3 /dev/sda9**
fsck 1.39 (29-May-2006)
e2fsck 1.39 (29-May-2006)
Pass 1: Checking inodes, blocks, and sizes
Pass 2: Checking directory structure
Pass 3: Checking directory connectivity
Pass 4: Checking reference counts
Pass 5: Checking group summary information
vbird_logical: 11/251968 files (9.1% non-contiguous), 36926/1004046 blocks
如果没有加上-f 的选项，则由于这个文件系统不曾出现问题，
检查的经过非常快速，若加上-f 强制检查，则会一项一项地显示完整过程。

范例二：fsck 支持多少种文件系统？

[root@www ~]# **fsck [tab] [tab]**
fsck　　　　fsck.cramfs　　fsck.ext2　　　fsck.ext3　　　fsck.msdos　　fsck.vfat

（2）badblocks。

[root@www ~]# **badblocks　-[svw]**　设备名称

选项与参数：

-s ：在屏幕上列出进度

-v ：可以在屏幕上看到进度

-w ：使用写入的方式来测试，建议不要使用此参数，尤其是待检查的设备已有文件时

[root@www ~]# **badblocks -sv /dev/sda9**
Checking blocks 0 to 2008093

Checking for bad blocks (read-only test): done
Pass completed, 0 bad blocks found.

4. 挂载 Ext2/Ext3 文件系统

范例一：用默认的方式，将刚刚创建的 /dev/sda9 挂载到 /mnt/sda9 上面

[root@www ~]# **mkdir /mnt/sda9**

[root@www ~]# **mount /dev/sda9 /mnt/sda9**

[root@www ~]# **df**

文件系统　　　　　　　　　1K-块　　　已用　　可用 已用% 挂载点

.....中间省略.....

查看目前已挂载的文件系统状况

范例二：查看目前"已挂载"的文件系统，包含各文件系统的 Label 名称

[root@www ~]# **mount   -l**

/dev/sda2 on / type ext3 (rw,acl) [/]

proc on /proc type proc (rw)

sysfs on /sys type sysfs (rw)

devpts on /dev/pts type devpts (rw,gid=5,mode=620)

/dev/sda8 on /var type ext3 (rw) [/var]

/dev/sda7 on /tmp type ext3 (rw) [/tmp]

/dev/sda6 on /usr type ext3 (rw) [/usr]

/dev/sda5 on /home type ext3 (rw) [/home]

/dev/sda1 on /boot type ext3 (rw) [/boot]

tmpfs on /dev/shm type tmpfs (rw)

none on /proc/sys/fs/binfmt_misc type binfmt_misc (rw)

none on /proc/fs/vmblock/mountPoint type vmblock (rw)

sunrpc on /var/lib/nfs/rpc_pipefs type rpc_pipefs (rw)

/dev/sda9 on /mnt/sda9 type ext3 (rw)

除了常见的文件系统外，很多特殊的文件系统（proc/sysfs...）也会被显示出来

值得注意的是，加上 -l 选项可以列出如上特殊类型的标签（label）

5. 挂载 CD 或 DVD 光盘

范例三：挂载用来安装 Linux 的原版光盘

[root@www ~]# **mkdir /media/cdrom**

[root@www ~]# **mount -t iso9660 /dev/cdrom /media/cdrom**

[root@www ~]# **mount /dev/cdrom /media/cdrom**

你可以指定 -t iso9660 光盘的格式来挂载，也可以让系统自己去测试挂载

所以上述的第二、第三个命令只要做一个就可以。但是初次挂载时，一定要提前创建目录。

[root@www ~]# **df**

```
..........................（省略）
/dev/scd0              2948686    2948686       0 100% /media/RHEL_5.4 i386 DVD
/dev/scd0              2948686    2948686       0 100% /media/cdrom
```

6. 挂载 U 盘

将 U 盘插入 Linux 主机。注意，U 盘不能是 NTFS 文件系统。

 在第一篇里，专门有"在虚拟机中使用移动设备"的内容，请一定认真查看。

范例五：找出 U 盘设备文件名，并挂载到 /mnt/flash 目录中

```
[root@www ~]# fdisk -l
.....中间省略.....
Disk /dev/sdb: 8004 MB, 8004304896 bytes
35 heads, 21 sectors/track, 21269 cylinders
Units = cylinders of 735 * 512 = 376320 bytes

   Device Boot    Start         End      Blocks   Id  System
/dev/sdb1              1       21270     7816688    b  W95 FAT32

#根据上面的输出，可得知磁盘的大小以及设备文件名：U 盘是/dev/sdb1

[root@www ~]# mkdir /mnt/flash
[root@www ~]# mount -t vfat -o iocharset=cp950 /dev/sdb1 /mnt/flash
[root@www ~]# df
文件系统              1K-块        已用      可用 已用% 挂载点
.....中间省略.....
/dev/sdb1            7812864      9616    7803248   1% /media/disk
/dev/sdb1            7812864      9616    7803248   1% /mnt/flash
```

7. 重新挂载根目录与挂载不特定目录

范例六：将 / 重新挂载，并加入参数 rw 与 auto

```
[root@www ~]# mount -o remount,rw,auto /
```

范例七：将/home 目录暂时挂载到/mnt/home 下面：

```
[root@www ~]# mkdir /mnt/home
[root@www ~]# mount --bind /home /mnt/home
[root@www ~]# ls -lid /home/ /mnt/home
2 drwxr-xr-x 3 root root 4096 02-24 01:08 /home/
2 drwxr-xr-x 3 root root 4096 02-24 01:08 /mnt/home
[root@www ~]# mount -l
/home on /mnt/home type none (rw,bind)
```

8. umount (将设备文件卸载)

[root@www ~]# umount　[-fn]　设备文件名或挂载点

选项与参数：

-f ：强制卸载。可用在类似网络文件系统（NFS）无法读取的情况；

-n ：不升级 /etc/mtab 情况下卸载。

卸载之后，可以使用 df 或 mount -l 查看是否还在目录树中？下达卸载命令时，设备文件名或挂载点均可接受。

范例八：将本章之前自行挂载的文件系统全部卸载：

[root@www ~]# mount

[root@www ~]# umount /dev/sda9　　　<==用设备文件名卸载
[root@www ~]# umount /media/cdrom　　<==用挂载点卸载
[root@www ~]# umount /mnt/flash　　　<==挂载点比较好记忆
[root@www ~]# umount /mnt/home　　　<==一定要用挂载点，因为挂载的是目录

如果你遇到这样的情况：

[root@www ~]# mount　/dev/cdrom　/media/cdrom
[root@www ~]# cd　/media/cdrom
[root@www cdrom]# umount　/media/cdrom
umount: /media/cdrom: device is busy
umount: /media/cdrom: device is busy

提示　　由于目前用户在/media/cdrom/目录中，即：正在使用该目录。所以无法卸载这个设备。你可以使用"cd /"回到根目录，就能够卸载 /media/cdrom 了。

9. 启动挂载/etc/fstab 及/etc/mtab

假设将/dev/sda9 每次启动都自动挂载到/mnt/sda9，该如何操作呢？

① 首先，请用 vim 将下面这一行代码写入/etc/fstab 文件当中；

[root@www ~]# mkdir　/mnt/sda9

[root@www ~]# vim　/etc/fstab

/dev/sda9　/mnt/sda9　　ext3　　defaults　　1 2

② 测试一下刚刚写入/etc/fstab 的语法有没有错误。这点很重要，因为这个文件如果写错了，则 Linux 很可能将无法顺利启动，所以请务必测试。

[root@www ~]# mount　-a

[root@www ~]# df

③ 由于这个范例是测试范例，请务必回到/etc/fstab 中，将上述这行注释掉或者是删除。

[root@www ~]# nano　/etc/fstab

/dev/hdc6　/mnt/hdc6　　ext3　　defaults　　1 2

/etc/fstab 是启动时的配置文件，不过，实际上，filesystem 的挂载是记录到/etc/mtab 与/proc/mounts 这两个文件中的。每次在改动 filesystem 的挂载时，也会同时改动这两个文件。但是，万一发生在/etc/fstab 文件中输入的数据错误，导致无法顺利启动，而进入单人维护模式当中时，那时的"/"是 read only 状态，因此无法修改/etc/fstab 文件，也无法升级/etc/mtab。那怎么办呢？可以利用下面的方法更改"/"的读写状态。

```
[root@www ~]# mount  -n  -o  remount,rw  /
```

3.5.5 实训思考题

1. 如果由于你的服务器磁盘容量不够大，你想要添加一块新磁盘，并将该磁盘划分为单一分区，且将该分区挂载到 /home 目录，你该如何处理？
2. 如果一个挂载的扇区 /dev/hda3 有问题，请问如何修复这个扇区？

3.5.6 实训报告要求

- 参考 2.1.6 小节，按要求完成实训报告。

3.6 配置与管理磁盘配额

3.6.1 实训目的

- 掌握 Linux 下磁盘配额的配置方法。

3.6.2 实训内容

练习 Linux 系统下磁盘配额的配置与管理。

3.6.3 实训准备

本次实训的环境要求如下。
- 目的账号：5 个员工的账号分别是 myquota1、myquota2、myquota3、myquota4 和 myquota5，5 个用户的密码都是 password，且这 5 个用户所属的初始群组都是 myquotagrp。其他的账号属性则使用默认值。
- 账号的磁盘容量限制值：5 个用户都能够取得 300MB 的磁盘使用量（hard），文件数量则不予限制。此外，只要容量使用超过 250MB，就予以警告（soft）。
- 群组的限额：由于系统里面还有其他用户存在，因此限制 myquotagrp 这个群组最多仅能使用 1GB 的容量。也就是说，如果 myquota1、myquota2 和 myquota3 都用了 280MB 的容量了，那么其他两人最多只能使用（1000MB – 280MB×3=160MB）的磁盘容量。这就是使用者与群组同时设定时会产生的效果。
- 宽限时间的限制：最后，希望每个使用者在超过 soft 限制值之后，都还能够有 14 天的宽限时间。

本例中的/home 是独立分区，请读者复习 2.1.4 小节中"为硬盘分区"部分的内容。

3.6.4 实训步骤

1. 使用 script 建立 quota 实训所需的环境

制作账号环境时，由于有 5 个账号，因此使用 script 创建环境。（详细内容查看后面的编程内容。）

```
[root@www ~]# vim addaccount.sh
#!/bin/bash
# 使用 script 来建立实验 quota 所需的环境
groupadd myquotagrp
for username in myquota1 myquota2 myquota3 myquota4 myquota5
do
        useradd  -g  myquotagrp $username
        echo   "password"|passwd --stdin $username
done

[root@www ~]# sh addaccount.sh
```

2. 启动系统的磁盘配额

（1）文件系统支持。

要使用 Quota 必须要有文件系统的支持。假设你已经使用了预设支持 Quota 的核心，那么接下来就是要启动文件系统的支持。不过，由于 Quota 仅针对整个文件系统来进行规划，所以我们得先检查一下/home 是否是个独立的 filesystem 呢？这需要使用"df"命令。

```
[root@www ~]# df    -h   /home
Filesystem Size Used Avail Use% Mounted on
/dev/sda5 7.8G 147M 7.3G   2% /home <==服务器/home 确定是独立的
[root@www ~]# mount|grep home
/dev/sda5 on /home type ext3 (rw)
```

从上面的数据来看，/home 确实是独立的文件系统，因此可以直接限制/dev/hda5。如果你的系统的/home 并非独立的文件系统，那么可能就得要针对根目录（/）来规范。不过，不建议在根目录设定 Quota。此外，由于 VFAT 文件系统并不支持 Linux Quota 功能，所以我们要使用 mount 查询一下/home 的文件系统是什么。如果是 ext2/ext3，则支持 Quota。

（2）如果只是想要在本次实训中实验 Quota，那么可以使用如下的方式来手动加入 quota 的支持。

```
[root@www ~]# mount    -o   remount,usrquota,grpquota    /home
[root@www ~]# mount|grep home
/dev/sda5 on /home type ext3 (rw,usrquota,grpquota)
# 重点就在于 usrquota,grpquota，注意写法
```

（3）自动挂载。

不过手动挂载的数据在下次重新挂载时就会消失，因此最好写入配置文件中。

```
[root@www ~]# vim   /etc/fstab
LABEL=/home /home ext3 defaults,usrquota,grpquota   1 2
# 其他项目并没有列出来，重点在于第四字段。于 default 后面加上两个参数
[root@www ~]# umount    /home
[root@www ~]# mount    -a
```

```
[root@www ~]# mount|grep home
/dev/sda5 on /home type ext3 (rw,usrquota,grpquota)
```

还是要再次强调，修改完/etc/fstab 后，务必要测试一下。若有发生错误务必赶紧处理。因为这个文件如果修改错误，会造成无法完全开机的情况。切记切记！最好使用 vim 来修改。因为 vim 会有语法的检验，不会出现拼写错误。接下来我们建立 quota 的记录文件。

3. 建立 quota 记录文件

其实 Quota 是通过分析整个文件系统中，每个使用者（群组）拥有文件总数与总容量，再将这些数据记录在该文件系统的最顶层目录，然后在该记录文件中再使用每个账号（或群组）的限制值去规范磁盘使用量的。所以，创建 Quota 记录文件非常重要。使用 quotacheck 命令扫描文件系统并建立 Quota 的记录文件。

当我们运行 quotacheck 时，系统会担心破坏原有的记录文件，所以会产生一些错误信息警告。如果你确定没有任何人在使用 quota 时，可以强制重新进行 quotacheck 的动作（-mf）。强制执行的情况可以使用如下的选项功能：

```
# 如果因为特殊需求需要强制扫描已挂载的文件系统时
[root@www ~]# quotacheck    -avug    -mf
quotacheck: Scanning /dev/sda5 [/home] quotacheck: Cannot stat old user quota file:
没有那个文件或目录
  quotacheck: Cannot stat old group quota file: 没有那个文件或目录
  quotacheck: Cannot stat old user quota file: 没有那个文件或目录
  quotacheck: Cannot stat old group quota file: 没有那个文件或目录 s
#没有找到配置文件，是因为还没有制作记录文件。
[root@www ~]# ll -d /home/a*
-rw------- 1 root root 7168 02-25 20:26 /home/aquota.group
-rw------- 1 root root 7168 02-25 20:26 /home/aquota.user   #记录文件已经建立
```

这样记录文件就建立起来了。不要手动去编辑那两个文件。因为那两个文件是 quota 自己的数据文件，并不是纯文本文件。并且该文件会一直变动，这是因为当你对/home 这个文件系统进行操作时，你操作的结果会影响磁盘，所以会同步记载到那两个文件中。所以要建立 aquota.user、aquota.group，记得使用 quotacheck 指令，不要手动编辑。

4. Quota 启动、关闭与限制值设定

制作好 Quota 配置文件之后，接下来就要启动 quota 了。启动的方式很简单！使用 quotaon，至于关闭就用 quotaoff 即可。

（1）quotaon：启动 quota 的服务。

```
[root@www ~]# quotaon   [-avug]
[root@www ~]# quotaon   [-vug]   [/mount_point]
```

选项与参数：

-u：针对使用者启动 quota (aquota.usaer)
-g：针对群组启动 quota (aquota.group)
-v：显示启动过程的相关信息；
-a：根据/etc/mtab 内的 filesystem 设定启动有关的 quota，若不加-a 的话则后面就需要加上特定的那个 filesystem

```
# 由于我们要启动 user/group 的 quota，所以使用下面的语法即可
[root@www ~]# quotaon   -auvg
/dev/sda5 [/home]: group quotas turned on
```

```
/dev/sda5 [/home]: user quotas turned on
```

quotaon -auvg 指令几乎只在第一次启动 quota 时才需要。因为下次重新启动系统时，系统的/etc/rc.d/rc.sysinit 这个初始化脚本就会自动下达这个指令。因此你只要在这次实例中进行一次即可，未来都不需要自行启动 quota。

（2）quotaoff：关闭 quota 的服务。

在进行完本次实训前不要关闭该服务！

（3）edquota：编辑账号/群组的限值与宽限时间。

① 下面我们来看看当进入 myquotal 的限额设定时会出现什么画面。

```
[root@www ~]# edquota -u myquotal
Disk quotas for user myquotal (uid 500):
  Filesystem    blocks     soft     hard    inodes    soft    hard
  /dev/sda5        64        0        0         8       0       0
```

② 当 soft/hard 为 0 时，表示没有限制的意思。依据我们的需求，需要设定的是 blocks 的 soft/hard，至于 inode 则不要去更改。

```
Disk quotas for user myquotal (uid 500):
  Filesystem    blocks     soft       hard     inodes    soft    hard
  /dev/sda5        64    250000     300000         8       0       0
```

在 edquota 的画面中，每一行只要保持 7 个字段就可以了，并不需要排列整齐。

③ 其他 5 个用户的设定可以使用 quota 复制。

```
#将 myquotal 的限制值复制给其他四个账号
[root@www ~]# edquota -p myquotal -u myquota2
[root@www ~]# edquota -p myquotal -u myquota3
[root@www ~]# edquota -p myquotal -u myquota4
[root@www ~]# edquota -p myquotal -u myquota5
```

④ 更改群组的 quota 限额。

```
[root@www ~]# edquota -g myquotagrp
Disk quotas for group myquotagrp (gid 500):
  Filesystem    blocks     soft       hard     inodes    soft    hard
  /dev/sda5       320    900000    1000000        40       0       0
```

⑤ 最后，将宽限时间改成 14 天。

```
#宽限时间原来为 7 天, 将其改成 14 天
[root@www ~]# edquota -t
Grace period before enforcing soft limits for users:
Time units may be: days, hours, minutes, or seconds
  Filesystem         Block grace period       Inode grace period
  /dev/sda5                14days                    7days
```

5. repquota：针对文件系统的限额做报表

```
# 查询本案例中所有使用者的 quota 限制情况:
[root@www ~]# repquota -auvs
*** Report for user quotas on device /dev/sda5         <==针对 /dev/hda5
Block grace time: 14days; Inode grace time: 7days      <==block 宽限时间为 14 天
                    Block limits              File limits
User         used   soft   hard  grace    used  soft  hard  grace
----------------------------------------------------------------
```

```
root       --      147M    0       0               4       0       0
myquota1   --      64      245M    293M            8       0       0
myquota2   --      64      245M    293M            8       0       0
myquota3   --      64      245M    293M            8       0       0
myquota4   --      64      245M    293M            8       0       0
myquota5   --      64      245M    293M            8       0       0

Statistics:              <==这是系统相关信息，用 -v 才会显示
Total blocks: 7
Data blocks: 1
Entries: 6
Used average: 6.000000
```

6．测试与管理

测试一：利用 myquota1 的身份，创建一个 270MB 的大文件，并查看 quota 结果。

需要注意的是：myquota1 对自己的家目录有写入权限，所以转到自己家目录，否则写入时会出现权限问题。

```
[root@www ~]# su myquota1
[myquota1@www ~]$ cd /home/myquota1
[myquota1@www ~]$ dd if=/dev/zero of=bigfile bs=1M count=270
270+0 records in
270+0 records out
283115520 bytes (283 MB) copied, 12.696 seconds, 22.3 MB/s
# 注意看，我是使用 myquota1 的账号去进行 dd 命令的，接下来查看报表。

[myquota1@www ~]$ su root
[root@www ~]# repquota -auv
*** Report for user quotas on device /dev/sda5
Block grace time: 14days; Inode grace time: 7days
                Block limits                   File limits
User         used    soft    hard    grace   used  soft  hard  grace
----------------------------------------------------------------
myquota1  +- 276824  250000  300000  13days     9    0     0
# 这个命令则是利用 root 去查阅的
# 你可以发现 myquota1 的 grace 出现，并且开始倒数了。
```

测试二：再创建另外一个大文件，让总容量超过 300M 。

```
[root@www ~]# su myquota1
[myquota1@www ~]$ cd /home/myquota1
[myquota1@www ~]$ dd if=/dev/zero of=bigfile2 bs=1M count=300
hda3: write failed, user block limit reached.
dd: writing `bigfile2': Disk quota exceeded <==错误信息不一样
23+0 records in    <==没办法继续写入了所以只记录 23 笔
22+0 records out
23683072 bytes (24 MB) copied, 0.260081 seconds, 91.1 MB/s

[myquota1@www ~]$ du -sk
300000  .   <==果然是到极限了
```

此时 myquota1 可以开始处理他的文件系统了。如果不处理的话，最后宽限时间会归零，然后出现如下的画面：

```
[root@www ~]# repquota -au
*** Report for user quotas on device /dev/hda5
Block grace time: 00:01; Inode grace time: 7days
                        Block limits                File limits
User            used    soft    hard    grace   used    soft    hard    grace
----------------------------------------------------------------------
myquota1  +-  300000  250000  300000    none     11      0       0
# 倒数整个归零，所以 grace 的部分就会变成 none，不继续倒数
```

3.6.5 实训报告要求

- 参考 2.1.6 小节，按要求完成实训报告。

3.7 在 Linux 中配置软 RAID

3.7.1 实训目的

- 掌握 Linux 下软 RAID 的配置方法

3.7.2 实训内容

练习 Linux 系统下软 RAID 的配置与管理。

3.7.3 实训准备

通过 VMware 虚拟机的 "设置-添加-硬盘-SCSI 硬盘" 命令添加一块 SCSI 硬盘。由于我的计算机已经有了一块硬盘/dev/sda，所以新加的硬盘是/dev/sdb。在该磁盘上创建扩展分区，同时将该扩展分区划分成 4 个逻辑分区。具体环境及要求如下。

- 每个逻辑分区大小为 1024MB，分区类型 id 为 fd（Linux raid autodetect）。
- 利用 4 个分区组成 RAID 5。
- 1 个分区设定为 spare disk，这个 spare disk 的大小与其他 RAID 所需分区一样大。
- 将此 RAID 5 装置挂载到/mnt/raid 目录下。

3.7.4 实训步骤

1．创建 4 个磁盘分区

使用 fdisk 命令创建 4 个磁盘分区/dev/sdb5、/dev/sdb6、/dev/sdb7、/dev/sdb8，并设置分区类型 id 为 fd（Linux raid autodetect）。分区过程及结果如下所示。

```
[root@localhost ~]# fdisk /dev/sdb
The number of cylinders for this disk is set to 2610.
There is nothing wrong with that, but this is larger than 1024,
and could in certain setups cause problems with:
1) software that runs at boot time (e.g., old versions of LILO)
2) booting and partitioning software from other OSs
   (e.g., DOS FDISK, OS/2 FDISK)

Command (m for help): n              #创建磁盘分区
```

```
Command action
   e   extended
   p   primary partition (1-4)
e                                          #创建磁盘分区的类型为 e(extended)，即扩展分区
Partition number (1-4): 1                  #扩展分区的分区号为1，即扩展分区为/dev/sdb1
First cylinder (1-2610, default 1):        #起始磁柱为1，回车默认
Using default value 1
Last cylinder or +size or +sizeM or +sizeK (1-2610, default 2610): +10240M # 容量
10GB

Command (m for help): n      #开始创建 1GB 的逻辑磁盘分区，由于是逻辑分区，所以起始号是5
Command action
   l   logical (5 or over)
   p   primary partition (1-4)
1                                #这是字母"1"键，表示开始创建扩展分区的逻辑分区
First cylinder (1-1246, default 1):        #起始磁柱为1，回车取默认值
Using default value 1
Last cylinder or +size or +sizeM or +sizeK (1-1246, default 1246): +1024M   #第一个
                                 #逻辑分区是/dev/sdb5，容量为1024MB
Command (m for help): n          #开始创建 1GB 的第二个逻辑磁盘分区，即/dev/sdb6
Command action
   l   logical (5 or over)
   p   primary partition (1-4)
1                                #这是字母"1"键，表示开始创建扩展分区的第二个逻辑分区
First cylinder (126-1246, default 126):    #起始磁柱为126，回车取默认值
Using default value 126
Last cylinder or +size or +sizeM or +sizeK (126-1246, default 1246): +1024M #容量
#后面依次创建第 3、4、5 逻辑磁盘分区/dev/sdb7、/dev/sdb8、/dev/sdb9，不再显示创建过程

Command (m for help): t          #更改逻辑磁盘分区的分区类型 id
Partition number (1-9): 5        #/更改 dev/sdb5 的分区类型 id
Hex code (type L to list codes): fd   #更改分区类型 id 为 fd（Linux raid autodetect）
Changed system type of partition 5 to fd (Linux raid autodetect)

#后面依次更改第 3、4、5 逻辑磁盘分区/dev/sdb6-9 的分区类型 id 为 fd。过程省略

Command (m for help): p          #划分成功后的磁盘分区，细心查看

Disk /dev/sdb: 21.4 GB, 21474836480 bytes
255 heads, 63 sectors/track, 2610 cylinders
Units = cylinders of 16065 * 512 = 8225280 bytes

   Device Boot      Start         End      Blocks   Id  System
/dev/sdb1              1        1246    10008463+   5  Extended
/dev/sdb5              1         125     1003999+  fd  Linux raid autodetect
/dev/sdb6            126         250     1004031   fd  Linux raid autodetect
/dev/sdb7            251         375     1004031   fd  Linux raid autodetect
/dev/sdb8            376         500     1004031   fd  Linux raid autodetect
/dev/sdb9            501         625     1004031   fd  Linux raid autodetect
```

```
Command (m for help): w                    #存盘退出
The partition table has been altered!

Calling ioctl() to re-read partition table.

WARNING: Re-reading the partition table failed with error 16: 设备或资源忙.
The kernel still uses the old table.
The new table will be used at the next reboot.
Syncing disks.
[root@localhost ~]# partprobe            #不重启系统，强制更新分区划分
```

2. 使用 mdadm 创建 RAID

```
[root@www ~]# mdadm --create --auto=yes  /dev/md0 --level=5 \    #转义换行符
> --raid-devices=4 --spare-devices=1  /dev/sdb{5,6,7,8,9}
```

上述命令中指定 RAID 设备名为/dev/md0，级别为 5，使用 4 个设备建立 RAID，空余一个留做备用。上面的语法中，最后面是设备文件名，这些设备文件名可以是整块磁盘，例如/dev/sdb，也可以是磁盘上的分区，例如/dev/sdb1 之类。不过，这些设备的总数必须要等于--raid-devices 与--spare-devices 的个数总和。此例中，/dev/sdb{5,6,7,8,9}是一种简写，其中/dev/sdb9 为备用。

3. 查看建立的 RAID5 的具体情况

```
[root@localhost ~]# mdadm --detail  /dev/md0
/dev/md0:
        Version : 0.90
  Creation Time : Thu Feb 27 22:07:32 2014
     Raid Level : raid5
     Array Size : 3011712 (2.87 GiB 3.08 GB)
  Used Dev Size : 1003904 (980.54 MiB 1028.00 MB)
   Raid Devices : 4
  Total Devices : 5
Preferred Minor : 0
    Persistence : Superblock is persistent

    Update Time : Thu Feb 27 22:44:57 2014
          State : clean
 Active Devices : 4
Working Devices : 5
 Failed Devices : 0
  Spare Devices : 1

         Layout : left-symmetric
     Chunk Size : 64K

           UUID : 8ba5b38c:fc703d50:ae82d524:33ea7819
         Events : 0.2

    Number   Major   Minor   RaidDevice State
       0       8       21        0      active sync   /dev/sdb5
       1       8       22        1      active sync   /dev/sdb6
       2       8       23        2      active sync   /dev/sdb7
       3       8       24        3      active sync   /dev/sdb8

       4       8       25        -      spare   /dev/sdb9
```

4. 格式化与挂载使用 RAID

```
[root@localhost ~]# mkfs -t ext3   /dev/md0
# 格式化/dev/md0

[root@localhost ~]# mkdir    /mnt/raid
[root@localhost ~]# mount    /dev/md0    /mnt/raid
[root@localhost ~]# df
```

```
文件系统              1K-块        已用        可用 已用% 挂载点
/dev/sda2           2030768     477232    1448712   25% /
/dev/sda8           1019208      92772     873828   10% /var
/dev/sda7           1019208      34724     931876    4% /tmp
/dev/sda6           5080796    2563724    2254816   54% /usr
/dev/sda5           8123168     449792    7254084    6% /home
/dev/sda1            101086      11424      84443   12% /boot
tmpfs                517572          0     517572    0% /dev/shm
/dev/scd0           2948686    2948686          0  100% /media/RHEL_5.4 i386 DVD
/dev/md0            2964376      70024    2743768    3% /mnt/raid
```

3.7.5 实训思考题

如果需要创建 5 个磁盘的软 RAID，请问该如何操作？

3.7.6 实训报告要求

- 参考 2.1.6 小节，按要求完成实训报告。

3.8 管理 LVM 逻辑卷

3.8.1 实训目的

- 掌握创建 LVM 分区类型的方法。
- 掌握 LVM 逻辑卷管理的基本方法。

3.8.2 实训内容

物理卷、卷组、逻辑卷的创建，卷组、逻辑卷的管理。

3.8.3 实训准备

有一块硬盘/dev/hda，划分了 3 个主分区：/dev/hda1、/dev/hda2、/dev/hda3，分别对应的挂载点是/boot、/和/home，除此之外还有一部分磁盘空间没有划分。伴随着系统用户的增多，如果/home 分区空间不够了，怎么办？传统的方法是在未划分的空间中分割一个分区，挂载到/home 下，并且把 hda3 的内容复制到这个新分区上。或者把这个新分区挂载到另外的挂载点上，然后在/home 下创建链接，链接到这个新挂载点。这两种方法都不大好，第一种方法浪费了/dev/hda3，并且如果后面的分区容量小于 hda3 怎么办？第二种方法需要每次都额外创建链接，比较麻烦。那么，利用 LVM 可以很好地解决这个问题，LVM 的好处在于，可以动态调整逻辑卷（相当于一个逻辑分区）的容量大小。也就是说/dev/hda3 如果是一个 LVM 逻辑分区，例如/dev/rootvg/lv3，那么 lv3 可以被动态放大。这样就解决了动态容量调整的问题。当然，前提是系统已设定好 LVM 支持，并且需要动态缩放的挂载点对应的设备是逻辑卷。

- PV（Physical Volume，物理卷）：物理卷处于 LVM 的最底层，可以是整个物理磁盘，也可以是硬盘中的分区。
- VG（Volume Group，卷组）：可以看成单独的逻辑磁盘，建立在 PV 之上，是 PV 的组合。一个卷组中至少要包括一个 PV，在卷组建立之后可以动态地添加 PV 到卷组中。

- LV（Logical Volume，逻辑卷）：相当于物理分区的/dev/hdaX。逻辑卷建立在卷组之上，卷组中的未分配空间可以用于建立新的逻辑卷，逻辑卷建立后可以动态地扩展或缩小空间。系统中的多个逻辑卷可以属于同一个卷组，也可以属于不同的多个卷组。
- PE（Physical Extent，物理区域）：物理区域是物理卷中可用于分配的最小存储单元，物理区域的大小可根据实际情况在建立物理卷时指定。物理区域大小一旦确定将不能更改，同一卷组中的所有物理卷的物理区域大小需要一致。当多个 PV 组成一个 VG 时，LVM 会在所有 PV 上做类似格式化的动作，将每个 PV 切成一块块的空间，这一块块的空间就称为 PE，通常是 4MB。
- LE（Logical Extent，逻辑区域）：逻辑区域是逻辑卷中可用于分配的最小存储单元，逻辑区域的大小取决于逻辑卷所在卷组中的物理区域大小。LE 的大小为 PE 的倍数（通常为 1∶1）。
- VGDA（Volume Group Descriptor Area，卷组描述区域）：存在于每个物理卷中，用于描述该物理卷本身、物理卷所属卷组、卷组中的逻辑卷以及逻辑卷中物理区域的分配等所有的信息，卷组描述区域是在使用 pvcreate 命令建立物理卷时建立的。

LVM 进行逻辑卷的管理时，创建顺序是 pv→vg→lv。也就是说，首先创建一个物理卷（对应一个物理硬盘分区或者一个物理硬盘），然后把这些分区或者硬盘加入到一个卷组中（相当于一个逻辑上的大硬盘），再在这个大硬盘上划分分区 lv（逻辑上的分区，就是逻辑卷）。最后，把 lv 逻辑卷格式化以后，就可以像使用一个传统分区那样，把它挂载到一个挂载点上，需要的时候，这个逻辑卷可以被动态缩放。例如可以用一个长方形的蛋糕来说明这种对应关系。物理硬盘相当于一个长方形蛋糕，把它切割成许多块，每个小块相当于一个 pv，然后我们把其中的某些 pv 重新放在一起，抹上奶油，那么这些 pv 的组合就是一个新的蛋糕，也就是 vg。最后，我们切割这个新蛋糕 vg，切出来的小蛋糕就叫作 lv。

/boot 启动分区不可以是 LVM。因为 GRUB 和 LILO 引导程序并不能识别 LVM。

3.8.4 实训步骤

1．建立物理卷、卷组和逻辑卷

假设系统中新增加了一块硬盘/dev/sdb。我们以在/dev/sdb 上创建相关卷为例介绍物理卷、卷组和逻辑卷的建立。

物理卷可以建立在整个物理硬盘上，也可以建立在硬盘分区中，如在整个硬盘上建立物理卷则不要在该硬盘上建立任何分区，如使用硬盘分区建立物理卷则需事先对硬盘进行分区并设置该分区为 LVM 类型，其类型 ID 为 0x8e。

（1）建立 LVM 类型的分区。

利用 fdisk 命令在/dev/sdb 上建立 LVM 类型的分区，如下所示。

```
[root@Server ~]# fdisk /dev/sdb
//使用 n 子命令创建分区
Command (m for help): n
Command action
   e   extended
```

```
    p   primary partition (1-4)
p          //创建主分区
Partition number (1-4): 1
First cylinder (1-130, default 1):
Using default value 1
Last cylinder or +size or +sizeM or +sizeK (1-30, default 30): +100M
//查看当前分区设置
Command (m for help): p
Disk /dev/sdb: 1073 MB, 1073741824 bytes
255 heads, 63 sectors/track, 130 cylinders
Units = cylinders of 16065 * 512 = 8225280 bytes
Device Boot      Start         End      Blocks   Id  System
/dev/sdb1            1          13      104391   83  Linux
/dev/sdb2           31          60      240975   83  Linux
//使用 t 命令修改分区类型
Command (m for help): t
Partition number (1-4): 1
Hex code (type L to list codes): 8e     //设置分区类型为 LVM 类型
Changed system type of partition 1 to 8e (Linux LVM)
//使用 w 命令保存对分区的修改,并退出 fdisk 命令
Command (m for help): w
```

利用同样的方法创建 LVM 类型的分区/dev/sdb3 和/dev/sdb4。

（2）建立物理卷。

利用 pvcreate 命令可以在已经创建好的分区上建立物理卷。物理卷直接建立在物理硬盘或者硬盘分区上，所以物理卷的设备文件使用系统中现有的磁盘分区设备文件的名称。

```
//使用 pvcreate 命令创建物理卷
[root@Server ~]# pvcreate /dev/sdb1
Physical volume "/dev/sdb1" successfully created
//使用 pvdisplay 命令显示指定物理卷的属性
[root@Server ~]# pvdisplay /dev/sdb1
```

使用同样的方法建立/dev/sdb3 和/dev/sdb4。

（3）建立卷组。

在创建好物理卷后，使用 vgcreate 命令建立卷组。卷组设备文件使用/dev 目录下与卷组同名的目录表示，该卷组中的所有逻辑设备文件都将建立在该目录下，卷组目录是在使用 vgcreate 命令建立卷组时创建的。卷组中可以包含多个物理卷，也可以只有一个物理卷。

```
//使用 vgcreate 命令创建卷组 vg0
[root@Server ~]# vgcreate vg0 /dev/sdb1
  Volume group "vg0" successfully created
//使用 vgdisplay 命令查看 vg0 信息
[root@Server ~]# vgdisplay vg0
```

其中 vg0 为要建立的卷组名称。这里的 PE 值使用默认的 4MB，如果需要增大可以使用-L 选项，但是一旦设定以后不可更改 PE 的值。使用同样的方法创建 vg1 和 vg2。

（4）建立逻辑卷。

建立好卷组后，可以使用命令 lvcreate 在已有卷组上建立逻辑卷。逻辑卷设备文件位于其

所在的卷组的卷组目录中,该文件是在使用 lvcreate 命令建立逻辑卷时创建的。

```
//使用 lvcreate 命令创建卷组
[root@Server ~]# lvcreate -L 20M -n lv0 vg0
Logical volume "lv0" created

//使用 lvdisplay 命令显示创建的 lv0 的信息
[root@Server ~]# lvdisplay /dev/vg0/lv0
```

其中-L 选项用于设置逻辑卷大小,-n 参数用于指定逻辑卷的名称和卷组的名称。

2. 增加新的物理卷到卷组

当卷组中没有足够的空间分配给逻辑卷时,可以用给卷组增加物理卷的方法来增加卷组的空间。需要注意的是,下面的 /dev/sdb2 必须为 LVM 类型,而且必须为 PV。

```
[root@Server ~]# vgextend vg0 /dev/sdb2
Volume group "vg0" successfully extended
```

3. 逻辑卷容量的动态调整

当逻辑卷的空间不能满足要求时,可以利用 lvextend 命令把卷组中的空闲空间分配到该逻辑卷以扩展逻辑卷的容量。当逻辑卷的空闲空间太大时,可以使用 lvreduce 命令减少逻辑卷的容量。

```
//使用 lvextend 命令增加逻辑卷容量
[root@Server ~]# lvextend -L +10M /dev/vg0/lv0
Rounding up size to full physical extent 12.00 MB
Extending logical volume lv0 to 32.00 MB
Logical volume lv0 successfully resized
//使用 lvreduce 命令减少逻辑卷容量
[root@Server ~]# lvreduce -L -10M /dev/vg0/lv0
  Rounding up size to full physical extent 8.00 MB
  WARNING: Reducing active logical volume to 24.00 MB
  THIS MAY DESTROY YOUR DATA (filesystem etc.)
 Do you really want to reduce lv0? [y/n]: y
  Reducing logical volume lv0 to 24.00 MB
Logical volume lv0 successfully resized
```

4. 删除逻辑卷-卷组-物理卷 (必须按照先后顺序来执行删除)

```
//使用 lvremove 命令删除逻辑卷
[root@Server ~]# lvremove /dev/vg0/lv0
Do you really want to remove active logical volume "lv0"? [y/n]: y
  Logical volume "lv0" successfully removed

//使用 vgremove 命令删除卷组
[root@Server ~]# vgremove vg0
 Volume group "vg0" successfully removed

//使用 pvremove 命令删除物理卷
[root@Server ~]# pvremove /dev/sdb1
Labels on physical volume "/dev/sdb1" successfully wiped
```

5. 物理卷、卷组和逻辑卷的检查

(1) 物理卷的检查。

```
[root@Server ~]# pvscan
 PV /dev/sdb4   VG vg2   lvm2 [624.00 MB / 624.00 MB free]
 PV /dev/sdb3   VG vg1   lvm2 [100.00 MB / 88.00 MB free]
```

```
PV /dev/sdb1    VG vg0    lvm2 [232.00 MB / 232.00 MB free]
PV /dev/sdb2    VG vg0    lvm2 [184.00 MB / 184.00 MB free]
Total: 4 [1.11 GB] / in use: 4 [1.11 GB] / in no VG: 0 [0   ]
```

（2）卷组的检查。

```
[root@Server ~]# vgscan
 Reading all physical volumes.  This may take a while...
 Found volume group "vg2" using metadata type lvm2
 Found volume group "vg1" using metadata type lvm2
 Found volume group "vg0" using metadata type lvm2
```

（3）逻辑卷的检查。

```
[root@Server ~]# lvscan
 ACTIVE             '/dev/vg1/lv3' [12.00 MB] inherit
 ACTIVE             '/dev/vg0/lv0' [24.00 MB] inherit
```
（略）

3.8.5 实训报告要求

- 参考 2.1.6 小节，按要求完成实训报告。

3.9 管理 Linux 服务器的网络配置

3.9.1 实训目的

- 掌握 Linux 下 TCP/IP 网络的设置方法；
- 学会使用命令检测网络配置；
- 学会启用和禁用系统服务。

3.9.2 实训内容

练习 Linux 系统下 TCP/IP 网络设置，网络检测方法。

3.9.3 实训环境

在一台已经安装好 Linux 系统但还没有配置 TCP/IP 参数的服务器上，设置好各项 TCP/IP 参数，连通网络。

3.9.4 实训步骤

1．使用网络配置文件进行基本网络配置

（1）/etc/sysconfig/network。

/etc/sysconfig/network 文件主要用于设置基本的网络配置，包括主机名称、网关等。文件中的内容如下所示：

```
[root@Server ~]# cat /etc/sysconfig/network
NETWORKING=yes
HOSTNAME=Server
GATEWAY=192.168.1.254
```

其中：

- NETWORKING：用于设置 Linux 网络是否运行，取值为 yes 或者 no。
- NETWORKING_IPV6：用于设置是否启用 IPV6，取值为 yes 或者 no。
- HOSTNAME：用于设置主机名称。
- GATEWAY：用于设置网关的 IP 地址。

除此之外，在这个配置文件中常见的还有以下一些。

- GATEWAYDEV：用来设置连接网关的网络设备。
- DOMAINNAME：用于设置本机域名。
- NISDOMAIN：在有 NIS 系统的网络中，用来设置 NIS 域名。

对 /etc/sysconfig/network 配置文件进行修改后，应该重启网络服务或者注销系统以使配置文件生效。

（2）/etc/sysconfig/network-scripts/ifcfg-ethN。

网卡设备名、IP 地址、子网掩码、网关等配置信息都保存在网卡配置文件中。一块网卡对应一个配置文件，配置文件位于目录"/etc/sysconfig/network-scripts"中，文件名以"ifcfg-"开始后跟网卡类型（通常使用的以太网卡用"eth"代表）加网卡的序号（从"0"开始）。系统中以太网卡的配置文件名为"ifcfg-ethN"，其中"N"为从"0"开始的数字，如第一块以太网卡的配置文件名为 ifcfg-eth0，第二块以太网卡的配置文件名为 ifcfg-eth1，其他的依此类推。

Linux 系统支持在一块物理网卡上绑定多个 IP 地址，需要建立多个网卡配置文件，其文件名形式为"ifcfg-ethN:M"，其中"N"和"M"均为从 0 开始的数字，代表相应的序号。如第 1 块以太网卡上的第 1 个虚拟网卡（设备名为：eth0:0）的配置文件名为"ifcfg-eth0:0"，第 1 块以太网卡上的第 2 个虚拟网卡（设备名为：eth0:1）的配置文件名为"ifcfg-eth0:1"。Linux 最多支持 255 个 IP 别名，对应的配置文件可通过复制 ifcfg-eth0 配置文件，并修改其配置内容来获得。

所有的网卡 IP 配置文件都有如下的类似格式，配置文件中每行进行一项内容设置，左边为项目名称，右边为项目设置值，中间以"="分隔。

```
[root@Server ~]# cat /etc/sysconfig/network-scripts/ifcfg-eth0
DEVICE=eth0
BOOTPROTO=static
BROADCAST=192.168.1.255
HWADDR=00:0C:29:FA:AD:85
IPADDR=192.168.1.2
NETMASK=255.255.255.0
NETWORK=192.168.1.0
GATEWAY=192.168.1.254
ONBOOT=yes TYPE=Ethernet
```

上述配置文件中各项的具体含义如下。

- DEVICE：表示当前网卡设备的设备名称。
- BOOTPROTO：获取 IP 设置的方式，取值为 static、bootp 或 dhcp。
- BROADCAST：广播地址。
- HWADDR：该网络设备的 MAC 地址。
- IPADDR：该网络设备的 IP 地址。
- NETMASK：该网络设备的子网掩码。
- NETWORK：该网络设备所处网络的网络地址。

- GATEWAY：网卡的网关地址。
- ONBOOT：设置系统启动时是否启动该设备，取值为 yes 或 no。
- TYPE：该网络设备的类型。

例如，为上述 eth0 网卡再绑定一个 IP 地址 192.168.1.3。则绑定方法为：

```
[root@Server ~]# cd /etc/sysconfig/network-scripts/; cp ifcfg-eth0 ifcfg-eth0:1; vi ifcfg-eth0:1
    DEVICE=eth0:1                    //此处应修改设备名称为 eth0:1
    BOOTPROTO=static
    BROADCAST=192.168.1.255
    HWADDR=00:0C:29:FA:AD:85
    IPADDR=192.168.1.3               //此处设置为指定的 IP 地址
    NETMASK=255.255.255.0
    GATEWAY=192.168.1.254
    ONBOOT=yes
    TYPE=Ethernet
```

（3）/etc/hosts。

/etc/hosts 文件是早期实现静态域名解析的一种方法，该文件中存储 IP 地址和主机名的静态映射关系。用于本地名称解析，是 DNS 的前身。利用该文件进行名称解析时，系统会直接读取该文件中的 IP 地址和主机名的对应记录。文件中以"#"开始的行是注释行，其余各行，每行一条记录，IP 地址在左，主机名在右，主机名部分可以设置主机名和主机全域名。该文件的默认内容如下所示：

```
[root@Server etc]# cat /etc/hosts
# Do not remove the following line, or various programs
# that require network functionality will fail.
127.0.0.1              server  localhost.localdomain  localhost
```

例如，要实现主机名称 Server1 和 IP 地址 192.168.1.2 的映射关系，则只需在该文件中添加如下一行即可。

```
192.168.1.2                Server1
```

（4）/etc/resolv.conf。

/etc/resolv.conf 是 DNS 客户端用于指定系统所用的 DNS 服务器的 IP 地址的文件。在该文件中除了可以指定 DNS 服务器外，还可以设置当前主机所在的域以及 DNS 搜寻路径等。

```
[root@Server etc]# cat /etc/resolv.conf
nameserver 192.168.0.5
nameserver 192.168.0.9
nameserver 192.168.0.1
search jw.com
domain jw.com
```

- nameserver：设置 DNS 服务器的 IP 地址。可以设置多个名称服务器，客户端在进行域名解析时会按顺序使用。
- search：设置 DNS 搜寻路径，即在进行不完全域名解析时，默认的附加域名后缀。
- domain：设置计算机的本地域名。

（5）/etc/host.conf。

/etc/host.conf 文件用来指定如何进行域名解析。该文件的内容通常包含以下几行。

- order：设置主机名解析的可用方法及顺序。可用方法包括 hosts（利用/etc/hosts 文件进行解析）、bind（利用 DNS 服务器解析）、NIS（利用网络信息服务器解析）。

- multi：设置是否从/etc/hosts 文件中返回主机的多个 IP 地址，取值为 on 或者 off。
- nospoof：取值为 on 或者 off。当设置为 on 时系统会启用对主机名的欺骗保护以提高 rlogin、rsh 等程序的安全性。

下面是一个/etc/host.conf 文件的实例：

```
[root@Server etc]# cat /etc/host.conf
order hosts,bind
```

上述文件内容设置主机名称解析的顺序为：先利用/etc/hosts 进行静态名称解析，再利用 DNS 服务器进行动态域名解析。

（6）/etc/services。

/etc/services 文件用于保存各种网络服务名称与该网络服务所使用的协议及默认端口号的映射关系。该文件内容较多，以下是该文件的部分内容：

```
ssh           22/tcp           # SSH Remote Login Protocol
ssh           22/udp           # SSH Remote Login Protocol
telnet        23/tcp
telnet        23/udp
```

2. 使用常用的网络配置命令

（1）配置主机名。

确保主机名在网络中是唯一的，否则通信会受到影响，建议设置主机名时要有规则地进行设置（例如按照主机功能进行划分）。

① 打开 Linux 的虚拟终端，使用 vim 编辑/etc/hosts 文件，修改主机名 localhost 为 rhel5。修改后的效果如图 3-8 所示。

图 3-8　修改主机名后的效果

② 通过编辑/etc/sysconfig/network 文件中的 HOST NAME 字段修改主机名。

```
NETWORKING=yes
NETWORKING_ipv6=no
HOSTNAME=rhel5.localdomain
GATEWAY=192.168.0.254
```

我们修改主机名为 rhel5。

注意　如果 hosts 里没有设置本地解析就可以不管，修改主机名后需要重启系统生效。

我们设置完主机名生效后，可以使用 hostname 查看当前主机名称。

```
[root@rhel5 ~]# hostname
rhel5
```

③ 可以使用两个简单的命令临时设置主机名。

- 最常用的是使用 hostname 来设置。格式：

```
hostname 主机名
```

- 使用 sysctl 命令修改内核参数。格式：

```
sysctl kernel.hostname=主机名
```

这样两个设置是临时的，重启系统后设置失效。试一下。

（2）配置 IP 地址。

大多数 Linux 发行版都会内置一些命令来配置网络，而 ifconfig 是最常用的命令之一。它通常用来设置 IP 地址和子网掩码以及查看网卡相关配置。

格式：

```
ifconfig 网卡名 ip 地址 netmask 子网掩码
```

我们使用 ifconfig 命令来设置 IP 地址，修改 IP 地址为 192.168.0.168。

```
[root@rhel5 ~]#ifconfig eth0 192.168.0.168 netmask 255.255.255.0
```

直接使用 ifconfig 命令可以查看网卡配置信息，如 IP 地址、MAC 地址、收发数据包情况等，以此可以查看修改是否成功，如图 3-9 所示。

执行命令后，ifconfig 命令会显示所有激活网卡的信息，其中 eth0 为物理网卡，lo 为回环测试接口。每块网卡的详细情况通过标志位表示。

```
[root@localhost ~]# ifconfig
eth0      Link encap:Ethernet  HWaddr 00:0C:29:1A:75:04
          inet addr:192.168.0.10  Bcast:192.168.0.255  Mask:255.255.255.0
          inet6 addr: fe80::20c:29ff:fe1a:7504/64 Scope:Link
          UP BROADCAST RUNNING MULTICAST  MTU:1500  Metric:1
          RX packets:92 errors:0 dropped:0 overruns:0 frame:0
          TX packets:320 errors:0 dropped:0 overruns:0 carrier:0
          collisions:0 txqueuelen:1000
          RX bytes:14250 (13.9 KiB)  TX bytes:28905 (28.2 KiB)
          Interrupt:67 Base address:0x2000

lo        Link encap:Local Loopback
          inet addr:127.0.0.1  Mask:255.0.0.0
          inet6 addr: ::1/128 Scope:Host
          UP LOOPBACK RUNNING  MTU:16436  Metric:1
          RX packets:7149 errors:0 dropped:0 overruns:0 frame:0
          TX packets:7149 errors:0 dropped:0 overruns:0 carrier:0
          collisions:0 txqueuelen:0
          RX bytes:8068529 (7.6 MiB)  TX bytes:8068529 (7.6 MiB)

You have new mail in /var/spool/mail/root
```

图 3-9 使用 ifconfig 命令可以查看网卡配置信息

（3）配置虚拟网卡 IP 地址。

在实际工作中，可能会出现一块网卡需要拥有多个 IP 地址的情况，可以通过设置虚拟网卡来实现。

命令格式：

```
ifconfig 网卡名:虚拟网卡 ID IP 地址 netmask 子网掩码
```

为第 1 块网卡 eth0 设置一个虚拟网卡，IP 地址为 192.168.0.208，子网掩码为 255.255.255.0，如果不设置 netmask，则使用默认的子网掩码。

```
[root@rhel5 ~]#ifconfig eth0:1 192.168.0.208 netmask 255.255.255.0
```

（4）禁用和启用网卡。

① 对于网卡的禁用和启用，依然可以使用 ifconfig 命令。

命令格式：

```
ifconfig 网卡名称 down              #禁用网卡
ifconfig 网卡名称 up                #启用网卡
```

使用 ifconfig eth0 down 命令后，在 Linux 主机上还可以 ping 通 eth0 的 IP 地址，但是在其他主机上就 ping 不通 eth0 地址了。

使用 ifconfig eth0 up 命令后启用 eth0 网卡。

② 使用 ifdown eth0 和 ifup 命令也可以实现禁用和启用网卡的效果。

命令格式：

```
ifdown  网卡名称                    #禁用网卡
ifup    网卡名称                    #启用网卡
```

如果使用 ifdown eth0 禁用 eth0 网卡，在 Linux 主机上也不能 ping 通 eth0 的 IP 地址。

（5）更改网卡 MAC 地址。

MAC 地址也叫物理地址或者硬件地址。它是全球唯一的地址，由网络设备制造商生产时写在网卡内部。MAC 地址的长度为 48 位（6 个字节），通常表示为 12 个 16 进制数，每两个十六进制数之间用冒号隔开，例如：00:0C:29:EC:FD:83 就是一个 MAC 地址。其中前 6 位十六进制数 00:0C:29 代表网络硬件制造商的编号，它由 IEEE（电气与电子工程师协会）分配，而后 3 位 16 进制数 EC:FD:83 代表该制造商所制造的某个网络产品（如网卡）的序列号。

更改网卡 MAC 地址时，需要先禁用该网卡，然后使用 ifconfig 命令进行修改。

命令格式：

```
ifconfig 网卡名 hw ether MAC 地址
```

我们来修改 eth0 网卡的 MAC 地址为 00:11:22:33:44:55。

```
[root@rhel5 ~]# ifdown eth0
[root@rhel5 ~]# ifconfig eth0 hw ether 00:11:22:33:44:55
```

通过 ifconfig 命令可以看到 eth0 的 MAC 地址已经被修改成 00:11:22:33:44:55 了。

① 如果我们不先禁用网卡会发现提示错误，修改不生效。② ifconfig 命令修改 IP 地址和 MAC 地址都是临时生效的，重新启动系统后设置失效。我们可以通过修改网卡配置文件使其永久生效。具体可以参看后面的网卡配置文件。

（6）使用 setup 命令。

RHEL5 支持以文本窗口的方式对网络进行配置，CLI 命令行模式下使用 setup 命令就可以进入文本窗口，如图 3-10 所示。

图 3-10 文本窗口模式下对网络进行配置

```
[root@rhel5 ~]# setup
```

用 Tab/Alt+Tab 在元素间进行切换，选择"网络配置"选项，按回车确认进入配置界面，可以对主机上的网卡 eth0 进行配置，界面简明易了，不再详述。

（7）图形界面配置工具。

在 Red Hat Enterprise Linux 5 中图形化的网络配置是在桌面环境下的主菜单中选择"系统"→"管理"→"网络"命令，打开如图 3-11 所示的"网络配置"对话框，进行相应的设置即可。

图 3-11 "网络配置"对话框

（8）修改 resolv.conf 设置 DNS。

Linux 中设置 DNS 客户端时可以直接编辑/etc/resolv.conf，然后使用 nameserver 参数来指定 DNS 服务器的 IP 地址。

```
[root@rhel5 ~]#vim /etc/resolv.conf
search localdomain
nameserver 192.168.0.1
```

192.168.0.1 是首选 DNS 服务器地址，如果下面还有 nameserver 字段的话为备用 DNS 地址，也可以指定更多的 DNS 服务器地址，当指定的 DNS 服务器超过 3 台时，只有前 3 台 DNS 服务器地址是有效的。客户端在向服务器发送查询请求时，会按照文件中的顺序依次发送，当第 1 台 DNS 服务器没有响应时，就会去尝试向下一台 DNS 服务器查询，直到发送到最后一台 DNS 服务器为止。所以建议将速度最快、稳定性最高的 DNS 服务器设置在最前面，以确保查询不会超时。

(9) 使用 service。

/etc/service 是一个脚本文件，利用 service 命令可以检查指定网络服务的状态，启动、停止或者重新启动指定的网络服务。/etc/service 通过检查/etc/init.d 目录中的一系列脚本文件来识别服务名称，否则会显示该服务未被注册。service 命令的语法格式如下：

```
service  服务名  start/stop/status/restart/reload
```

例如，要重新启动 network 服务，则命令及运行结果如下所示：

```
[root@rhel5 ~]# service network restart
```

 利用 service 命令中的"服务名"只能是独立守护进程，不能是被动守护进程。

3.9.5 实训报告要求

- 参考 2.1.6 小节，按要求完成实训报告。

PART 4 第4篇 Vim 与编程调试

系统管理员的一项重要工作就是要修改与设定某些重要软件的配置文件，因此至少得要学会一种以上的基本命令行的文本编辑器。所有的 Linux 发行版本都内置有 vi 文本编辑器，很多软件也默认使用 vi 作为编辑的接口，因此读者一定要学会使用 vi 文本编辑器。Vim 是进阶版的 vi，Vim 不但可以用不同颜色显示文本内容，还能够进行诸如 shell script、C 语言等程序的编辑，因此可以将 Vim 视为一种程序编辑器。

在 Linux 的世界中，绝大部分的配置文件都是以 ASCII 的纯文本形态存在，因此利用简单的文字编辑软件就能够修改设定。与微软的 Windows 系统不同的是，如果你用惯了 Microsoft Word 或 Corel Wordperfect，那么除了 X window 里面的图形接口编辑程序(如 xemacs)用起来尚可应付外，在 Linux 的文本模式下，会觉得文书编辑程序没有窗口接口那么直观与方便。但如果习惯了则会感觉 vim 是编写文本程序的最佳文本编辑器。

4.1 熟练使用 vi 编辑器与 shell 命令

4.1.1 实训目的

- 掌握 vi 编辑器的启动与退出。
- 掌握 vi 编辑器的三种模式及使用方法。
- 掌握常用 shell。

4.1.2 实训内容

练习使用 vi 编辑器和 shell 命令。

4.1.3 实训准备

vi 是 visual interface 的简称，它可以执行输出、删除、查找、替换、块操作等众多文本操作，而且用户可以根据自己的需要对其进行定制，这是其他编辑程序所没有的。vi 不是一个排版程序，它不像 Word 或 WPS 那样可以对字体、格式、段落等其他属性进行编排，它只是一个文本编辑程序。vi 是全屏幕文本编辑器，它没有菜单，只有命令。Vim 是进阶版的 vi，Vim 不但可以用不同颜色显示文本内容，Vim 可视为一种程序编辑器。

1. 启动 vi

在系统提示符后输入 vi 和想要编辑（或建立）的文件名，便可进入 vi，如：

```
$ vi myfile
```

如果只输入 vi，而不带文件名，也可以进入 vi，如图 4-1 所示。

图 4-1　vim 编辑环境

在命令模式下键入:q，:q!，:wq 或:x（注意:号），就会退出 vi。其中:wq 和:x 是存盘退出，而:q 是直接退出。如果文件已有新的变化，vi 会提示你保存文件而:q 命令也会失效，这时你可以用:w 命令保存文件后再用:q 退出，或用:wq 或:x 命令退出。如果你不想保存改变后的文件，你就需要用:q!命令，这个命令将不保存文件而直接退出 vi，例如：

:w	保存
:w filename	另存为 filename
:wq!	保存退出
:wq! filename	注：以 filename 为文件名保存后退出
:q!	不保存退出
:x	应该是保存并退出，功能和:wq!相同

2．熟练掌握 vi 的工作模式

vi 有 3 种基本工作模式：编辑模式、插入模式和命令模式。考虑到各种用户的需要采用状态切换的方法实现工作模式的转换，切换只是习惯性的问题，一旦你熟练地使用上了 vi 你就会觉得它其实也很好用。

（1）编辑模式。

进入 vi 之后，首先进入的就是编辑模式，进入编辑模式后 vi 等待编辑命令输入而不是文本输入，也就是说这时输入的字母都将作为编辑命令来解释。

进入编辑模式后光标停在屏幕第一行首位，用_表示，其余各行的行首均有一个"~"符号，表示该行为空行。最后一行是状态行，显示出当前正在编辑的文件名及其状态。如果是[New File]，则表示该文件是一个新建的文件。如果输入 vi 带文件名后，文件已在系统中存在，则在屏幕上显示出该文件的内容，并且光标停在第一行行首的位置，在状态行显示出该文件的文件名、行数和字符数。

（2）插入模式。

在编辑模式下输入插入命令 i、附加命令 a、打开命令 o、修改命令 c、取代命令 r 或替换命令 s 都可以进入插入模式。在插入模式下，用户输入的任何字符都被 vi 当作文件内容保存起来，并将其显示在屏幕上。在文本输入过程中（插入模式下），若想回到命令模式下，按 Esc 键即可。

（3）命令模式。

在编辑模式下，用户按":"键即可进入命令模式，此时 vi 会在显示窗口的最后一行（通常也是屏幕的最后一行）显示一个":"作为命令模式的提示符，等待用户输入命令。多数文件管理命令都是在此模式下执行的。末行命令执行完后，vi 自动回到编辑模式。

若在命令模式下输入命令过程中改变了主意，可用退格健将输入的命令全部删除之后，再按一下退格键，即可使 vi 回到编辑模式。

一台已经安装好 RHEL5 的计算机（最好有音响或耳机），一套 RHEL 5 安装光盘（或 ISO 镜像）。

4.1.4 实训步骤

1．使用 vim 的案例要求

（1）在/tmp 目录下建立一个名为 mytest 的目录，进入 mytest 目录当中。

（2）将/etc/man.config 复制到本目录下面，使用 vi 打开本目录下的 man.config 文件。

（3）在 vi 中设定行号，移动到第 58 行，向右移动 40 个字符，请问你看到的双引号内是什么目录？

（4）移动到第一行，并且向下查找 bzip2 这个字符串，请问它在第几行？

（5）接着，我要将 50～100 行的 man 字符串改为大写 MAN 字符串，并且一个一个挑选是否需要修改，如何编写命令？如果在挑选过程中一直按 y，最终在最后一行出现的总改变数会是几？

（6）修改完之后，突然反悔了，要全部复原，有哪些方法？

（7）我要复制 65～73 这 9 行的内容（含有 MANPATH_MAP），并且粘贴到最后一行之后。

（8）21～42 行的开头为 # 符号的批注数据如果不要了，要如何删除？

（9）将这个文件另存成一个 man.test.config 的文件。

（10）去第 27 行，并且删除 15 个字符，结果出现的第一个单字是什么？ 在第一行前新增一行，该行内容输入 "I am a student..."； 然后存盘后离开。

2．使用 vim 案例的参考步骤

（1）输入 mkdir /tmp/mytest; cd /tmp/mytest。

（2）输入 cp /etc/man.config .; vi man.config。

（3）输入:set nu，然后你会在画面中看到左侧出现数字即为行号。先按下 58G 再按下 40→，会看到/dir/bin/foo 这个字样在双引号内。

（4）先执行 1G 或 gg 后，直接输入/bzip2，应该是第 118 行。

（5）直接执行 ":50,100s/man/MAN/gc" 即可。若一直按 y 最终会出现 "在 23 行内置换 25 个字符串" 的说明。

（6）简单的方法可以一直按 u 回复到原始状态；使用不储存离开:q!之后，再重新读取一次该文件也可以。

（7）执行 65G 然后再执行 9yy 之后最后一行会出现 "复制九行" 之类的说明字样。 按下

G 到最后一行，再按下 p，则会粘贴上九行。

（8）执行 21G→22dd 就能删除 22 行，此时你会发现光标所在 21 行的地方变成 MANPATH 开头了， 批注的 # 符号那几行都被删除了。

（9）执行:w man.test.config，你会发现最后一行出现 "man.test.config [New].."的字样。

（10）输入 27G 之后，再输入 15x 即可删除 15 个字符，出现 you 的字样。执行 1G 移到第一行，然后按下大写的 O 便在第一行前新增一行且位于插入模式。开始输入 I am a student...后，按下 Esc 键回到一般模式等待后续工作。最后输入:wq。

如果你能够完成以上操作，那么 vi 的使用应该没有太大的问题了。

3．了解 vim 编辑环境

其实，目前大部分的发行版都以 Vim 取代了 vi 的功能。Vim 具有颜色显示的功能，并且还支持显示许多的程序语法 （syntax）。 因此，当你使用 Vim 编辑程序时（不论是 C 语言，还是 shell script），Vim 将可帮你直接进行程序除错 (debug)。

使用 "Vim man.config" 的效果如图 4-2 所示。

从图 4-2 可以看出，Vim 编辑程序有如下几个特色。

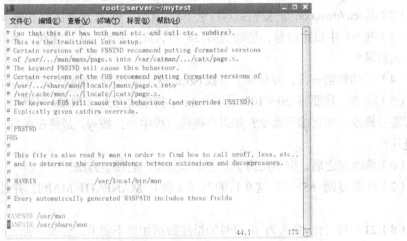

图 4-2 Vim 编辑环境

- 由于 man.config 是系统规划的配置文件，因此 Vim 会进行语法检查，所以你会看到画面中内部主要为深蓝色， 且深蓝色那一行是以批注符号 (#) 开头。
- 最底下一行的右边出现的 44,1 表示光标所在为第 44 行，第一个字符位置之意（请看一下上图中的光标所在的位置）。
- 除了批注之外，其他的行还有特别的颜色显示。这样可以避免人为打错字。而且， 最右下角的 17% 代表目前这个画面占整体文件的 17% 。

4．shell 变量的定义和引用

练习使用 shell 变量。

```
//显示字符常量
$ echo who are you
who are you
$ echo 'who are you'
who are you
$ echo "who are you"
```

```
who are you
$
//由于要输出的字符串中没有特殊字符，所以"和" "的效果是一样的，不用""相当于使用""
$ echo Je t'aime
>
//由于要使用特殊字符（'），
//由于'不匹配，shell 认为命令行没有结束，回车后会出现系统第二提示符，
//让用户继续输入命令行，按 Ctrl+C 结束
$
//为了解决这个问题，可以使用下面的两种方法
$ echo "Je t'aime"
Je t'aime
$ echo Je t\'aime Je t'aime
```

5．shell 变量的作用域

练习使用 shell 变量的作用域。

```
//在当前 shell 中定义变量 var1
$ var1=Linux
//在当前 shell 中定义变量 var2 并将其输出
$ var2=unix
$ export var2
//引用变量的值
$ echo $var1
Linux
$ echo $var2
unix
//显示当前 shell 的 PID
$ echo $$
2670
$
//调用子 shell
$ Bash

//显示当前 shell 的 PID
$ echo $$
2709
//由于 var1 没有被输出，所以在子 shell 中已无值
$ echo $var1
//由于 var2 被输出，所以在子 shell 中仍有值
$ echo $var2
unix
//返回主 shell，并显示变量的值
$ exit
$ echo $$
2670
$ echo $var1
Linux
$ echo $var2
unix
$
```

6. shell 环境变量

不同类型的 shell 的环境变量有不同的设置方法。在 Bash 中，设置环境变量用 set 命令，命令的格式是：

```
set 环境变量=变量的值
```

例如，设置用户的主目录为/home/john，可以用以下命令：

```
$ set HOME=/home/john
```

不加任何参数地直接使用 set 命令可以显示出用户当前所有环境变量的设置，如下所示：

```
$ set
BASH=/bin/Bash
BASH_ENV=/root/.bashrc
(略)
PATH=/usr/local/sbin:/usr/local/bin:/usr/sbin:/usr/bin:/sbin:/bin:/usr/bin/X11
PS1='[\u@\h \W]\$ '
PS2='>'
SHELL=/bin/Bash
```

可以看到其中路径 PATH 的设置为

```
PATH=/usr/local/sbin:/usr/local/bin:/usr/sbin:/usr/bin:/sbin:/bin:/usr/bin/X11
```

总共有 7 个目录，Bash 会在这些目录中依次搜索用户输入的命令的可执行文件。

在环境变量前面加上$符号，表示引用环境变量的值，例如：

```
# cd $HOME
```

将把目录切换到用户的主目录。

当修改 PATH 变量时，例如，将一个路径/tmp 加到 PATH 变量前，应设置为

```
# PATH=/tmp:$PATH
```

此时，在保存原有 PATH 路径的基础上进行了添加。shell 在执行命令前，会先查找这个目录。

要将环境变量重新设置为系统默认值，可以使用 unset 命令。例如，下面的命令用于将当前的语言环境重新设置为默认的英文状态。

```
# unset LANG
```

7. 命令运行的判断依据：;、&&、||

在某些情况下，若想使多条命令一次输入而顺序执行，该如何办呢？有两个选择，一个是通过 shell script 撰写脚本去执行，另一个则是通过下面的介绍来一次输入多重命令。

（1）cmd;cmd （不考虑命令相关性的连续命令执行）。

在某些时候，我们希望可以一次运行多个命令，例如在关机的时候我希望可以先运行两次 sync 同步写入磁盘后才关机，那么怎么操作呢？

```
[root@www ~]# sync; sync; shutdown -h now
```

在命令与命令中间利用分号（;）来隔开，这样一来，分号前的命令运行完后就会立刻接着运行后面的命令。

看下面的例子：要求在某个目录下面创建一个文件。如果该目录存在的话，直接创建这个文件；如果不存在，就不进行创建操作。也就是说这两个命令彼此之间是有相关性的，前一个命令是否成功的运行与后一个命令是否要运行有关。这就要用到 "&&" 或 "||"。

（2）$?（命令回传值）与 "&&" 或 "||"。

如同上面谈到的，两个命令之间有相依性，而这个相依性主要判断的地方就在于前一个命令运行的结果是否正确。在 Linux 中若前一个命令运行的结果正确，则在 Linux 中会回传一个 $? = 0 的值。那么我们怎么通过这个回传值来判断后续的命令是否要运行呢？这就要用到 "&&" 及 "||"。如表 4-1 所示。

表 4-1　　　　　　　　　　"&&" 及 "||" 命令执行情况说明

命令执行情况	说　明
cmd1 && cmd2	若 cmd1 运行完毕且正确运行($?=0)，则开始运行 cmd2， 若 cmd1 运行完毕且为错误 ($?≠0)，则 cmd2 不运行
cmd1 || cmd2	若 cmd1 运行完毕且正确运行($?=0)，则 cmd2 不运行， 若 cmd1 运行完毕且为错误 ($?≠0)，则开始运行 cmd2

注意　　　两个&之间是没有空格的，那个 "|" 则是 Shift+\的按键结果。

上述的 cmd1 及 cmd2 都是命令。回到刚刚假想的情况：
- 先判断一个目录是否存在；
- 若存在则在该目录下面创建一个文件。

由于尚未介绍 "条件判断式（test）" 的使用，在这里使用 ls 以及回传值来判断目录是否存在。进行下面的练习。

（1）使用 ls 查阅目录 /tmp/abc 是否存在，若存在则用 touch 创建 /tmp/abc/hehe。

```
[root@www ~]# ls /tmp/abc && touch /tmp/abc/hehe
ls: /tmp/abc: No such file or directory
# ls 很干脆地说明找不到该目录，但并没有 touch 的错误，表示 touch 并没有运行

[root@www ~]# mkdir /tmp/abc
[root@www ~]# ls /tmp/abc && touch /tmp/abc/hehe
[root@www ~]# ll /tmp/abc
-rw-r--r-- 1 root root 0 Feb  7 12:43 hehe
```

如果 /tmp/abc 不存在时，touch 就不会被运行，若 /tmp/abc 存在，那么 touch 就会开始运行。在上面的例子中，我们还必须手动自行创建目录，很烦琐。能不能自动判断：如果没有该目录就创建呢？看下面的例子。

（2）测试 /tmp/abc 是否存在，若不存在则予以创建，若存在就不做任何事情。

```
[root@www ~]# rm -r /tmp/abc           <==先删除此目录以方便测试
[root@www ~]# ls /tmp/abc || mkdir /tmp/abc
ls: /tmp/abc: No such file or directory <==目录不存在
[root@www ~]# ll /tmp/abc
Total    0                              <==结果出现了，说明运行了 mkdir 命令
```

如果你一再重复"ls /tmp/abc || mkdir /tmp/abc",也不会出现重复 mkdir 的错误。这是因为 /tmp/abc 已经存在,所以后续的 mkdir 就不会执行。

再次讨论:如果想要创建 /tmp/abc/hehe 这个文件,但是并不知道 /tmp/abc 是否存在,那该如何办呢?

(3)如果不管 /tmp/abc 存在与否,都要创建 /tmp/abc/hehe 文件,怎么办呢?

```
[root@www ~]# ls /tmp/abc || mkdir /tmp/abc && touch /tmp/abc/hehe
```

总会成功创建 /tmp/abc/hehe,而不论 /tmp/abc 是否存在。

我们再来查看下面这个问题。

(4)以 ls 测试 /tmp/bobbying 是否存在,若存在则显示"exist",若不存在,则显示"not exist"。

这又牵涉到逻辑判断的问题,如果存在就显示某个数据,若不存在就显示其他数据,那么我们可以这样做:

```
ls /tmp/bobbying && echo "exist" || echo "not exist"
```

意思是说,当 ls /tmp/bobbying 运行后,若正确,就运行 echo "exist",若有问题,就运行 echo "not exist"。那如果写成如下的方式又会如何呢?

```
ls /tmp/bobbying || echo "not exist" && echo "exist"
```

这其实是有问题的,为什么呢?由图 4-3 的流程介绍我们知道命令是一个一个往后执行,因此在上面的例子中,如果 /tmp/bobbying 不存在时,会进行如下动作。

① 若 ls /tmp/bobbying 不存在,因此回传一个非 0 的数值。

② 接下来经过 || 的判断,发现前一个命令回传非 0 的数值,因此,程序开始运行 echo "not exist",而 echo "not exist" 程序肯定可以运行成功,因此会回传一个 0 值给后面的命令。

③ 经过 && 的判断,所以就开始运行 echo "exist"。

这样,在这个例子里面竟然会同时出现 not exist 与 exist,请读者仔细思考。

特别提示　　由于命令是一个接着一个去运行的,因此,如果真要使用判断,那么 && 与 || 的顺序就不能搞错。一般来说,假设判断式有三个,也就是:

```
command1 && command2 || command3
```

而且顺序通常不会变。因为一般来说,command2 与 command3 会放置肯定可以运行成功的命令,因此,依据上面例题的逻辑分析,必须按此顺序放置各命令。请读者一定注意。

8. 使用重定向

下面举几个使用重定向的例子。

(1)将 ls 命令生成的/tmp 目录的一个清单存到当前目录中的 dir 文件中。

```
$ ls -l /tmp >dir
```

(2)将 ls 命令生成的/etc 目录的一个清单以追加的方式存到当前目录中的 dir 文件中。

```
$ ls -l /tmp >>dir
```

(3)passwd 文件的内容作为 wc 命令的输入。

```
$ wc</etc/passwd
```

(4)将命令 myprogram 的错误信息保存在当前目录下的 err_file 文件中。

```
$ myprogram 2>err_file
```

(5)将命令 myprogram 的输出信息和错误信息保存在当前目录下的 output_file 文件中。

```
$ myprogram &>output_file
```
（6）将命令 ls 的错误信息保存在当前目录下的 err_file 文件中。
```
$ ls -l 2>err_file
```

 该命令并没有产生错误信息，但 err_file 文件中的原文件内容会被清空。

当我们输入重定向符时，命令解释程序会检查目标文件是否存在。如果不存在，命令解释程序将会根据给定的文件名创建一个空文件；如果文件已经存在，命令解释程序则会清除其内容并准备写入命令的输出到结果。这种操作方式表明：当重定向到一个已存在的文件时需要十分小心，数据很容易在用户还没有意识到之前就丢失了。

Bash 输入输出重定向可以通过使用下面选项设置为不覆盖已存在文件：
```
$ set -o noclobber
```
这个选项仅用于对当前命令解释程序输入输出进行重定向，而其他程序仍可能覆盖已存在的文件。

（7）/dev/null。

空设备的一个典型用法是丢弃从 find 或 grep 等命令送来的错误信息：
```
$ grep delegate /etc/* 2>/dev/null
```
上面的 grep 命令的含义是从/etc 目录下的所有文件中搜索包含字符串 delegate 的所有的行。由于我们是在普通用户的权限下执行该命令，grep 命令是无法打开某些文件的，系统会显示一大堆"未得到允许"的错误提示。通过将错误重定向到空设备，我们可以在屏幕上只得到有用的输出。

9．使用管道

（1）运行命令 who 来找出已经登录进入系统的用户。
```
$who >tmpfile
```
该命令的输出结果是每个用户对应一行数据，其中包含了一些有用的信息，我们将这些信息保存在临时文件中。

（2）现在我们运行下面的命令：
```
$ wc -l <tmpfile
```
该命令会统计临时文件的行数，最后的结果是登录入系统中的用户的人数。

我们可以将以上两个命令组合起来。
```
$ who|wc -l
```
管道符号告诉命令解释程序将左边的命令（在本例中为 who）的标准输出流连接到右边的命令（在本例中为 wc -l）的标准输入流。现在命令 who 的输出不经过临时文件就可以直接送到命令 wc 中了。

（3）以长格式递归的方式分屏显示/etc 目录下的文件和目录列表。
```
$ ls -Rl /etc | more
```
（4）分屏显示文本文件/etc/passwd 的内容。
```
$ cat /etc/passwd | more
```
（5）统计文本文件/etc/passwd 的行数、字数和字符数。
```
$ cat /etc/passwd | wc
```

（6）查看是否存在 john 用户账号。
```
$ cat /etc/passwd | grep john
```
（7）查看系统是否安装了 apache 软件包。
```
$ rpm -qa | grep apache
```
（8）显示文本文件中的若干行。
```
$ tail +15 myfile | head -3
```

管道仅能操纵命令的标准输出流。如果标准错误输出未重定向，那么任何写入其中的信息都会在终端显示屏幕上显示。管道可用来连接两个以上的命令。由于使用了一种被称为过滤器的服务程序，多级管道在 Linux 中是很普遍的。过滤器只是一段程序，它从自己的标准输入流读入数据，然后写到自己的标准输出流中，这样就能沿着管道过滤数据。在下例中：

```
$ who|grep ttyp| wc -l
```

who 命令的输出结果由 grep 命令来处理，而 grep 命令则过滤掉（丢弃掉）所有不包含字符串"ttyp"的行。这个输出结果经过管道送到命令 wc，而该命令的功能是统计剩余的行数，这些行数与网络用户的人数相对应。

Linux 系统的一个最大的优势就是按照这种方式将一些简单的命令连接起来，形成更复杂的、功能更强的命令。那些标准的服务程序仅仅是一些管道应用的单元模块，在管道中它们的作用更加明显。

4.1.5 实训思考题

- vi 的 3 种运行模式是什么？如何切换？
- 什么是重定向？什么是管道？什么是命令替换？
- Shell 变量有哪两种？分别如何定义？

4.1.6 实训报告要求

- 参考 2.1.6 小节，按要求完成实训报告。

4.2 使用正则表达式

4.2.1 实训目的

- 掌握正则表达式的使用方法。

4.2.2 实训内容

练习正则表达式的使用方法。

4.2.3 实训步骤

1. 掌握 grep 的高级使用

格式：`grep [-A] [-B] [--color=auto] '查找字符串' filename`

选项与参数的含义如下。

-A：后面可加数字，为 after 的意思，除了列出该行外，后续的 n 行也列出来。
-B：后面可加数字，为 befor 的意思，除了列出该行外，前面的 n 行也列出来。
--color=auto：可将搜寻出的正确数据用特殊颜色标记。

（1）用 dmesg 列出核心信息，再以 grep 找出内含 eth 的那行。

```
[root@www ~]# dmesg | grep 'eth'
eth0: RealTek RTL8139 at 0xee846000, 00:90:cc:a6:34:84, IRQ 10
eth0:  Identified 8139 chip type 'RTL-8139C'
eth0: link up, 100Mbps, full-duplex, lpa 0xC5E1
eth0: no IPv6 routers present
# dmesg 可列出核心产生的信息，通过 grep 来获取网卡相关的资讯 (eth);
# 不过没有行号与特殊颜色显示
```

（2）承上题，要将获取到的关键字显色，且加上行号来表示。

```
[root@www ~]# dmesg | grep -n --color=auto 'eth'
247:eth0: RealTek RTL8139 at 0xee846000, 00:90:cc:a6:34:84, IRQ 10
248:eth0:  Identified 8139 chip type 'RTL-8139C'
294:eth0: link up, 100Mbps, full-duplex, lpa 0xC5E1
305:eth0: no IPv6 routers present
# 你会发现除了 eth 会有特殊颜色来表示之外，最前面还有行号
```

（3）在关键字所在行的前两行与后三行内容也一起找出来并显示。

```
[root@www ~]# dmesg | grep -n -A3 -B2 --color=auto 'eth'
245-PCI: setting IRQ 10 as level-triggered
246-ACPI: PCI Interrupt 0000:00:0e.0[A] -> Link [LNKB] ...
247:eth0: RealTek RTL8139 at 0xee846000, 00:90:cc:a6:34:84, IRQ 10
248:eth0:  Identified 8139 chip type 'RTL-8139C'
249-input: PC Speaker as /class/input/input2
250-ACPI: PCI Interrupt 0000:00:01.4[B] -> Link [LNKB] ...
251-hdb: ATAPI 48X DVD-ROM DVD-R-RAM CD-R/RW drive, 2048kB Cache, UDMA(66)
# 如上所示，你会发现关键字 247 所在的前两行及 248 后三行也都被显示出来
# 这样可以让你将关键字前后数据找出来进行分析
```

2．练习基础正则表达式

练习文件的内容如下。文件共有 22 行，最底下一行为空白行。该文本文件已放在光盘上供下载使用。

```
[root@www ~]# vim regular_express.txt
"Open Source" is a good mechanism to develop programs.
apple is my favorite food.
Football game is not use feet only.
this dress doesn't fit me.
However, this dress is about $ 3183 dollars.^M
GNU is free air not free beer.^M
Her hair is very beauty.^M
I can't finish the test.^M
Oh! The soup taste good.^M
motorcycle is cheap than car.
This window is clear.
the symbol '*' is represented as start.
Oh!    My god!
The gd software is a library for drafting programs.^M
You are the best is mean you are the no. 1.
The world <Happy> is the same with "glad".
I like dog.
```

```
google is the best tools for search keyword.
goooooogle yes!
go! go! Let's go.
# I am Bobby
```

① 查找特定字符串。

假设我们要从文件 **regular_express.txt** 当中取得 "**the**" 这个特定字符串,最简单的方式是:

```
[root@www ~]# grep -n 'the' regular_express.txt
8:I can't finish the test.
12:the symbol '*' is represented as start.
15:You are the best is mean you are the no. 1.
16:The world <Happy> is the same with "glad".
18:google is the best tools for search keyword.
```

如果想要反向选择呢?也就是说,当该行没有 'the' 这个字符串时才显示在屏幕上:

```
[root@www ~]# grep -vn 'the' regular_express.txt
```

你会发现,屏幕上出现的行列为除了 8,12,15,16,18 五行之外的其他行!接下来,如果你想要取得不论大小写的 "**the**" 这个字符串,则执行

```
[root@www ~]# grep -in 'the' regular_express.txt
8:I can't finish the test.
9:Oh! The soup taste good.
12:the symbol '*' is represented as start.
14:The gd software is a library for drafting programs.
15:You are the best is mean you are the no. 1.
16:The world <Happy> is the same with "glad".
18:google is the best tools for search keyword.
```

除了多两行 (9, 14 行) 之外,第 16 行也多了一个 The 的关键字被标出了颜色。

② 利用中括号 [] 来搜寻集合字符。

搜寻 "test" 或 "taste" 这两个单词时,可以发现,其实它们有共同点 't?st' 存在。这个时候,可以这样来搜寻:

```
[root@www ~]# grep -n 't[ae]st' regular_express.txt
8:I can't finish the test.
9:Oh! The soup taste good.
```

其实 [] 里面不论有几个字符,都只代表某一个字符,所以,上面的例子说明了,我们需要的字符串是 tast 或 test。而如果想要搜寻到有 "oo" 的字符,则使用:

```
[root@www ~]# grep -n 'oo' regular_express.txt
1:"Open Source" is a good mechanism to develop programs.
2:apple is my favorite food.
3:Football game is not use feet only.
9:Oh! The soup taste good.
18:google is the best tools for search keyword.
19:goooooogle yes!
```

但是,如果不想要 "oo" 前面有 "g" 的行显示出来。此时,可以利用在集合字节的反向选择 [^] 来完成:

```
[root@www ~]# grep -n '[^g]oo' regular_express.txt
2:apple is my favorite food.
3:Football game is not use feet only.
18:google is the best tools for search keyword.
19:goooooogle yes!
```

第 1, 9 行不见了,因为 oo 前面出现了 g 所致。第 2, 3 行没有疑问,因为 foo 与 Foo 均

可被接受！但是第 18 行虽然有 google 的 goo，但是因为该行后面出现了 tool 的 too，所以该行也被列出来。也就是说，18 行里面虽然出现了我们所不要的项目 (goo)，但是由于有需要的项目 (too)，因此，是符合字符串搜寻的。

至于第 19 行，同样，因为 goooooogle 里面的 oo 前面可能是 o。例如：go(ooo)oogle，所以，这一行也是符合需求的。

再者，假设 oo 前面不想有小写字母，可以这样写：[^abcd....z]oo。但是这样似乎不怎么方便，由于小写字母的 ASCII 上编码的顺序是连续的，因此，我们可以将之简化：

```
[root@www ~]# grep -n '[^a-z]oo' regular_express.txt
3:Football game is not use feet only.
```

也就是说，一组集合字符中如果是连续的，例如大写英文/小写英文/数字等，就可以使用 [a-z], [A-Z], [0-9] 等方式来书写。那么如果要求字符串是数字与英文呢？那就将其全部写在一起，变成：[a-zA-Z0-9]。例如，我们要获取有数字的那一行：

```
[root@www ~]# grep -n '[0-9]' regular_express.txt
5:However, this dress is about $ 3183 dollars.
15:You are the best is mean you are the no. 1.
```

但由于考虑到语系对于编码顺序的影响，因此除了连续编码使用减号"-"之外，你也可以使用如下的方法来取得前面两个测试的结果：

```
[root@www ~]# grep -n '[^[:lower:]]oo' regular_express.txt
# [:lower:] 代表的就是 a-z 的意思！请参考表 7-12 的说明
[root@www ~]# grep -n '[[:digit:]]' regular_express.txt
```

至此，对于 [] 以及 [^] 以及 [] 当中的"-"，是不是已经很熟悉了？

③ 行首与行尾字节 ^ $。

在前面，可以查询到一行字串里面有"the"，那如果我想要让"the"只在行首才列出呢？

```
[root@www ~]# grep -n '^the' regular_express.txt
12:the symbol '*' is represented as start.
```

此时，就只剩下第 12 行，因为只有第 12 行的行首是 the 开头。此外，如果想要开头是小写字母的那一行列出呢？可以这样写：

```
[root@www ~]# grep -n '^[a-z]' regular_express.txt
2:apple is my favorite food.
4:this dress doesn't fit me.
10:motorcycle is cheap than car.
12:the symbol '*' is represented as start.
18:google is the best tools for search keyword.
19:goooooogle yes!
20:go! go! Let's go.
```

如果不想要开头是英文字母的行，则可以是这样：

```
[root@www ~]# grep -n '^[^a-zA-Z]' regular_express.txt
1:"Open Source" is a good mechanism to develop programs.
21:# I am Bobby
```

^符号，在字符集合符号（括号[]）之内与之外是不同的。在[]内代表"反向选择"，在[]之外则代表定位在行首。反过来思考，如果想要找出行尾结束为小数点 (.) 的那一行，该如何处理？

```
[root@www ~]# grep -n '\.$' regular_express.txt
1:"Open Source" is a good mechanism to develop programs.
2:apple is my favorite food.
```

```
3:Football game is not use feet only.
4:this dress doesn't fit me.
10:motorcycle is cheap than car.
11:This window is clear.
12:the symbol '*' is represented as start.
15:You are the best is mean you are the no. 1.
16:The world <Happy> is the same with "glad".
17:I like dog.
18:google is the best tools for search keyword.
20:go! go! Let's go.
```

特别注意　因为小数点具有其他意义(下面会介绍)，所以必须要使用转化字符(\)来解除其特殊意义。不过，你或许会觉得奇怪，第 5~9 行最后面也是 "."。怎么无法打印出来？这里就牵涉到 Windows 平台的软件对于断行字符的判断问题了，我们使用 cat -A 将第 5 行显示出来：

```
[root@www ~]# cat -An regular_express.txt | head -n 10 | tail -n 6
     5  However, this dress is about $ 3183 dollars.^M$
     6  GNU is free air not free beer.^M$
     7  Her hair is very beauty.^M$
     8  I can't finish the test.^M$
     9  Oh! The soup taste good.^M$
    10  motorcycle is cheap than car.$
```

由此，我们可以发现第 5~9 行为 Windows 的断行字符 (^M$)，而正常的 Linux 应该仅有第 10 行显示的那样 ($)。所以，也就找不到 5~9 行了。这样就可以了解 "^" 与 "$" 的意义了。

思考　如果想要找出哪一行是空白行，即该行没有输入任何数据，该如何搜寻？

```
[root@www ~]# grep -n '^$' regular_express.txt
22:
```

因为只有行首跟行尾有(^$)，所以，这样就可以找出空白行了。再者，假设已经知道在一个程序脚本 (shell script) 或者是配置文件中，空白行与开头为#的那一行是注解，因此如果你要将其打印出给别人参考时，可以将这些数据省略掉以节省纸张，那么可以怎么做呢？ 我们以 /etc/syslog.conf 这个文件来作范例，读者可以自行参考一下输出的结果：

```
[root@www ~]# cat -n /etc/syslog.conf
#结果可以发现输出有 33 行，其中很多是空白行与 # 开头的注释行

[root@www ~]# grep -v '^$' /etc/syslog.conf | grep -v '^#'
# 结果仅有 10 行，其中第一个 "-v '^$'" 代表不要空白行
# 第二个 "-v '^#'" 代表不要开头是#的那行
```

④ 任意一个字符 "." 与重复字节 "*"。

我们知道万用字符 "*" 可以用来代表任意（0 或多个）字符，但是正则表达式并不是万用字符，两者之间是不相同的。至于正则表达式当中的 "." 则代表 "绝对有一个任意字符" 的意思。这两个符号在正则表达式的意义如下。

- . （小数点）：代表一定有一个任意字符。
- * （星号）：代表重复前一个字符 0 到无穷多次，为组合形态。

假设我需要找出"g??d"的字符串，即共有四个字符，开头是"g"而结束是"d"，可以这样做：

```
[root@www ~]# grep -n 'g..d' regular_express.txt
1:"Open Source" is a good mechanism to develop programs.
9:Oh! The soup taste good.
16:The world <Happy> is the same with "glad".
```

因为强调 g 与 d 之间一定要存在两个字符，因此，第 13 行的 god 与第 14 行的 gd 就不会被列出来。如果想要列出有 oo、ooo、oooo 等数据，也就是说，至少要有两个（含） o 以上，该如何操作呢？是 o*还是 oo*还是 ooo*呢？

因为*代表的是"重复 0 个或多个前面的 RE 字符"的意义，因此，"o*"代表的是"拥有空字符或一个 o 以上的字符"。特别注意，因为允许空字符（就是有没有字符都可以的意思），因此，"**grep -n 'o*' regular_express.txt**"将会把所有的数据都可以被列出来。

那如果是"oo*"呢？则第一个 o 肯定必须要存在，第二个 o 则是可有可无的多个 o，所以，凡是含有 o、oo、ooo、oooo 等，都可以被列出来。

同理，当需要"至少两个 o 以上的字符串"时，就需要 ooo*，即

```
[root@www ~]# grep -n 'ooo*' regular_express.txt
1:"Open Source" is a good mechanism to develop programs.
2:apple is my favorite food.
3:Football game is not use feet only.
9:Oh! The soup taste good.
18:google is the best tools for search keyword.
19:goooooogle yes!
```

想要字符串开头与结尾都是 g，但是两个 g 之间仅能存在至少一个 o，即是 gog、goog、gooog……等，该如何操作？

```
[root@www ~]# grep -n 'goo*g' regular_express.txt
18:google is the best tools for search keyword.
19:goooooogle yes!
```

想要找出以 g 开头与以 g 结尾的字串，当中的字节可有可无，那该如何是好？是"g*g"吗？

```
[root@www ~]# grep -n 'g*g' regular_express.txt
1:"Open Source" is a good mechanism to develop programs.
3:Football game is not use feet only.
9:Oh! The soup taste good.
13:Oh! My god!
14:The gd software is a library for drafting programs.
16:The world <Happy> is the same with "glad".
17:I like dog.
18:google is the best tools for search keyword.
19:goooooogle yes!
20:go! go! Let's go.
```

但测试的结果竟然出现这么多行？因为 g*g 里面的 g* 代表"空字符或一个以上的 g"再加上后面的 g，因此，整个正则表达式的内容就是 g、gg、ggg、gggg，因此，只要该行当中拥有一个以上的 g 就符合所需了。

那该如何满足 g....g 的需求呢？利用任意一个字符"."，即"g.*g"。因为"*"可以是 0 个或多个重复前面的字符，而"."是任意字节，所以".*"就代表零个或多个任意字符。

```
[root@www ~]# grep -n 'g.*g' regular_express.txt
1:"Open Source" is a good mechanism to develop programs.
14:The gd software is a library for drafting programs.
18:google is the best tools for search keyword.
19:goooooogle yes!
20:go! go! Let's go.
```

因为是代表 g 开头与 g 结尾,中间任意字符均可接受,所以,第 1、14、20 行是可接受的。 这个".*"的 RE(正则表达式) 表示任意字符是很常见的,希望大家能够理解并且熟悉。再来完成一个练习,如果我想要找出"任意数字"的行列呢?因为仅有数字,所以这样做:

```
[root@www ~]# grep -n '[0-9][0-9]*' regular_express.txt
5:However, this dress is about $ 3183 dollars.
15:You are the best is mean you are the no. 1.
```

虽然使用 grep -n '[0-9]' regular_express.txt 也可以得到相同的结果,但希望大家能够理解上面命令当中 RE 表示法的意义。

⑤ 限定连续 RE 字符范围{}。

在上个例题当中,我们可以利用 . 与 RE 字符及 * 来设置 0 个到无限多个重复字符,那如果我想要限制一个范围区间内的重复字符数呢?举例来说,我想要找出 2 个到 5 个 o 的连续字符串,该如何操作?这时候就要使用到限定范围的字符 {} 了。但因为"{"与"}"的符号在 shell 里是有特殊意义的,因此,我们必须要使用转义字符"\"来让其失去特殊意义才行。来做一个练习,假设我要找到两个 o 的字符串,可以是:

```
[root@www ~]# grep -n 'o\{2\}' regular_express.txt
1:"Open Source" is a good mechanism to develop programs.
2:apple is my favorite food.
3:Football game is not use feet only.
9:Oh! The soup taste good.
18:google is the best tools for search keyword.
19:goooooogle yes!
```

这样看似乎与 ooo* 的字符没有什么差异啊?因为第 19 行有多个 o 依旧也出现了。那么换个搜寻的字符串,假设我们要找出 g 后面接 2 到 5 个 o,然后再接一个 g 的字串,应该这样操作:

```
[root@www ~]# grep -n 'go\{2,5\}g' regular_express.txt
18:google is the best tools for search keyword.
```

第 19 行没有被选取(因为 19 行有 6 个 o)。那么,如果想要的是 2 个 o 以上的 goooo....g 呢?除了可以是 gooo*g,也可以是:

```
[root@www ~]# grep -n 'go\{2,\}g' regular_express.txt
18:google is the best tools for search keyword.
19:goooooogle yes!
```

4.2.4 实训思考

1. 问题情境描述

(1)问题描述:通过 grep 搜寻特殊字串,并配合数据流重定向来处理大量的文件搜寻问题。

(2)目标:正确地使用正则表达式;

(3)前提:需要了解数据流重定向,以及通过子命令 $(command) 来处理文件的搜寻。

(4)具体任务:搜寻星号 (*)

2. 解决方案

请参见光盘。

4.2.5 实训报告要求

- 参考 2.1.6 小节，按要求完成实训报告。

4.3 使用 shell script 编程

4.3.1 实训目的

- 理解 shell script。
- 掌握判断语句的用法。
- 掌握条件判断语句的用法。
- 掌握循环的用法。

4.3.2 实训内容

练习使用 shell script 编程的方法。

4.3.3 实训准备

1. 了解 shell script

什么是 shell script（shell 脚本）呢？就字面上的意义，我们将其分为两部分。在 "shell" 部分，我们在前文中已经提过了，那是一个命令行界面下面让我们与系统沟通的一个工具接口。那么 "script" 是什么？ 字面上的意义，script 是 "脚本、剧本" 的意思。整句话是说，shell script 是使用 shell 所写的 "脚本"。

2. 编写与执行一个 shell script

（1）shell script 编写中的注意事项。

- 命令的执行是从上而下、从左而右进行的。
- 命令、选项与参数间的多个空格都会被忽略掉。
- 空白行也将被忽略掉，并且 Tab 按键所生成的空白同样视为空格键。
- 如果读取到一个 Enter 符号（CR），就尝试开始运行该行（或该串）命令。
- 至于如果一行的内容太多，则可以使用 "\[Enter]" 来延伸至下一行。
- "#" 可作为注解。任何加在 # 后面的数据将全部被视为注解文字而被忽略。

（2）运行 shell script 程序。

现在我们假设程序文件名是 /home/dmtsai/shell.sh ，那如何运行这个文件？很简单，可以有下面几个方法。

① 直接执行： shell.sh 文件必须要具备可读与可运行（rx）的权限。
- 绝对路径：使用 /home/dmtsai/shell.sh 来执行命令。
- 相对路径：假设工作目录在 /home/dmtsai/ ，则使用 ./shell.sh 来运行。

- 变量"PATH"功能：将 shell.sh 放在 PATH 指定的目录内，例如：~/bin/。

② 以 bash 程序来运行：通过 "bash shell.sh" 或 "sh shell.sh" 来运行。

由于 Linux 默认使用者家目录下的 ~/bin 目录会被设置到 $PATH 内，所以你也可以将 shell.sh 创建在 /home/dmtsai/bin/ 下面（~/bin 目录需要自行创建）。此时，若 shell.sh 在 ~/bin 内且具有 rx 的权限，那就直接输入 shell.sh 即可运行该脚本程序。

那为何 "sh shell.sh" 也可以运行呢？这是因为 /bin/sh 其实就是 /bin/bash（链接），使用 sh shell.sh 即告诉系统，直接以 bash 来运行 shell.sh 这个文件内的相关命令，所以此时 shell.sh 只要有 r 的权限即可被运行。而我们也可以利用 sh 的参数，如 -n 及 -x 来检查与追踪 shell.sh 的语法是否正确。

4.3.4 实训步骤

1. 编写第一个 shell script 程序

```
[root@www ~]# mkdir scripts; cd scripts
[root@www scripts]# vim sh01.sh
#!/bin/bash
# Program:
# This program shows "Hello World!" in your screen.
# History:
# 2012/08/23    Bobby    First release
PATH=/bin:/sbin:/usr/bin:/usr/sbin:/usr/local/bin:/usr/local/sbin:~/bin
export PATH
echo -e "Hello World! \a \n"
exit 0
```

在本项目中，请将所有编写的 script 放置到家目录的 ~/scripts 这个目录内，以利于管理。接下来分析一下上面的程序。

（1）第一行 #!/bin/bash 在宣告这个 script 使用的 shell 名称。

因为我们使用的是 bash，所以，必须要以 "#!/bin/bash" 来宣告这个文件内的语法使用 bash 的语法。那么当这个程序被运行时，就能够加载 bash 的相关环境配置文件（一般来说就是 non-login shell 的 ~/.bashrc），并且运行 bash 来使我们下面的命令能够运行。这很重要的。在很多情况下，如果没有设置好这一行，该程序很可能会无法运行，因为系统可能无法判断程序需要使用什么 shell 来运行。

（2）程序内容的说明。

整个 script 当中，除了第一行的 "#!" 是用来声明 shell 的之外，其他的 # 都是"注释"用途。所以上面的程序当中，第二行以下就是用来说明整个程序的内容。

> 建议：一定要养成说明脚本的内容与功能、版本信息、作者与联络方式、建立日期、历史记录等信息的习惯。这将有助于未来程序的改写与调试。

（3）主要环境变量的声明。

建议务必要将一些重要的环境变量设置好，PATH 与 LANG（如果使用与输出相关的信息时）是其中最重要的。这样可让这个程序在运行时可以直接执行一些外部命令，而不必写绝对路径。

（4）主要程序部分。

在这个例子当中，就是 echo 那一行。
（5）运行结果返回（定义回传值）。

一个命令的运行成功与否，可以使用 $? 这个变量来查看。我们也可以利用 exit 这个命令来让程序中断，并且回传一个数值给系统。在这个例子当中，使用 exit 0，这代表离开 script 并且回传一个 0 给系统，所以当运行完这个 script 后，若接着执行 echo $? 则可得到 0 的值。更聪明的读者应该也知道了，利用这个 exit n (n 是数字) 的功能，我们还可以自定义错误信息，让这个程序变得更加智能。

该程序的运行结果如下：

```
[root@www scripts]# sh sh01.sh
Hello World !
```

而且应该还会听到"咚"的一声，为什么呢？这是 echo 加上 -e 选项的原因。

另外，你也可以利用"chmod a+x sh01.sh; ./sh01.sh"来运行这个 script。

2．对话式脚本：变量内容由使用者决定

很多时候我们需要使用者输入一些内容，好让程序可以顺利运行。

要求：使用 read 命令编写一个 script。让用户输入 first name 与 last name 后，在屏幕上显示 "Your full name is: " 的内容：

```
[root@www scripts]# vim sh02.sh
#!/bin/bash
# Program:
#User inputs his first name and last name. Program shows his full name.
# History:
# 2012/08/23  Bobby    First release
PATH=/bin:/sbin:/usr/bin:/usr/sbin:/usr/local/bin:/usr/local/sbin:~/bin
export PATH

read -p "Please input your first name: " firstname    # 提示使用者输入
read -p "Please input your last name: " lastname      # 提示使用者输入
echo -e "\nYour full name is: $firstname $lastname"   # 结果由屏幕输出
```

3．随日期变化：利用 date 进行文件的创建

假设服务器内有数据库，数据库每天的数据都不一样，当备份数据库时，希望将每天的数据都备份成不同的文件名，这样才能够让旧的数据也能够保存下来不被覆盖。怎么办？

考虑每天的"日期"并不相同，所以可以将文件名取成类似：backup.2012-09-14.data，不就可以每天一个不同文件名了吗？确实如此。那个 2012-09-14 怎么来的？

我们看下面的例子：假设我想要创建三个空的文件（通过 touch），文件名开头由用户输入决定，假设用户输入 "filename"，而今天的日期是 2012/10/07，若想要以前天、昨天、今天的日期来创建这些文件，即 filename_20121005、filename_20121006、filename_20121007，该如何编写程序？

```
[root@www scripts]# vi sh03.sh
#!/bin/bash
# Program:
#Program creates three files, which named by user's input and date command.
# History:
# 2012/08/23  Bobby    First release
PATH=/bin:/sbin:/usr/bin:/usr/sbin:/usr/local/bin:/usr/local/sbin:~/bin
export PATH
```

```
# 让使用者输入文件名称,并取得 fileuser 这个变量;
echo -e "I will use 'touch' command to create 3 files." # 纯粹显示信息
read -p "Please input your filename: " fileuser          # 提示用户输入

# 为了避免用户随意按 Enter 键,利用变量功能分析文件名是否设置?
filename=${fileuser:-"filename"}         # 开始判断是否设置了文件名

# 开始利用 date 命令来取得所需要的文件名
date1=$(date --date='2 days ago' +%Y%m%d)    # 前两天的日期,注意+号前面有个空格
date2=$(date --date='1 days ago' +%Y%m%d)    # 前一天的日期,注意+号前面有个空格
date3=$(date +%Y%m%d)                         # 今天的日期
file1=${filename}${date1}                     # 这三行设置文件名
file2=${filename}${date2}
file3=${filename}${date3}

# 创建文件
touch "$file1"
touch "$file2"
touch "$file3"
```

分两种情况运行 sh03.sh:一次直接按 Enter 键来查看脚本的文件名;另一次可以输入一些字符,这样可以判断脚本是否设计正确。

4. 数值运算:简单的加减乘除

可以使用 declare 来定义变量的类型,利用 "$((计算式))" 来进行数值运算。不过,可惜的是,bash shell 默认仅支持到整数。下面的例子要求用户输入两个变量,然后将两个变量的内容相乘,最后输出相乘的结果。

```
[root@www scripts]# vim sh04.sh
#!/bin/bash
# Program:
#User inputs 2 integer numbers; program will cross these two numbers.
# History:
# 2012/08/23  Bobby    First release
PATH=/bin:/sbin:/usr/bin:/usr/sbin:/usr/local/bin:/usr/local/sbin:~/bin
export PATH
echo -e "You SHOULD input 2 numbers, I will cross them! \n"
read -p "first number: " firstnu
read -p "second number: " secnu
total=$(($firstnu*$secnu))
echo -e "\nThe result of $firstnu  $secnu is ==> $total"
```

在数值的运算上,我们可以使用 "declare -i total=$firstnu*$secnu",也可以使用上面的方式来表示。建议使用下面的方式进行运算:

```
var=$((运算内容))
```

不但容易记忆,而且也比较方便。因为两个小括号内可以加上空白字符。至于数值运算上的处理,则有 "+、-、*、/、%" 等,其中 "%" 是取余数。

```
[root@www scripts]# echo $((13 %3))
1
```

5. 利用 test 命令的测试功能

现在我们就利用 test 来写几个简单的例子。首先，判断一下，让读者输入一个文件名，我们判断：

- 这个文件是否存在，若不存在则给出 "Filename does not exist" 的信息，并中断程序；
- 若这个文件存在，则判断是个文件或目录，结果输出 "Filename is regular file" 或 "Filename is directory"；
- 判断一下，执行者的身份对这个文件或目录所拥有的权限，并输出权限数据。

 可以先自行创建，然后再跟下面的结果比较。注意利用 test 与 && 还有 || 等命令。

```
[root@www scripts]# vim sh05.sh
#!/bin/bash
# Program:
#     User input a filename, program will check the flowing:
#     1.) exist? 2.) file/directory? 3.) file permissions
# History:
# 2012/08/25  Bobby    First release
PATH=/bin:/sbin:/usr/bin:/usr/sbin:/usr/local/bin:/usr/local/sbin:~/bin
export PATH

# 让使用者输入文件名，并且判断使用者是否输入了字符串
echo -e "Please input a filename, I will check the filename's type and \
permission. \n\n"
read -p "Input a filename : " filename
test -z $filename && echo "You MUST input a filename." && exit 0
# 判断文件是否存在，若不存在则显示信息并结束脚本
test ! -e $filename && echo "The filename '$filename' DO NOT exist" && exit 0
# 开始判断文件类型与属性
test -f $filename && filetype="regulare file"
test -d $filename && filetype="directory"
test -r $filename && perm="readable"
test -w $filename && perm="$perm writable"
test -x $filename && perm="$perm executable"
# 开始输出信息
echo "The filename: $filename is a $filetype"
echo "And the permissions are : $perm"
```

运行这个脚本后，会依据你输入的文件名来进行检查。先看是否存在，再看是文件或是目录类型，最后判断权限。但是必须要注意的是，很多文件的权限限制对 root 用户而言都是无效的，使用 root 运行这个脚本时，常常会发现与 ls -l 查看到的结果并不相同。所以，建议使用一般用户来运行这个脚本。不过你必须使用 root 的身份先将这个脚本复制到其他用户目录下，否则一般用户无法进入 /root 目录。

6. 利用判断符号 [ ]

现在，我们使用中括号的判断来做一个小案例，案例要求如下：

- 当运行一个程序的时候，这个程序会让用户选择 Y 或 N；
- 如果用户输入 Y 或 y 时，就显示 "OK, continue"；

- 如果用户输入 n 或 N 时,就显示 " Oh, interrupt ！"
- 如果不是 Y/y/N/n 之内的其他字符,就显示 " I don't know what your choice is "。

分析：需要利用中括号、&& 与 ||。

```
[root@www scripts]# vi sh06.sh
#!/bin/bash
# Program:
#    This program shows the user's choice
# History:
# 2012/08/25  Bobby    First release
PATH=/bin:/sbin:/usr/bin:/usr/sbin:/usr/local/bin:/usr/local/sbin:~/bin
export PATH

read -p "Please input (Y/N): " yn
[ "$yn" == "Y" -o "$yn" == "y" ] && echo "OK, continue" && exit 0
[ "$yn" == "N" -o "$yn" == "n" ] && echo "Oh, interrupt!" && exit 0
echo "I don't know what your choice is" && exit 0
```

提示

由于输入正确(Yes)的方法有大小写之分,不论输入大写 Y 或小写 y 都是可以的,此时判断式内要有两个判断才行。由于是任何一个输入(大写或小写的 Y/y)成立即可,所以这里使用 –o (或)连结两个判断。

7. 单层、简单条件判断语句

if… then 是最常见的条件判断语句。简单地说,就是当符合某个条件判断的时候,就进行某项工作。if… then 的判断还有多层次的情况,我们将分别介绍。

如果你只有一个判断语句要进行,那么我们可以简单地这样做：

if [条件判断语句]; **then**
    当条件判断语句成立时,可以进行的命令工作内容；
fi   <==将 if 反过来写,就成为 fi 了,结束 if 之意。

至于条件判断语句的判断方法,与前一小节的介绍相同。较特别的是,如果有多个条件要判断时,除了 sh06.sh 那个案例所写的,也就是"将多个条件写入一个中括号内的情况"之外,还可以用多个中括号来隔开。而括号与括号之间,则以 && 或 || 来连接,其意义如下：

- && 代表 AND ；
- || 代表 or 。

所以,在使用中括号的判断式中,&& 及 || 就与命令执行的状态不同了。举例来说,sh06.sh 里面的判断式可以这样修改：

`[ "$yn" == "Y" -o "$yn" == "y" ]`

上式可替换为

`[ "$yn" == "Y" ] || [ "$yn" == "y" ]`

之所以这样改,有些是习惯问题则是喜欢一个中括号仅有一个判断式。下面我们将 sh06.sh 这个脚本修改成 if… then 的样式：

```
[root@www scripts]# cp sh06.sh sh06-2.sh  <==这样改得比较快
[root@www scripts]# vim sh06-2.sh
#!/bin/bash
# Program:
```

```
#       This program shows the user's choice
# History:
# 2012/08/25    Bobby    First release
PATH=/bin:/sbin:/usr/bin:/usr/sbin:/usr/local/bin:/usr/local/sbin:~/bin
export PATH

read -p "Please input (Y/N): " yn

if [ "$yn" == "Y" ] || [ "$yn" == "y" ]; then
    echo "OK, continue"
    exit 0
fi
if [ "$yn" == "N" ] || [ "$yn" == "n" ]; then
    echo "Oh, interrupt!"
    exit 0
fi
echo "I don't know what your choice is" && exit 0
```

sh06.sh 还算比较简单。但是如果以程序逻辑来看，在上面的范例中，我们使用了两个条件判断。明明仅有一个 $yn 的变量，为何需要进行两次比较呢？此时，最好使用多重条件判断。

8．多重、复杂条件判断式

在对同一个数据的判断中，如果该数据需要进行多种不同的判断时，应该怎么做？举例来说，上面的 sh06.sh 脚本中，我们只要进行一次 $yn 的判断（仅进行一次 if），不想做多次 if 判断。此时必须用到下面的语法：

```
# 一个条件判断，分成功进行与失败进行 (else)
if [ 条件判断式 ]; then
    当条件判断式成立时，可以进行的命令工作内容；
else
    当条件判断式不成立时，可以进行的命令工作内容；
fi
```

如果考虑更复杂的情况，则可以使用：

```
# 多个条件判断 (if… elif… elif… else) 分多种不同情况运行
if [ 条件判断式一 ]; then
    当条件判断式一成立时，可以进行的命令工作内容；
elif [ 条件判断式二 ]; then
    当条件判断式二成立时，可以进行的命令工作内容；
else
    当条件判断式一与二均不成立时，可以进行的命令工作内容；
fi
```

 elif 也是个判断式，因此出现 elif 后面都要接 then 来处理。但是 else 已经是最后的没有成立的结果了，所以 else 后面并没有 then。

我们将 sh06-2.sh 改写成这样：

```
[root@www scripts]# cp sh06-2.sh sh06-3.sh
[root@www scripts]# vi sh06-3.sh
#!/bin/bash
# Program:
#       This program shows the user's choice
```

```
# History:
# 2012/08/25    Bobby    First release
PATH=/bin:/sbin:/usr/bin:/usr/sbin:/usr/local/bin:/usr/local/sbin:~/bin
export PATH

read -p "Please input (Y/N): " yn

if [ "$yn" == "Y" ] || [ "$yn" == "y" ]; then
      echo "OK, continue"
elif [ "$yn" == "N" ] || [ "$yn" == "n" ]; then
      echo "Oh, interrupt!"
else
      echo "I don't know what your choice is"
fi
```

程序变得很简单，而且依次判断，可以避免掉重复判断的状况，这样很容易设计程序。

下面再来进行另外一个案例的设计。一般来说，如果你不希望用户由键盘输入额外的数据时，可以使用上一节提到的参数功能 ($1)，让用户在执行命令时就将参数带进去。现在我们想让用户输入 "hello" 这个关键字，利用参数的方法可以这样设计：

- 判断 $1 是否为 hello，如果是的话，就显示 "Hello, how are you ?"；
- 如果没有加任何参数，就提示用户必须要输入的参数；
- 而如果输入的参数不是 hello，就提醒用户仅能使用 hello 为参数。

整个程序是这样的：

```
[root@www scripts]# vim sh09.sh
#!/bin/bash
# Program:
#     Check $1 is equal to "hello"
# History:
# 2012/08/28    Bobby    First release
PATH=/bin:/sbin:/usr/bin:/usr/sbin:/usr/local/bin:/usr/local/sbin:~/bin
export PATH

if [ "$1" == "hello" ]; then
      echo "Hello, how are you ?"
elif [ "$1" == "" ]; then
      echo "You MUST input parameters, ex> {$0 someword}"
else
      echo "The only parameter is 'hello', ex> {$0 hello}"
fi
```

9. 利用 case ... esac 判断

假如有多个既定的变量内容，使用 case ... in ... esac 最为方便。

```
case $变量名称 in              <==关键字为 case，变量前有$符
  "第一个变量内容")            <==每个变量内容建议用双引号括起来，关键字则为小括号 )
      程序段
      ;;                      <==每个类别结尾使用两个连续的分号来处理
  "第二个变量内容")
      程序段
      ;;
  *)                          <==最后一个变量内容都会用 * 来代表所有其他值
      不包含第一个变量内容与第二个变量内容的其他程序运行段
```

```
        exit 1
        ;;
  esac              <==最终的 case 结尾。思考一下 case 反过来写是什么
```

要注意的是，这个语法以 case 开头，结尾自然就是将 case 的英文反过来写。另外，每一个变量内容的程序段最后都需要两个分号 (;;) 来代表该程序段落的结束。 至于为何需要有 * 这个变量内容在最后呢？这是因为，如果使用者不是输入变量内容一或二时，可以告诉用户相关的信息。下面是一个案例。

一般来说，如果你不希望用户由键盘输入额外的数据时，可以使用参数功能 ($1)，让用户在执行命令时就将参数带进去。现在想让用户输入 "hello" 这个关键字时，利用参数的方法可以这样依次设计：

- 判断 $1 是否为 hello，如果是的话，就显示 "Hello, how are you？"；
- 如果没有加任何参数，就提示用户必须要使用的参数；
- 而如果加入的参数不是 hello ，就提醒用户仅能使用 hello 为参数。

整个程序是这样的：

```
[root@www scripts]# vim sh09-2.sh
#!/bin/bash
# Program:
#     Show "Hello" from $1.... by using case .... esac
# History:
# 2012/08/29    Bobby       First release
PATH=/bin:/sbin:/usr/bin:/usr/sbin:/usr/local/bin:/usr/local/sbin:~/bin
export PATH

case $1 in
  "hello")
      echo "Hello, how are you ?"
      ;;
  "")
      echo "You MUST input parameters, ex> {$0 someword}"
      ;;
  *)    # 其实就相当于通配符，0~无穷多个任意字符之意
      echo "Usage $0 {hello}"
      ;;
esac
```

在上面这个 sh09-2.sh 的案例当中，如果你输入 " sh sh09-2.sh test " 来运行， 那么屏幕上就会出现 "Usage sh09-2.sh {hello}" 的字样，告诉用户仅能够使用 hello。这样的方式对于需要某些固定字符作为变量内容来执行的程序就显得更加方便。还有，系统的很多服务的启动 scripts 都是使用这种写法的。举例来说，Linux 的服务启动放置目录是在 /etc/init.d/ 当中，该目录下有个 syslog 的服务，如果想要重新启动这个服务，可以这样做：

```
/etc/init.d/syslog restart
```

重点是 restart 。如果你使用 "less /etc/init.d/syslog" 去查阅一下，就会看到它使用的是 case 语法，并且会规定某些既定的变量内容，你可以直接执行 /etc/init.d/syslog ，该 script 就会告诉你有哪些后续的变量可以使用。

一般来说，使用 "case 变量 in" 时，当中的那个 "$变量" 一般有两种取得的方式：

- 直接执行式：例如上面提到的，利用 "script.sh variable " 的方式来直接给 $1 这个变量

赋值，这也是在 /etc/init.d 目录下大多数程序的设计方式。
- 互动式：通过 read 这个命令来让用户输入变量的内容。

下面以一个例子来进一步说明：让用户能够输入 one、two、three，并且将用户的变量显示到屏幕上，如果不是 one、two、three 时，就告诉用户仅有这三种选择。

```
[root@www scripts]# vim sh12.sh
#!/bin/bash
# Program:
#     This script only accepts the flowing parameter: one, two or three.
# History:
# 2012/08/29    Bobby       First release
PATH=/bin:/sbin:/usr/bin:/usr/sbin:/usr/local/bin:/usr/local/sbin:~/bin
export PATH

echo "This program will print your selection !"
# read -p "Input your choice: " choice      # 暂时注释，可以替换
# case $choice in                            # 暂时注释，可以替换
case $1 in                                   # 现在使用，可以用上面两行替换
  "one")
      echo "Your choice is ONE"
      ;;
  "two")
      echo "Your choice is TWO"
      ;;
  "three")
      echo "Your choice is THREE"
      ;;
  *)
      echo "Usage $0 {one|two|three}"
      ;;
esac
```

此时，你可以使用 " sh sh12.sh two " 的方式来执行命令。上面使用的是直接执行的方式，而如果使用互动式时，那么将上面第 10, 11 行的 "#" 去掉，并将 12 行加上注释 (#)，就可以让用户输入参数了。

10. 利用 function 功能

什么是"函数（function）"功能？简单地说，函数可以在 shell script 当中做出一个类似自定义执行命令的东西，最大的功能是，可以简化很多的程序代码。举例来说，上面的 sh12.sh 当中，每个输入结果 one、two、three 其实输出的内容都一样，那么就可以使用 function 来简化程序。function 的语法如下所示：

```
function fname() {
     程序段
}
```

fname 就是自定义的函数名称，而程序段就是要其执行的内容。要注意的是，因为 shell script 的运行方式是由上而下、由左而右，因此在 shell script 当中的 function 的设置一定要在程序的最前面，这样才能够在运行时被找到。将 sh12.sh 改写一下，自定义一个名为 printit 的函数：

```
[root@www scripts]# vim sh12-2.sh
#!/bin/bash
```

```
# Program:
#       Use function to repeat information.
# History:
# 2012/08/29    Bobby       First release
PATH=/bin:/sbin:/usr/bin:/usr/sbin:/usr/local/bin:/usr/local/sbin:~/bin
export PATH

function printit(){
    echo -n "Your choice is "      # 加上 -n 可以不断行继续在同一行显示
}

echo "This program will print your selection !"
case $1 in
  "one")
    printit; echo $1 | tr 'a-z' 'A-Z'    # 将参数做大小写转换
    ;;
  "two")
    printit; echo $1 | tr 'a-z' 'A-Z'
    ;;
  "three")
    printit; echo $1 | tr 'a-z' 'A-Z'
    ;;
  *)
    echo "Usage $0 {one|two|three}"
    ;;
esac
```

以上面的例子来说，定义了一个函数 printit 。所以，在后续的程序段里面，只要运行 printit, 就表示 shell script 要去执行"function printit ...."里面的那几个程序段。当然，上面这个例子举得太简单了，所以你不会觉得 function 有什么大作用。不过，如果某些程序代码多次在 script 当中重复时，function 就非常重要了，不但可以简化程序代码，而且可以做成类似"模块"的函数段。

建议读者可以使用类似 vim 的编辑器到 /etc/init.d/ 目录下去查阅一下所看到的文件，并且自行追踪一下每个文件的执行情况，相信会有许多心得。

另外，function 也是拥有内置变量的。它的内置变量与 shell script 很类似，函数名称用$0代表，而后续接的变量是以 $1, $2... 来取代的。

"function fname() { 程序段 }"内的 $0, $1... 等与 shell script 的 $0 是不同的。以上面 sh12-2.sh 来说，假如执行"sh sh12-2.sh one"，这表示在 shell script 内的 $1 为 "one" 这个字符。但是在 printit() 内的 $1 则与这个 one 无关。

将上面的例子再次改写一下：

```
[root@www scripts]# vim sh12-3.sh
#!/bin/bash
# Program:
#       Use function to repeat information.
```

```
# History:
# 2012/08/29   Bobby    First release
PATH=/bin:/sbin:/usr/bin:/usr/sbin:/usr/local/bin:/usr/local/sbin:~/bin
export PATH

function printit(){
    echo "Your choice is $1"    # 这个 $1 必须参考下面程序的实现
}

echo "This program will print your selection !"
case $1 in
  "one")
       printit 1                # 请注意，printit 命令后面还有参数
       ;;
  "two")
       printit 2
       ;;
  "three")
       printit 3
  ;;
  *)
       echo "Usage $0 {one|two|three}"
       ;;
esac
```

在上面的例子当中，如果你输入"sh sh12-3.sh one"就会出现"Your choice is 1"的字样。为什么是 1 呢？因为在程序段落当中，写了"printit 1"，那个 1 就会成为 function 当中的 $1。function 本身比较复杂，在这了解原理就可以了。

11. while do done, until do done（不定循环）

一般来说，不定循环最常见的就是底下这两种状态了。

```
while [ condition ]      <==中括号内的状态就是判断语句
do                       <==do 是循环的开始!
      程序段落
done                     <==done 是循环的结束
```

while 的中文是"当....时"，所以，这种方式说的是"当 condition 条件成立时，就进行循环，直到 condition 的条件不成立才停止"的意思。还有另外一种不定循环的方式：

```
until [ condition ]
do
      程序段落
done
```

这种方式恰恰与 while 相反，它说的是当 condition 条件成立时，就终止循环，否则就持续运行循环的程序段。以 while 来做个简单的练习。假设要让用户输入 yes 或者是 YES 才结束程序的运行，否则就一直运行并提示用户输入字符。

```
[root@www scripts]# vim sh13.sh
#!/bin/bash
# Program:
#     Repeat question until user input correct answer.
# History:
# 2012/08/29   Bobby    First release
PATH=/bin:/sbin:/usr/bin:/usr/sbin:/usr/local/bin:/usr/local/sbin:~/bin
```

```
export PATH

while [ "$yn" != "yes" -a "$yn" != "YES" ]
do
        read -p "Please input yes/YES to stop this program: " yn
done
echo "OK! you input the correct answer."
```

上面这个例题的说明"当 $yn 这个变量不是 "yes" 且 $yn 也不是 "YES" 时, 才进行循环内的程序。"而如果 $yn 是 "yes" 或 "YES" 时, 就会离开循环。那如果使用 until 呢?

```
[root@www scripts]# vim sh13-2.sh
#!/bin/bash
# Program:
#       Repeat question until user input correct answer.
# History:
# 2005/08/29    Bobby       First release
PATH=/bin:/sbin:/usr/bin:/usr/sbin:/usr/local/bin:/usr/local/sbin:~/bin
export PATH

until [ "$yn" == "yes" -o "$yn" == "YES" ]
do
        read -p "Please input yes/YES to stop this program: " yn
done
echo "OK! you input the correct answer."
```

提醒: 仔细比较这两个程序的不同。

如果想要计算 1+2+3+....+100 的值。利用循环,可以这样写程序:

```
[root@www scripts]# vim sh14.sh
#!/bin/bash
# Program:
#       Use loop to calculate "1+2+3+...+100" result.
# History:
# 2005/08/29    Bobby       First release
PATH=/bin:/sbin:/usr/bin:/usr/sbin:/usr/local/bin:/usr/local/sbin:~/bin
export PATH

s=0                             # 这是累加的数值变量
i=0                             # 这是累计的数值,即1, 2, 3....
while [ "$i" != "100" ]
do
        i=$(($i+1))             # 每次 i 都会添加 1
        s=$(($s+$i))            # 每次都会累加一次
done
echo "The result of '1+2+3+...+100' is ==> $s"
```

当你运行了" sh sh14.sh "之后, 就可以得到 5050 这个数字。

如果想要让用户自行输入一个数字, 让程序由 1+2+…直到你输入的数字为止, 该如何编写呢?

12. For...do...done（固定循环）

while、until 的循环方式必须要存在符合某个条件的状态，而 for 这种语法则是已经知道要进行几次循环的状态。语法如下所示：

```
for var in con1 con2 con3 ...
do
        程序段
done
```

以上面的例子来说，这个 $var 的变量内容在循环工作时：

- 第一次循环时， $var 的内容为 con1 ；
- 第二次循环时， $var 的内容为 con2 ；
- 第三次循环时， $var 的内容为 con3 ；
- ......

可以做个简单的练习。假设有三种动物，分别是 dog、cat、elephant，如果每一行都按 "There are dogs..." 之类的样式输出，则可以如此编写程序：

```
[root@www scripts]# vim sh15.sh
#!/bin/bash
# Program:
#       Using for .... loop to print 3 animals
# History:
# 2012/08/29    Bobby    First release
PATH=/bin:/sbin:/usr/bin:/usr/sbin:/usr/local/bin:/usr/local/sbin:~/bin
export PATH

for animal in dog cat elephant
do
        echo "There are ${animal}s.... "
done
```

现在让我们来尝试使用判断语句加上循环的功能编写程序。如果想要让用户输入某个目录名，然后查看该目录内文件的权限，该如何做呢？程序如下：

```
[root@www scripts]# vim sh18.sh
#!/bin/bash
# Program:
#       User input dir name, I find the permission of files.
# History:
# 2012/08/29    Bobby    First release
PATH=/bin:/sbin:/usr/bin:/usr/sbin:/usr/local/bin:/usr/local/sbin:~/bin
export PATH

# 先查看这个目录是否存在
read -p "Please input a directory: " dir
if [ "$dir" == "" -o ! -d "$dir" ]; then
        echo "The $dir is NOT exist in your system."
        exit 1
fi

# 开始测试文件
filelist=$(ls $dir)                    # 列出所有在该目录下的文件名称
for filename in $filelist
do
```

```
        perm=""
        test -r "$dir/$filename" && perm="$perm readable"
        test -w "$dir/$filename" && perm="$perm writable"
        test -x "$dir/$filename" && perm="$perm executable"
        echo "The file $dir/$filename's permission is $perm "
done
```

13. for...do...done 的数值处理

除了上述的方法之外,for 循环还有另一种写法。语法如下:

```
for (( 初始值; 限制值; 执行步长 ))
do
    程序段
done
```

这种语法适合于数值方式的运算,在 for 后面的括号内的参数的意义如下。

- 初始值:某个变量在循环当中的起始值,直接以类似 i=1 设置好。
- 限制值:当变量的值在这个限制值的范围内,就继续进行循环。例如 i<=100。
- 执行步长:每作一次循环时,变量的变化量。例如 i=i+1,步长为 1。

在"执行步长"的设置上,如果每次增加 1,则可以使用类似"i++"的方式。下面我们以这种方式来进行从 1 累加到用户输入的数值的循环示例。

```
[root@www scripts]# vim sh19.sh
#!/bin/bash
# Program:
#       Try do calculate 1+2+....+${your_input}
# History:
# 2012/08/29    Bobby       First release
PATH=/bin:/sbin:/usr/bin:/usr/sbin:/usr/local/bin:/usr/local/sbin:~/bin
export PATH

read -p "Please input a number, I will count for 1+2+...+your_input: " nu

s=0
for (( i=1; i<=$nu; i=i+1 ))
do
 s=$(($s+$i))
done
echo "The result of '1+2+3+...+$nu' is ==> $s"
```

14. 对 shell script 进行追踪与调试

script 在运行之前,最怕的就是出现语法错误。那么如何调试呢?有没有办法不需要通过直接运行该 script 就可以来判断是否有问题呢?当然是有的,直接以 bash 的相关参数来进行判断。

```
[root@www ~]# sh [-nvx] scripts.sh
```

选项与参数:
-n :不要执行 script,仅查询语法的问题。
-v :在执行 script 前,先将 script 的内容输出到屏幕上。
-x :将使用到的 script 内容显示到屏幕上。

范例1：测试 sh16.sh 有无语法的问题。

```
[root@www ~]# sh -n sh16.sh
# 若语法没有问题，则不会显示任何信息
```

范例2：将 sh15.sh 的运行过程全部列出来。

```
[root@www ~]# sh -x sh15.sh
+ PATH=/bin:/sbin:/usr/bin:/usr/sbin:/usr/local/bin:/usr/local/sbin:/root/bin
+ export PATH
+ for animal in dog cat elephant
+ echo 'There are dogs.... '
There are dogs....
+ for animal in dog cat elephant
+ echo 'There are cats.... '
There are cats....
+ for animal in dog cat elephant
+ echo 'There are elephants.... '
There are elephants....
```

注意
　　上面范例2中执行的结果并不会有颜色的显示。为了方便说明，所以在 + 号之后的数据都加深了。在输出的信息中，在加号后面的数据其实都是命令串，使用 sh -x 的方式来将命令执行过程也显示出来，用户可以判断程序代码执行到哪一段时会出现哪些相关的信息。通过显示完整的命令串，你就能够依据输出的错误信息来订正你的脚本了。

4.3.5 自主练习题

1. 创建一个 script，当你运行该 script 的时候，该 script 可以显示：① 你目前的身份（用 whoami）；② 你目前所在的目录（用 pwd）。

2. 自行创建一个程序，该程序可以用来计算"距你的生日还有几天"。

3. 让用户输入一个数字，程序可以由 1+2+3... 一直累加到用户输入的数字为止。

4. 撰写一个程序，其作用是：① 先查看一下 /root/test/logical 这个名称是否存在；② 若不存在，则创建一个文件，使用 touch 来创建，创建完成后离开；③ 如果存在的话，判断该名称是否为文件，若为文件则将之删除后创建一个目录，文件名为 logical，之后离开；④ 如果存在的话，而且该名称为目录，则移除此目录。

5. 我们知道/etc/passwd 里面以：来分隔，第一栏为账号名称。请写一个程序，可以将/etc/passwd 的第一栏取出，而且每一栏都以一行字串 "The 1 account is "root" " 来显示，那个 1 表示行数。

4.3.6 自主练习题参考答案
参见光盘。

4.3.7 实训报告要求

● 参考 2.1.6 小节，按要求完成实训报告。

4.4 使用 gcc 和 make 调试程序

4.4.1 实训目的

- 理解程序调试。
- 掌握利用 gcc 进行调试。
- 掌握使用 make 编译的方法。

4.4.2 实训内容

练习 gcc 和 make 编译。

4.4.3 实训准备

1. 认识 gcc

GCC（GNU Compiler Collection，GNU 编译器集合），是一套由 GNU 开发的编程语言编译器。它是一套 GNU 编译器套装。以 GPL 许可证所发行的自由软件，也是 GNU 计划的关键部分。GCC 原本作为 GNU 操作系统的官方编译器，现已被大多数类 UNIX 操作系统（如 Linux、BSD、Mac OS X 等）采纳为标准的编译器，GCC 同样适用于微软的 Windows。GCC 是自由软件发展过程中的著名例子，由自由软件基金会以 GPL 协议发布。

GCC 原名为 GNU C 语言编译器（GNU C Compiler），因为它原本只能处理 C 语言。但 GCC 后来得到扩展，变得既可以处理 C++，又可以处理 Fortran、Pascal、Objective-C、Java，以及 Ada 与其他语言。

2. 安装 gcc

（1）检查是否已经安装 gcc。

```
[root@ rhel5 ~]# rpm -qa|grep gcc
compat-libgcc-296-2.96-138
libgcc-4.1.2-46.el5
gcc-4.1.2-46.el5
gcc-c++-4.1.2-46.el5
```

表示已经安装了 gcc。

（2）如果没有安装。

① 挂载光驱（第二张光盘）。

- 将 iso 文件加载到光驱。
- 创建挂载点。

```
[root@ rhel5 ~]# mkdir /mnt/mycdrom
```

- 挂载光驱。

```
[root@rhel5 ~]# mount /dev/cdrom /mnt/mycdrom
```

② 改变路径到光盘的 Server 目录。

```
[root@ rhel5 ~]# cd /mnt/mycdrom/Server
```

③ 按顺序安装以下包就可以完成 gcc 的安装了。

```
[root@rhel5 Server]# rpm -ivh kernel-headers-2.6.18-155.el5.i386.rpm
[root@rhel5 Server]# rpm -ivh glibc-headers-2.5-38.i386.rpm
```

```
[root@rhel5 Server]# rpm  -ivh  glibc-devel-2.5-38.i386.rpm
[root@rhel5 Server]# rpm  -ivh  libgomp-4.4.0-6.el5.i386.rpm
[root@rhel5 Server]# rpm  -ivh  gcc-4.1.2-46.el5.i386.rpm
[root@rhel5 Server]# rpm  -ivh  libstdc++-devel-4.1.2-46.el5.i386.rpm
[root@rhel5 Server]# rpm  -ivh  gcc-c++-4.1.2-46.el5.i386.rpm
```

4.4.4 实训步骤

1. 单一程序：打印 Hello World

以 Linux 上面最常见的 C 语言来撰写第一个程序。第一个程序最常见的就是在屏幕上面打印 "Hello World"。如果你对 C 语言有兴趣，那么请自行查阅相关的书籍，本书只举简单的例子。

 请先确认你的 Linux 系统里面已经安装了 gcc。如果尚未安装，请先使用 RPM 安装好 gcc 之后再继续下面的内容。

（1）编辑程序代码，即源码。

```
[root@www ~]# vim  hello.c      <==用 C 语言写的程序扩展名建议用.c
#include <stdio.h>
int main(void)
{
     printf("Hello World\n");
}
```

上面是用 C 语言的语法写成的一个程序文件。第一行的那个"#"并不是注解。

（2）开始编译与测试运行。

```
[root@www ~]# gcc hello.c
[root@www ~]# ll hello.c a.out
-rwxr-xr-x 1 root root 4725 Jun  5 02:41 a.out   <==此时会生成这个文件名
-rw-r--r-- 1 root root   72 Jun  5 02:40 hello.c
[root@www ~]# ./a.out
Hello World     <==输出结果
```

在默认的状态下，如果直接以 gcc 编译源码，并且没有加上任何参数，则生成的执行文件的文件名会被自动设置为 a.out。所以你就能够直接执行 ./a.out 这个执行文件。

上面的例子很简单。那个 hello.c 就是源码，而 gcc 就是编译器，至于 a.out 就是编译成功的可执行文件。但如果想要生成目标文件 (object file) 来进行其他的操作，而且执行文件的文件名也不要用默认的 a.out，那该如何做呢？其实你可以将上面的第 2 个步骤改成下面这样：

```
[root@www ~]# gcc -c hello.c
[root@www ~]# ll hello*
-rw-r--r-- 1 root root  72 Jun  5 02:40 hello.c
-rw-r--r-- 1 root root 868 Jun  5 02:44 hello.o  <==这就是生成的目标文件

[root@www ~]# gcc -o hello hello.o
[root@www ~]# ll hello*
-rwxr-xr-x 1 root root 4725 Jun  5 02:47 hello   <==这就是可执行文件（-o 的结果）
-rw-r--r--   1 root root   72 Jun  5 02:40 hello.c
-rw-r--r-- 1 root root  868 Jun  5 02:44 hello.o

[root@www ~]# ./hello
Hello World
```

这个步骤主要是利用 hello.o 这个目标文件生成一个名为 hello 的执行文件，详细的 gcc 语法会在后续继续介绍。通过这个操作，可以得到 hello 及 hello.o 两个文件，真正可以执行的是 hello 这个二进制文件（binary program）。（该源码程序在光盘中）

2．主程序、子程序链接、子程序的编译

如果在一个主程序里面又调用了另一个子程序呢？这是很常见的一个程序写法，因为可以简化整个程序的易读性。在下面的例子当中，以 thanks.c 这个主程序去调用 thanks_2.c 这个子程序，写法很简单。

（1）编写所需要的主程序、子程序。

```
[root@www ~]# vim thanks.c
#include <stdio.h>
int main(void)
{
        printf("Hello World\n");
        thanks_2();
}
# 上面的 thanks_2();那一行就是调用子程序！

[root@www ~]# vim thanks_2.c
#include <stdio.h>
void thanks_2(void)
{
        printf("Thank you!\n");
}
```

（2）进行程序的编译与链接（Link）。

① 开始将源码编译成为可执行的 binary file。

```
[root@www ~]# gcc -c thanks.c thanks_2.c
[root@www ~]# ll thanks*
-rw-r--r-- 1 root root  76 Jun  5 16:13 thanks_2.c
-rw-r--r-- 1 root root 856 Jun  5 16:13 thanks_2.o   <==编译生成的目标文件！
-rw-r--r-- 1 root root  92 Jun  5 16:11 thanks.c
-rw-r--r-- 1 root root 908 Jun  5 16:13 thanks.o     <==编译生成的目标文件！
[root@www ~]# gcc -o thanks thanks.o thanks_2.o
[root@www ~]# ll thanks*
-rwxr-xr-x 1 root root 4870 Jun  5 16:17 thanks       <==最终结果会生成可执行文件
```

② 执行可执行文件。

```
[root@www ~]# ./thanks
Hello World
Thank you!
```

知道为什么要制作出目标文件了吗？由于我们的源码文件有时并非只有一个文件，所以无法直接进行编译。这个时候就需要先生成目标文件，然后再以链接制作成为 binary 可执行文件。另外，如果有一天，你升级了 thanks_2.c 这个文件的内容，则你只要重新编译 thanks_2.c 来产生新的 thanks_2.o，然后再以链接制作出新的 binary 可执行文件，而不必重新编译其他没有改动过的源码文件。这对于软件开发者来说，是一个很重要的功能，因为有时候要将偌大的源码全部编译完成，会花很长的一段时间。

此外，如果你想要让程序在运行的时候具有比较好的性能或其他调试功能，可以在编译的过程中加入适当的参数，例如下面的例子：

```
[root@www ~]# gcc -O -c thanks.c thanks_2.c   <== -O 为生成优化的参数
[root@www ~]# gcc -Wall -c thanks.c thanks_2.c
thanks.c: In function 'main':
thanks.c:5: warning: implicit declaration of function 'thanks_2'
thanks.c:6: warning: control reaches end of non-void function
# -Wall 为产生更详细的编译过程信息。上面的信息为警告信息 (warning)
# 所以不用理会也没有关系
```

至于更多的 gcc 额外参数功能，请使用 man gcc 查看学习。

3. 调用外部函数库：加入链接的函数库

刚刚只是在屏幕上面打印出一些文字，如果说要计算数学公式该怎么办呢？例如想要计算出三角函数里面的 sin（90°）。要注意的是，大多数的程序语言都是使用弧度而不是"角度"，180 度等于 3.14 弧度。我们来写一个程序：

```
[root@www ~]# vim sin.c
#include <stdio.h>
int main(void)
{
        float value;
        value = sin ( 3.14 / 2 );
        printf("%f\n",value);
}
```

那要如何编译这个程序呢？先直接编译：

```
[root@www ~]# gcc sin.c
sin.c: In function 'main':
sin.c:5: warning: incompatible implicit declaration of built-in function 'sin'
/tmp/ccsfvijY.o: In function 'main':
sin.c:(.text+0x1b): undefined reference to `sin'
collect2: ld returned 1 exit status
# 注意看上面最后两行，有个错误信息，代表没有成功！
```

怎么没有编译成功？它说 "undefined reference to sin"，意思是"没有定义 sin 的相关引用"，为什么会这样呢？这是因为 C 语言里面的 sin 函数是写在 libm.so 这个函数库中，而我们并没有在源码里面将这个函数库功能加进去。可以这样更正：编译时加入额外函数库链接。

```
[root@www ~]# gcc sin.c -lm -L/lib -L/usr/lib    <==重点在 -lm
[root@www ~]# ./a.out                             <==尝试执行新文件
1.000000
```

特别注意，使用 gcc 编译时所加入的那个 -lm 是有意义的，可以拆成两部分来分析。

- -l ：是加入某个函数库（library）的意思。
- m ：则是 libm.so 这个函数库，其中，lib 与扩展名（.a 或 .so）不需要写。

所以 -lm 表示使用 libm.so （或 libm.a）这个函数库的意思。至于那个 -L 后面接的路径呢？这表示我需要的函数库 libm.so 请到 /lib 或 /usr/lib 里面寻找。

由于 Linux 默认是将函数库放置在 /lib 与 /usr/lib 当中，所以你没有写 –L/lib 与 –L/usr/lib 也没有关系。不过，万一哪天你使用的函数库并非放置在这两个目录下，那么 –L/path 就很重要了，否则会找不到函数库的。

除了链接的函数库之外，你或许已经发现一个奇怪的地方，那就是在我们的 sin.c 当中第一行"#include <stdio.h>"，这行说明的是要将一些预定义数据由 stdio.h 这个文件读入，这包括 printf 的相关设置。这些内容其实是放置在 /usr/include/stdio.h 的。那么万一这个文件并非放置在这里呢？那么我们就可以使用下面的方式来定义要读取的 include 文件目录。

```
[root@www ~]# gcc sin.c -lm -I/usr/include
```

-I/path 后面接的路径（Path）就是设置要去寻找相关的 include 文件的目录。不过，同样，默认值是放置在 /usr/include 下面，除非你的 include 文件放置在其他路径，否则也可以略过这个选项。

4．gcc 的简易用法（编译、参数与链接）

前面说过，gcc 是 Linux 上面最标准的编译器，这个 gcc 是由 GNU 计划所维护的，有兴趣的读者请参考相关资料。既然 gcc 对于 Linux 上的软件开源这样重要，那么下面我们就练习几个 gcc 常见的参数。

```
# 仅将原始码编译成为目标文件，并不进行链接
[root@www ~]# gcc -c hello.c
# 会自动生成 hello.o 这个文件，但是并不会生成 binary 执行文件
```

```
# 在编译的时候，依据作业环境给予性能优化
[root@www ~]# gcc -O hello.c -c
# 会自动生成 hello.o 这个文件，并且进行优化
```

```
# 在进行 binary file 制作时，将链接的函数库与相关的路径填入
[root@www ~]# gcc sin.c -lm -L/usr/lib -I/usr/include
# 在最终链接成 binary file 的时候这个命令较常执行
# -lm 指的是 libm.so 或 libm.a 这个函数库文件
# -L 后面接的路径是刚刚上面那个函数库的搜索目录
# -I 后面接的是源码内的 include 文件的所在目录
```

```
# 将编译的结果生成某个特定文件
[root@www ~]# gcc -o hello hello.c
# -o 后面接的是要输出的 binary file 文件名
```

```
# 在编译的时候，输出较多的信息说明
[root@www ~]# gcc -o hello hello.c -Wall
# 加入 -Wall 之后，程序的编译会变得较为严谨一点，所以警告信息也会显示出来
```

我们通常称 -Wall 或者 -O 这些非必要的参数为标志（FLAGS），因为我们使用的是 C 程序语言，所以有时候也会简称这些标志为 CFLAGS，这些变量偶尔会被使用，尤其会在后面介绍的 make 相关用法中。

5．使用 make 进行宏编译

make 的功能是可以简化编译过程里面所下达的命令，同时还具有很多很方便的功能。那么下面我们就来使用 make 简化执行编译命令的流程。

先来想象一个案例，假设我的执行文件里面包含了 4 个源码文件，分别是 main.c、haha.c、

sin_value.c 和 cos_value.c，这 4 个文件的功能如下所示。
- main.c ：主要的目的是让用户输入角度数据与调用其他 3 个子程序。
- haha.c ：输出一堆信息。
- sin_value.c ：计算用户输入的角度（360）正弦数值。
- cos_value.c ：计算用户输入的角度（360）余弦数值。

 这四个文件在光盘中。

由于这四个文件具有相关性，并且还用到数学函数式，所以如果想要让这个程序可以运行，那么就需要进行编译。

① 先进行目标文件的编译，最终会有四个 *.o 的文件名出现。

```
[root@www ~]# gcc -c main.c
[root@www ~]# gcc -c haha.c
[root@www ~]# gcc -c sin_value.c
[root@www ~]# gcc -c cos_value.c
```

② 再链接形成可执行文件 main，并加入 libm 的数学函数，以生成 main 可执行文件。

```
[root@www ~]# gcc -o main main.o haha.o sin_value.o cos_value.o \
-lm -L/usr/lib -L/lib
```

③ 本程序的运行结果，必须输入姓名、以角度制计量的角度值来计算。

```
[root@www ~]# ./main
Please input your name: Bobby     <==这里先输入名字
Please enter the degree angle (ex> 90): 30    <==输入以角度制计量为主的角度
Hi, Dear Bobby, nice to meet you.    <==这三行为输出的结果
The Sin is: 0.50
The Cos is: 0.87
```

编译的过程需要进行许多操作。而且如果要重新编译，则上述的流程得要重新重复一遍，光是找出这些命令就够烦人的了。如果可以的话，能不能一个步骤就全部完成上面所有的操作呢？那就是利用 make 这个工具。先试着在这个目录下创建一个名为 makefile 的文件，代码如下。

```
# 先编辑 makefile 这个规则文件，内容是制作出 main 这个可执行文件
[root@www ~]# vim makefile
main: main.o haha.o sin_value.o cos_value.o
        gcc -o main main.o haha.o sin_value.o cos_value.o -lm
# 注意：第二行的 gcc 之前是 Tab 按键产生的空格

#. 尝试使用 makefile 制订的规则进行编译
[root@www ~]# rm -f main *.o    <==先将之前的目标文件删除
[root@www ~]# make
cc   -c -o main.o main.c
cc   -c -o haha.o haha.c
cc   -c -o sin_value.o sin_value.c
cc   -c -o cos_value.o cos_value.c
gcc -o main main.o haha.o sin_value.o cos_value.o -lm
# 此时 make 会去读取 makefile 的内容，并根据内容直接去编译相关的文件
```

```
# 在不删除任何文件的情况下，重新运行一次编译的动作
[root@www ~]# make
make: 'main' is up to date.
```

6. 了解 makefile 的基本语法与变量

make 的语法可是相当多而复杂的，有兴趣的话可以到 GNU 去查阅相关的说明，这里仅列出一些基本的守则的：

目标(target)：目标文件1 目标文件2
<tab>   **gcc -o** 欲创建的可执行文件 目标文件1 目标文件2

目标（target）就是我们想要创建的程序，而目标文件就是具有相关性的 object files，那创建可执行文件的语法就是以 Tab 按键开头的那一行，要特别留意，命令行必须要以 Tab 按键作为开头才行。语法规则如下：

- 在 makefile 当中的 # 代表注解；
- Tab 需要在命令行（例如 gcc 这个编译器命令）的第一个字节；
- 目标（target）与相关文件（就是目标文件）之间需以 ":" 隔开。

同样的，我们以刚刚上一个小节的范例进一步说明，如果想要有两个以上的操作时，例如执行一个命令就直接清除掉所有的目标文件与可执行文件，那该如何制作 makefile 文件呢？

```
# 先编辑 makefile 来建立新的规则，此规则的目标名称为 clean
[root@www ~]# vim makefile
main: main.o haha.o sin_value.o cos_value.o
     gcc -o main main.o haha.o sin_value.o cos_value.o -lm
clean:
     rm -f main main.o haha.o sin_value.o cos_value.o
# 以新的目标 (clean) 测试，查看执行 make 的结果
[root@www ~]# make clean    <==命令通过 make clean
rm -rf main main.o haha.o sin_value.o cos_value.o
```

如此一来，我们的 makefile 里面就具有至少两个目标，分别是 main 与 clean，如果我们想要创建 main 的话，输入 "make main"，如果想要清除以前生成的信息，输入 "make clean" 即可。而如果想要先清除目标文件再编译 main 这个程序，就可以这样输入："make clean main"，如下所示：

```
[root@www ~]# make clean main
rm -rf main main.o haha.o sin_value.o cos_value.o
cc    -c -o main.o main.c
cc    -c -o haha.o haha.c
cc    -c -o sin_value.o sin_value.c
cc    -c -o cos_value.o cos_value.c
gcc -o main main.o haha.o sin_value.o cos_value.o -lm
```

不过，makefile 里面重复的数据还是有点多。我们可以再通过 shell script 的 "变量" 来简化 makefile：

```
[root@www ~]# vim makefile
LIBS = -lm
OBJS = main.o haha.o sin_value.o cos_value.o
main: ${OBJS}
     gcc -o main ${OBJS} ${LIBS}
clean:
        rm -f main ${OBJS}
```

与 bash shell script 的语法有点不太相同，变量的基本语法如下。
- 变量与变量内容以 "=" 隔开，同时两边可以有空格。
- 变量左边不可以有 <tab>，例如上面范例的第一行 LIBS 左边不可以是 <tab>。
- 变量与变量内容在 "=" 两边不能有 ":"。
- 习惯上，变量最好是以 "大写字母" 为主。
- 使用变量时，使用 ${变量} 或 $(变量)。
- 该 shell 的环境变量是可以被套用的，例如提到的 CFLAGS 这个变量。
- 在命令行模式也可以定义变量。

由于 gcc 在进行编译时，会主动地去读取 CFLAGS 这个环境变量，所以，你可以直接在 shell 定义这个环境变量，也可以在 makefile 文件里面去定义，或者在命令行当中定义。例如：

```
[root@www ~]# CFLAGS="-Wall" make clean main
# 这个操作在 make 上进行编译时，会取用 CFLAGS 的变量内容
```

也可以这样：

```
[root@www ~]# vim makefile
LIBS = -lm
OBJS = main.o haha.o sin_value.o cos_value.o
CFLAGS = -Wall
main: ${OBJS}
        gcc -o main ${OBJS} ${LIBS}
clean:
        rm -f main ${OBJS}
```

可以利用命令行进行环境变量的输入，也可以在文件内直接指定环境变量。但万一这个 CFLAGS 的内容在命令行与 makefile 里面并不相同，以哪个方式的输入为主呢？环境变量使用的规则是这样的：

- make 命令行后面加上的环境变量优先；
- makefile 里面指定的环境变量第二；
- shell 原本具有的环境变量第三。

此外，还有一些特殊的变量需要了解。$@代表目前的目标（target）。

所以也可以将 makefile 改成：

```
[root@www ~]# vim makefile
LIBS = -lm
OBJS = main.o haha.o sin_value.o cos_value.o
CFLAGS = -Wall
main: ${OBJS}
        gcc -o $@ ${OBJS} ${LIBS}    <==那个 $@ 就是 main
clean:
        rm -f main ${OBJS}
```

4.4.5 实训报告要求

- 参考 2.1.6 小节，按要求完成实训报告。

PART 5 第 5 篇 常用网络服务

Linux 操作系统的全称是 GNU/Linux，它是由 GNU 和 Linux 内核两个部分共同组成的一个操作系统。

作为桌面操作系统，Linux 的人机界面并不友好。但是，作为服务器操作系统，其易用性（对于 NOS 而言）和高性能恐怕是很难有别的系统能超过它的。Linux 以它的高效性和灵活性著称，能够在个人计算机上实现全部的 UNIX 特性，具有多任务、多用户的能力。Linux 可在 GNU 公共许可权限下免费获得，是一个符合 POSIX 标准的操作系统。Linux 操作系统软件包不仅包括完整的 Linux 操作系统，而且还包括文本编辑器、高级语言编译器等应用软件。因此 Linux 服务器现已在众多单位的许多关键领域中得到应用，例如，网络服务器、邮件服务器、解析服务器等。并且，随着 Linux 操作系统的广泛应用，对 Linux 人才的需求也悄然热了起来。

本章的主要内容涵盖了 DHCP 服务、DNS 服务、NFS 服务、samba 服务、Web 服务、电子邮件服务、FTP 服务等服务涉及的服务器的搭建。

5.1 配置与管理 samba 服务器

5.1.1 实训目的

掌握 samba 服务器的安装、配置与调试。

5.1.2 实训内容

- 建立和配置 samba 服务器。
- 在 Linux 与 Windows 的用户之间建立映射。
- 建立共享目录并设置权限。
- 使用共享资源。

5.1.3 实训环境及要求

对于一个完整的计算机网络，不仅有 Linux 网络服务器，也会有 Windows Server 网络服务器；不仅有 Linux 工作站，也会有 Windows 工作站。利用 samba 服务可以实现 Linux 系统和 Microsoft 公司的 Windows 系统之间的资源共享，包括但不限于文件和打印共享。

在进行本单元的教学与实验前,需要做好如下准备。
(1)已经安装好 RHEL 5 的服务器。
(2)RHEL 5 安装光盘或 ISO 镜像文件。
(3)Linux 工作站。
(4)Windows 工作站。
(5)VMware 10.0.1 虚拟机软件。以上环境可以用虚拟机实现。

5.1.4 实训步骤

1. 安装 samba 服务

建议在安装 samba 服务之前,使用 rpm -qa |grep samba 命令检测系统是否安装了 samba 相关性软件包:

[root@rhel5 ~]#**rpm -qa |grep samba**

如果系统还没有安装 samba 软件包,我们可以使用 yum 命令安装所需软件包。

① 挂载 ISO 安装镜像。

//挂载光盘到 /iso 下
[root@rhel5 ~]# **mkdir /iso**
[root@rhel5 ~]# **mount /dev/cdrom /iso**

② 制作用于安装的 yum 源文件。

[root@rhel5 ~]# **vim /etc/yum.repos.d/dvd.repo**

dvd.repo 文件的内容如下:

```
# /etc/yum.repos.d/dvd.repo
# or for ONLY the media repo, do this:
# yum --disablerepo=\* --enablerepo=c6-media [command]
[dvd]
name=dvd
baseurl=file:///iso/Server          //特别注意本地源文件的表示,3 个 "/"。
gpgcheck=0
enabled=1
```

③ 使用 yum 命令查看 samba 软件包的信息,如图 5-1 所示。(版本信息可能与图示不一致)

[root@rhel5 ~]# **yum info samba**

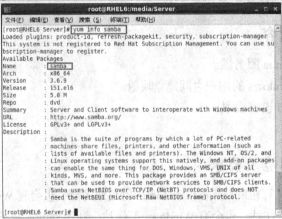

图 5-1 使用 yum 命令查看 samba 软件包的信息

④ 使用 yum 命令安装 samba 服务。

```
[root@RHEL6 ~]# yum clean all                //安装前先清除缓存
[root@rhel6 ~]# yum install samba -y
```

正常安装完成后，最后的提示信息是：

```
Installed:
  samba.x86_64 0:3.6.9-151.el6

Complete!
```

所有软件包安装完毕之后，可以使用 rpm 命令再一次进行查询：rpm -qa | grep samba。结果如图 5-2 所示。

图 5-2　正确安装了 samba 服务

2．启动与停止 samba 服务

```
[root@rhel5 ~]# service smb start/stop/restart/reload
//或者
[root@rhel5 ~]# /etc/rc.d/init.d/smbreload
```

注　意

Linux 服务中，当我们更改配置文件后，一定要记得重启服务，让服务重新加载配置文件，这样新的配置才可以生效。

3．自动加载 samba 服务

我们可以使用 chkconfig 命令在服务器启动时自动加载 SMB 服务，如图 5-3 所示。

```
[root@rhel5 ~]# chkconfig --level 3 smb on        #运行级别 3 自动加载
[root@rhel5 ~]# chkconfig --level 3 smb off       #运行级别 3 不自动加载
```

图 5-3　使用 chkconfig 命令自动加载 SMB 服务

4．share 服务器实例解析

某公司需要添加 samba 服务器作为文件服务器，工作组名为 Workgroup，发布共享目录 /share，共享名为 public，这个共享目录允许所有公司员工访问。

分析：这个案例属于 samba 的基本配置，我们可以使用 share 安全级别模式，既然允许所有员工访问，则需要为每个用户建立一个 samba 账号，那么如果公司拥有大量用户呢？1 000 个用户，100 000 个用户，一个个设置会非常麻烦，我们可以通过配置 security=share 来让所有用户登录时采用匿名账户 nobody 访问，这样实现起来非常简单。

step1：建立 share 目录，并在其下建立测试文件。

```
[root@rhel5 ~]# mkdir /share
[root@rhel5 ~]# touch /share/test_share.tar
```

step2：修改 samba 主配置文件 smb.conf。

```
[root@rhel5 ~]# vim /etc/samba/smb.conf
```

修改配置文件，并保存结果。

```
[global]
        workgroup = Workgroup         #设置 samba 服务器工作组名为 Workgroup
        server string = File Server   #添加 samba 服务器注释信息为 "File Server"
        security = share              #设置 samba 安全级别为 share 模式，允许用户匿名访问
;       passdb backend = tdbsam
        smb passwd file = /etc/samba/smbpasswd
[public]                              #设置共享目录的共享名为 public
        comment=public
        path=/share                   #设置共享目录的绝对路径为/share
        guest ok=yes                  #允许匿名访问
        public=yes                    #最后设置允许匿名访问
```

step3：重新加载配置。

Linux 为了使新配置生效，需要重新加载配置，可以使用 restart 重新启动服务或者使用 reload 重新加载配置。

```
[root@rhel5 ~]# service smb reload
//或者
[root@rhel5 ~]# /etc/rc.d/init.d/smb reload
```

注意　重启 samba 服务，虽然可以让配置生效，但是 restart 是先关闭 samba 服务再开启服务，这样如果在公司网络运营过程中肯定会对客户端员工的访问造成影响，建议使用 reload 命令重新加载配置文件使其生效，这样不需要中断服务就可以重新加载配置。

samba 服务器通过以上设置，用户就可以不需要输入账号和密码直接登录 samba 服务器并访问 public 共享目录了。

提示　① 要想使用 samba 进行网络文件和打印机共享，就必须首先让 Red Hat Enterprise Linux 5 的防火墙放行对应服务的端口，请执行对应服务的端口 "系统" → "管理" → "安全级别和防火墙"，然后勾选 samba，如图 5-4 所示。
② 在 "SELinux" 选项卡中将 SELinux 禁用。

注意：不同用户使用 smbclient 浏览的结果可能是不一样，这要根据服务器设置的访问控制权限而定。

读者还可以使用 smbclient 命令行共享访问模式浏览共享的资料。

smbclient 命令行共享访问模式命令格式：

```
smbclient //目标IP地址或主机名/共享目录  -U  用户名%密码
```

下面的命令结果显示服务器上 tech 共享目录的内容。

```
[root@rhel5 ~]# smbclient //192.168.0.10/tech  -U boss%Password
```

另外 smbclient 登录 samba 服务器后，我们可以使用 help 查询所支持的命令。

（2）使用 mount 命令挂载共享目录。

mount 命令挂载共享目录格式：

```
mount -t cifs //目标IP地址或主机名/共享目录名称 挂载点 -o username=用户名
[root@rhel5 ~ ]# mount -t cifs //192.168.0.10/tech /mnt/sambadata/ -o username=boss%Password
```

表示挂载 192.168.0.10 主机上的共享目录 tech 到/mnt/sambadata 目录下，cifs 是 samba 所使用的文件系统。

7. Windows 7 工作站访问 samba 共享

（1）依次打开"开始"→"运行"，使用 UNC 路径直接进行访问。

形如：\\rhel5\tech 或者 \\192.168.0.10\tech

（2）映射网络驱动器访问 samba 服务器共享目录。

双击打开"我的电脑"，再依次单击"工具"→"映射网络驱动器"，在"映射网络驱动器"对话框中选择"Z"驱动器，并输入 tech 共享目录的地址，例如：\\192.168.0.10\tech。单击"完成"按钮，在接下来的对话框中输入可以访问 tech 共享目录的 samba 账号和密码。

再次打开"我的电脑"，驱动器 Z 就是我们的共享目录 tech，可以很方便地访问了。

5.1.5 实训思考题

samba 服务器的主要作用是什么？

5.1.6 实训报告要求

- 参考 2.1.6 小节，按要求完成实训报告。

5.2 配置与管理 NFS 服务器

5.2.1 实训目的

- 掌握 Linux 系统之间资源共享和互访方法。
- 掌握 NFS 服务器的安装配置与连接方法。

5.2.2 实训内容

- 架设一台 NFS 服务器。
- 利用 Linux 工作站连接并访问 NFS 服务器上的共享资源。

5.2.3 实训环境及要求

下面我们将剖析一个企业 NFS 服务器的真实案例,提出解决方案,以便读者能够对前面的知识有一个更深的理解。

1. 企业 NFS 服务器拓扑图

企业 NFS 服务器拓扑如图 5-5 所示,NFS 服务器的地址是 192.168.8.188,一个工作站的 IP 地址是 192.168.8.186,另一个工作站的 IP 地址是 192.168.8.88。其他工作站 IP 地址不再罗列。在本例中有 3 个域:team1.smile.com、team2.smile.com 和 team3.smile.com。

图 5-5 企业 NFS 服务器拓扑图

2. 企业需求

(1)共享 /media 目录,允许所有客户端访问该目录并只有只读权限。

(2)共享 /nfs/public 目录,允许 192.168.8.0/24 和 192.168.9.0/24 网段的工作站访问,并且对此目录只有只读权限。

(3)共享 /nfs/team1、/nfs/team2、/nfs/team3 目录,并且 /nfs/team1 只有 team1.smile.com 域成员可以访问并有读写权限,/nfs/team2、/nfs/team3 目录同理。

(4)共享 /nfs/works 目录,192.168.8.0/24 网段的工作站具有只读权限,并且将 root 用户映射成匿名用户。

(5)共享 /nfs/test 目录,所有人都具有读写权限,但当用户使用该共享目录时都将账号映射成匿名用户,并且指定匿名用户的 UID 和 GID 都为 65 534。

(6)共享 /nfs/security 目录,仅允许 192.168.8.88 工作站访问并具有读写权限。

5.2.4 实训步骤

Step1:创建相应目录。

```
[root@server ~]# mkdir   /media
[root@server ~]# mkdir   /nfs
[root@server ~]# mkdir   /nfs/public
[root@server ~]# mkdir   /nfs/team1
[root@server ~]# mkdir   /nfs/team2
[root@server ~]# mkdir   /nfs/team3
[root@server ~]# mkdir   /nfs/works
[root@server ~]# mkdir   /nfs/test
[root@server ~]# mkdir   /nfs/security
```

Step2：安装 nfs-utils 及 portmap 软件包。

用 rpm 检查是否安装了所需软件，如果没有就用 rpm 进行安装。

nfs-utils-1.0.9-24.el5：nfs 服务的主程序包，它提供 rpc.nfsd 及 rpc.mountd 这两个 daemons 以及相关的说明文件。**portmap-4.0-65.2.2.1**：rpc 主程序，记录服务的端口映射信息。

光盘挂载（挂载过程请参见 5.4.4 小节）后，执行如下命令：

```
[root@server server]# rpm  -ivh   portmap-4.0-65.2.2.1
[root@server server]# rpm    -ivh   nfs-utils-1.0.9-24.el5.i386.rpm
```

Step3：编辑/etc/exports 配置文件。

使用 vim 编辑/etc/exports 主配置文件。主配置文件的主要内容如下。

```
/media              *(ro)
/nfs/public         192.168.8.0/24(ro)           192.168.9.0/24(ro)
/nfs/team1          *.team1.smile.com(rw)
/nfs/team2          *.team2.smile.com(rw)
/nfs/team3          *.team3.smile.com(rw)
/nfs/works          192.168.8.0/24(ro,root_squash)
/nfs/test           *(rw,all_squash,anonuid=65534,anongid=65534)
/nfs/security       192.168.8.88(rw)
```

在发布共享目录的格式中除了共享目录是必跟参数外，其他参数都是可选的。并且共享目录与工作站之间及工作站与工作站之间需要使用空格符号，但是工作站与参数之间不能有空格。

Step4：配置 NFS 固定端口。

使用 vim /etc/sysconfig/nfs 编辑 NFS 主配置文件，自定义以下端口，要保证不和其他端口冲突。

```
RQUOTAD_PORT=5001
LOCKD_TCPPORT=5002
LOCKD_UDPPORT=5002
MOUNTD_PORT=5003
STATD_PORT=5004
```

Step5：配置 iptables 策略。

建议在学习后面的相关章节后再来看这一部分配置，不配置该项内容不影响配置效果。

```
iptables -P INPUT -j DROP
iptables -A INPUT -i lo -j ACCEPT
iptables -A INPUT -p tcp -m multiport --dport 111,2049 -j ACCEPT
iptables -A INPUT -p udp -m multiport --dport 111,2049 -j ACCEPT
iptables -A INPUT -p tcp --dport 5001:5004 -j ACCEPT
iptables -A INPUT -p udp --dport 5001:5004 -j ACCEPT
```

```
service iptables save
```

Step6：启动 portmap 和 NFS 服务。

由于 NFS 服务是基于 portmap 服务的，所以我们需要先启动 portmap 服务：service portmap restart，然后 service nfs restart。

```
[root@server ~]# service portmap restart
[root@server ~]# service nfs   restart
```

Step7：NFS 服务器本机测试。

① 使用 rpcinfo 命令检测 NFS 是否使用了固定端口。

```
[root@server ~]# rpcinfo -p
```

② 检测 NFS 的 rpc 注册状态。

格式：

rpcinfo –u 主机名或 IP 地址 进程

```
[root@server ~]# rpcinfo -u 192.168.8.188 nfs
```

③ 查看共享目录和参数设置。

```
[root@server ~]# cat /var/lib/nfs/etab
```

④ 使用 showmount 命令查看共享目录发布及使用情况。

showmount -e 或 showmount –e IP 地址；showmount -d 或者 showmount -d IP 地址。

```
[root@server ~]# showmount -e
[root@server ~]# showmount -d
```

Step8：Linux 工作站测试（192.168.8.186）。

```
[root@Client ~]# ifconfig  eth0
```

① 查看 NFS 服务器共享目录。

```
[root@Client ~]# showmount -e 192.168.8.188
```

② 挂载及卸载 NFS 文件系统。

格式：

mount –t nfs NFS 服务器 IP 地址或主机名：共享名 本地挂载点

```
[root@Client ~]# mount -t nfs 192.168.8.188:/media /mnt/media
[root@Client ~]# mount -t nfs 192.168.8.188:/nfs/works /mnt/nfs
[root@Client ~]# mount -t nfs 192.168.8.188:/nfs/test   /mnt/test
[root@Client ~]# umount /mnt/media/
[root@Client ~]# umount /mnt/nfs/
```

注意 本地挂载点应该事先建好。另外如果想挂载一个没有权限访问的 NFS 共享目录就会报错。如下所示的命令会报错。

```
[root@Client ~]# mount -t nfs 192.168.8.188:/nfs/security /mnt/nfs
```

③ 系统启动自动挂载 NFS 文件系统。

使用 vim 编辑/etc/fstab，增加一行。

```
192.168.8.188:/nfs/test      /mnt/nfs    nfs     default 0 0
```

Step9：保存退出并重启 Linux 系统。

Step10：在 NFS 服务器/nfs/test 目录中新建个文件测试一下。

Step11：在 Linux 客户端查看/nfs/test 有没挂载成功。如图 5-6 所示。

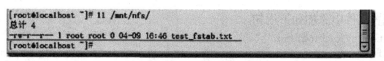

图 5-6　在客户端挂载成功

5.2.5　实训思考题

- 使用 NFS 服务，至少需要启动哪 3 个系统守护进程。
- NFS 服务的工作流程是怎样的？
- 如何排除 NFS 故障？

5.2.6　实训报告要求

- 参考 2.1.6 小节，按要求完成实训报告。

5.3　配置与管理 DHCP 服务器

5.3.1　实训目的

- 掌握 Linux 下 DHCP 服务器的安装和配置方法。
- 掌握 DHCP 客户端的配置。

5.3.2　实训内容

- 架设一台 DHCP 服务器。
- 配置一台 DHCP 客户机。

5.3.3　实训环境及要求

1．架设一台 DHCP 服务器

- 为子网 192.168.0.0/24 建立一个 IP 作用域，并将在 192.168.0.100~192.168.0.200 范围之内的 IP 地址动态分配给客户机。
- 假设子网中的 DHCP 服务器地址为 192.168.0.2，IP 路由器地址为 192.168.0.1，所在的网域名为 example.com，将这些参数指定给客户机使用。
- 为某台主机保留 192.168.0.150 这个地址。

2．配置一台 DHCP 客户机，测试 DHCP 服务器的功能

5.3.4　实训步骤

1．安装 DHCP 服务

（略，请参考作者的相关图书。）

2．配置 DHCP 服务器

（1）以 root 账号登录系统。

（2）运行"vim　/etc/dhcpd.conf"打开 DHCP 服务器配置文件。

（3）在配置文件中添加如下语句。

```
ddns-update-style interim;
ignore client-updates;
#为子网192.168.0.0/24建立一个IP作用域
subnet 192.168.0.0 netmask 255.255.255.0 {
#将在192.168.0.100~192.168.0.200范围之内的IP地址动态分配给客户机
    range 192.168.0.100 192.168.0.200;
#IP路由器地址为192.168.0.1
    option routers 192.168.0.1;
    option subnet-mask 255.255.255.0;
#所在的网域名为example.com
    option domain-name "example.com";
#DNS服务器地址为192.168.0.2
    option domain-name-servers 192.168.0.2;
    option broadcast-address 192.168.0.255;
    default-lease-time 86400;
    max-lease-time 172800;
#为网络适配器的物理地址为00:a0:c7:cf:ed:69的主机保留192.168.0.150
这个IP地址
    host pc1 {
        hardware ethernet 00:a0:c7:cf:ed:69;
        fixed-address 192.168.0.150;
    }
}
```

（4）对应 Linux 主机可以使用 ifconfig 查看网络适配器的物理地址，对应 Windows 主机可以使用 "ipconfig /all" 查看网络适配器的物理地址。

3．测试

（1）在服务器端测试。

查看租约数据库文件。如图 5-7 所示。

```
[root@server ~]# cat    /var/lib/dhcpd/dhcpd.leases
lease 192.168.0.100 {
  starts 4 2011/02/03 21:44:28;
  ends 5 2011/02/04 03:44:28;
  binding state active;
  next binding state free;
  hardware ethernet 00:0c:29:0c:36:81;
  uid "\001\000\014\0146\201";
  client-hostname "win2003-4";
}
lease 192.168.0.100 {
  starts 4 2011/02/03 21:44:30;
  ends 5 2011/02/04 03:44:30;
  binding state active;
  next binding state free;
  hardware ethernet 00:0c:29:0c:36:81;
dhcpd.leases    44L, 1432C                                    1,1    顶端
```

图 5-7 Windows 客户从 Linux DHCP 服务器上获取了 IP 地址

（2）在客户端测试。

如果是在虚拟机中完成本实训，一定注意以下这个问题。

注意 如果在真实网络中，应该不会出问题。但如果您用的是 VMWare 7.0 或其他类似版本，虚拟机中的 Windows 客户端可能会获取到 192.168.79.0 网络中的一个地址，与我们的预期目标相背。这种情况，需要关闭 VMnet8 和 VMnet1 的 DHCP 服务功能。解决方法如下。

在 VMWare 主窗口中，依次打开"Edit"→"Virtual Network Editor"，打开虚拟网络编辑器窗口，选中 VMnet1 或 VMnet8，去掉对应的 DHCP 服务启用选项。如图 5-8 所示。

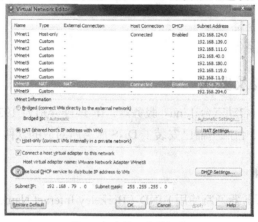

图 5-8 虚拟网络编辑器

然后进行测试，步骤如下。

① 以 root 账号登录客户机 Linux 系统。

② 使用命令"vim /etc/sysconfig/network-scripts/ifcfg-eth0"打开网卡配置文件，找到语句"BOOTPROTO=none"，将其改为"BOOTPROTO=dhcp"。

③ 使用命令"ifdown eth0; ifup eth0"重新启动网卡。

④ 使用命令"ifconfig eth0"测试 DHCP 客户端是否已配置好。

5.3.5 实训思考题

- Windows 操作系统下通过什么命令可以知道本地主机当前获得的 IP 地址？
- 动态 IP 地址方案有什么优点和缺点？简述 DHCP 服务器的工作过程。
- 简述 IP 地址租约和更新的全过程。
- 如何配置 DHCP 作用域选项？如何备份与还原 DHCP 数据库？
- 简述 DHCP 服务器分配给客户端的 IP 地址类型。

5.3.6 实训报告要求

- 参考 2.1.6 小节，按要求完成实训报告。

5.4 配置与管理 DNS 服务器

5.4.1 实训目的

掌握 Linux 下主 DNS、辅助 DNS 和中继 DNS 服务器的配置与调试方法。

5.4.2 实训内容

- 配置主 DNS 服务器。
- 配置辅助 DNS 服务器。
- 配置中继 DNS 服务器。

5.4.3 实训环境及要求

在 VMware 虚拟机中启动三台 Linux 服务器，IP 地址分别为 192.168.1.1、192.168.1.2 和 192.168.1.3。并且要求此 3 台服务器已安装了 DNS 服务所对应的软件包。

5.4.4 实训步骤

Linux 下架设 DNS 服务器通常使用 BIND（Berkeley Internet Name Domain）程序来实现，其守护进程是 named。

1. 安装 BIND 软件包

BIND 是一款实现 DNS 服务器的开放源码软件。

bind-9.3.6-2.p1.el5.i386.rpm：该包为 DNS 服务的主程序包。服务器端必须安装该软件包，后面的数字为版本号（该软件包位于第 2 张 RHEL 5 安装光盘）。

caching-nameserver-9.3.6-2.p1.el5.i386.rpm：DNS 服务器缓存文件软件包。如果没有安装 caching-nameserver-9.3.6-2.p1.el5.i386.rpm 包，则需要手动建立 named.conf 文件，为了便于管理，通常把 named.conf 建立在 /etc 目录下（该软件包位于第 4 张 RHEL 5 安装光盘）。

bind-utils-9.3.6-2.p1.el5.i386.rpm：该包为客户端工具，默认安装，用于搜索域名指令（该软件包位于第一张 RHEL 5 安装光盘）。

（1）首先检测下系统是否已经安装了 DNS 相关软件。

```
[root@server ~]# rpm -qa | grep bind
bind-utils-9.3.6-2.p1.el5
ypbind-1.19-12.el5
bind-libs-9.3.6-2.p1.el5
[root@server ~]# rpm -qa | grep caching-nameserver
```

（2）服务器端：将第 2 张系统光盘放入光驱，挂载到/mnt/dns 目录，然后安装 DNS 主程序。

```
[root@server ~]# mkdir   /mnt/dns                    //创建挂载目录.
[root@server ~]# mount  /dev/cdrom   /mnt/dns        //挂载到/mnt/dns 目录
[root@server ~]# cd   /mnt/dns/Server
[root@server Server]# dir   bind*.*
[root@server Server]# rpm  -ivh  bind-9.3.6-2.p1.el5.i386.rpm
```

（3）服务器端：将第 4 张系统光盘放入光驱，挂载到/mnt/dns4 目录，然后安装服务器缓存程序包。

```
[root@server ~]# mkdir    /mnt/dns4                    //创建挂载目录.
[root@server ~]# mount  /dev/cdrom   /mnt/dns4         //挂载到/mnt/dns4 目录
[root@server ~]# cd    /mnt/dns4/Server
[root@server Server]# ls   caching-nameserver*.*
[root@server Server]#rpm -ivh caching-nameserver-9.3.6-2.p1.el5.i386.rpm
```

（4）客户端：安装客户端工具。（将第1张系统光盘挂载并安装。）

```
[root@Client ~]# mkdir    /mnt/dns1                    //创建挂载目录.
[root@Client ~]# mount  /dev/cdrom   /mnt/dns1         //挂载到/mnt/dns1 目录
[root@Client ~]# cd    /mnt/dns/Server
[root@Client Server~]# dir   bind*.*
[root@Client Server~]# rpm -ivh bind-utils-9.3.6-2.p1.el5.i386.rpm
```

2．安装 chroot 软件包

chroot 也就是 Change Root，用于改变程序执行时的根目录位置。早期的很多系统程序默认所有程序执行的根目录都是 "/"，这样黑客或者其他的不法分子就很容易通/etc/passwd 绝对路径来窃取系统机密。有了 chroot，例如 BIND 的根目录就被改变到/var/named/chroot，这样即使黑客突破了 BIND 账号，也只能访问/var/named/chroot，能把攻击对系统的危害降低到最小。

为了让 DNS 以更加安全的状态运行，我们也需要安装 chroot。将 Red Hat Enterprise Linux 5 的第2张安装盘放入光驱（或者直接放入 Red Hat Enterprise Linux 5 的 DVD 安装光盘），加载光驱后，在光盘的 Server 目录下可以找到 chroot 的 RPM 安装包 bind-chroot-9.3.6-2.p1.el5.i386.rpm。使用下面的命令安装它（第2张光盘已提前挂载到/mnt/dns 本地目录）。

```
[root@server ~]#rpm -ivh  /mmt/dns/Server/bind-chroot-9.3.6-2.p1.el5.i386.rpm
```

① 当 BIND 包安装完后，会在/usr/sbin 目录下出现 bind–chroot–admin 文件，这是一个与 chroot 有关的命令文件，利用它，可以禁用或启用 chroot 功能，也可以使虚拟根目录下的 named 配置文件与实际根目录下的 named 配置文件进行同步。其命令格式如下所示。

```
# bind-chroot-admin -[e|d|s]
```

在 bind–chroot–admin 命令后加–e 选项可以启用 chroot 功能，加–d 选项禁用 chroot 功能，加–s 选项同步配置文件。使用此命令前必须建立/var/log/named.log 和/var/named/chroot/var/log/named.log 两个目录。

② 在实际工作中，最好要启用 chroot 功能，可以使服务器的安全性能得到提高。启用了 chroot 后，由于 BIND 程序的虚拟目录是/var/named/chroot，所以 DNS 服务器的配置文件、区域数据文件和配置文件内的语句，都是相对这个虚拟目录而言的。如/etc/named.conf 文件的真正路径是/var/named/chroot/etc/named.conf。/var/named 目录的真正路径是/var/named/chroot/var/named。

③ rhel5.4 有一点小 bug，自动建立日志文件会有问题，主要是权限的事情，手工改了权限会解决问题。但是启用禁用一下 chroot 后，权限会被重新设置，日志文件的权限也会发生变化，会造成日志无法写入的问题，这时需要再次手工更改权限。

3. 启动与停止 DNS 服务、让 DNS 服务自动运行

Red Hat Enterprise Linux 5 中内置的 DNS 程序是以被安装为服务方式运行的,所以遵循一般的启动、停止规范。

如果 DNS 已经安装成功,要启动/停止/重新启动它是很简单的。

```
[root@server ~]# service    named    start
[root@server ~]# service    named    stop
[root@server ~]# service    named    restart
```

需要注意的是,像里面那样启动的 DNS 服务只能运行到计算机关机之前,下一次系统重新启动后就又需要重新启动它了。能不能让它随系统启动而自动运行呢?答案是肯定的,而且操作起来还很简单。

在桌面上单击右键,选择"打开终端",在打开的"终端"窗口中输入"ntsysv"命令,就打开了 Red Hat Enterprise Linux 5 下的"服务"配置小程序,找到"named",并在它前面加上"*"号。这样,DNS 服务就会随系统启动而自动运行了。

提示

在 Red Hat Enterprise Linux 5 中启动/停止/重启一个服务有很多种不同的方法。例如,我们可以如此来操作:

```
[root@server ~]# /etc/init.d/named    start
[root@server ~]# /etc/init.d/named    stop
[root@server ~]# /etc/init.d/named    restart
```

4. 中继 DNS 服务器的配置

中继域名服务器配置很简单,不需要区域文件,配置好/var/named/chroot/etc/named.conf 就可以了。一般电信的 DNS 都是中继域名服务器。重要的是配置好如下两项内容。

- forward only: 指明这个服务器是中继域名服务器。
- forwarders {实际处理 DNS 请求的服务器 IP}: 配置实际处理 DNS 请求的服务器 IP。

这样一个简单的中继域名服务器就架设成功了,一般中继域名服务器都是 ISP 或者大公司才会使用。

5. 主 DNS 服务器的配置

下面以建立一个主域 jnrp.cn 为例,讲解 DNS 主服务器的配置。

某校园网要架设一台 DNS 服务器负责 jnrp.cn 域的域名解析工作。DNS 服务器的 FQDN 为 dns.jnrp.cn,IP 地址为 192.168.1.2。要求为以下域名实现正反向域名解析服务:

```
dns.jnrp.cn                    192.168.1.2
mail.jnrp.cn      MX 记录       192.168.0.3
slave.jnrp.cn                  192.168.1.4
forward.jnrp.cn                192.168.0.6
www.jnrp.cn                    192.168.0.5
computer.jnrp.cn               192.168.22.98
ftp.jnrp.cn                    192.168.0.11
stu.jnrp.cn                    192.168.21.22
```

另外为 www.jnrp.cn 设置别名为 web.jnrp.cn。

(1) 编辑 named.conf 文件。

在/var/named/chroot/etc 目录下。把 options 选项中的侦听 IP "127.0.0.1" 改成 "any",把允

许查询网段"allow-query"后面的"localhost"改成"any"。在 view 选项中修改"指定提交 DNS 客户端的源 IP 地址范围"和"指定提交 DNS 客户端的目标 IP 地址范围"为"any",同时指定主配置文件为 named.zones。修改后相关内容如下:

```
options {
        listen-on port 53 { any; };
        listen-on-v6 port 53 { ::1; };              //限于 IPV6
        directory "/var/named";                     //指定区域配置文件所在的路径
        dump-file "/var/named/data/cache_dump.db";
        statistics-file "/var/named/data/named_stats.txt";
        memstatistics-file "/var/named/data/named_mem_stats.txt";
        // Those options should be used carefully because they disable port
        //randomization
        // query-source port 53;                    //指定客户端在提交 DNS 查询时必须使用的源端口
        // query-source-v6 port 53;
        allow-query { any; };                       //指定接收 DNS 查询请求的客户端
        allow-query-cache { localhost; };
        allow-transfer { 192.168.0.11; };  //允许将 DNS 数据传输到 192.168.0.11
};
view localhost_resolver {
    match-clients { any; };
    match-destinations { any; }; recursion yes;
    include "/etc/named.zones";
};
```

(2)复制主配置文件的例子文件。

在/var/named/chroot/etc 目录下。利用"cp -p named.rfc1912.zones named.zones"复制主配置文件的实例文件。使用"vim named.zones"编辑增加以下内容。

```
[root@Server ~]#vim /var/named/chroot/etc/named.zones
zone "jnrp.cn" IN {
    type master;
    file "jnrp.cn.zone";
};
zone "168.192.in-addr.arpa" IN {
    type master;
    file "192.168.zone";
};
```

(3)修改 bind 的域配置文件。

① 在/var/named/chroot/var/named 目录下,创建 jnrp.cn.zone 正向域文件。

位于/var/named/chroot/var/named 目录下。利用"cp -p named.zero jnrp.cn.zone"复制正向域配置文件,并编辑修改。

```
[root@Server ~]# vim /var/named/chroot/var/named/jnrp.cn.zone
$TTL    86400
@               IN SOA  dns.jnrp.cn. mail.jnrp.cn.(
                                42              ; serial
                                3H              ; refresh
                                15M             ; retry
                                1W              ; expiry
                                1D              ; minimum
)

@               IN      NS              dns.jnrp.cn.
```

```
@                IN   MX     10    mail.jnrp.cn.
dns              IN   A            192.168.1.2
mail             IN   A            192.168.0.3
slave            IN   A            192.168.1.4
www              IN   A            192.168.0.5
forward          IN   A            192.168.0.6
computer         IN   A            192.168.22.98
ftp              IN   A            192.168.0.11
stu              IN   A            192.168.21.22
web              IN   CNAME        www.jnrp.cn.
```

② 在/var/named/chroot/var/named 目录下，创建 192.168.zone 反向域文件。

位于/var/named/chroot/var/named 目录下。利用 "cp -p named.local 192.168.zone" 复制反向域配置文件，并编辑修改。

```
[root@Server ~]# vim /var/named/chroot/var/named/192.168.zone
$TTL    86400
@       IN SOA  dns.jnrp.cn. mail.jnrp.cn. (
                        1997022700      ; serial
                        28800           ; refresh
                        14400           ; retry
                        3600000         ; expiry
                        86400           ; minimum
)

@               IN  NS          dns.jnrp.cn.
@               IN  MX    10    mail.jnrp.cn.

2.1             IN  PTR         dns.jnrp.cn.
3.0             IN  PTR         mail.jnrp.cn.
4.1             IN  PTR         slave.jnrp.cn.
5.0             IN  PTR         www.jnrp.cn.
6.0             IN  PTR         forward.jnrp.cn.
98.22           IN  PTR         computer.jnrp.cn.
11.0            IN  PTR         ftp.jnrp.cn.
22.21           IN  PTR         stu.jnrp.cn.
```

（4）重新启动 DNS 服务。

```
[root@Server ~]# service named restart
```

或者

```
[root@Server ~]# service named reload
```

6. 配置 DNS 客户端

DNS 客户端的配置非常简单，假设本地首选 DNS 服务器的 IP 地址为 192.168.1.2，备用 DNS 服务器的 IP 地址为 192.168.0.9，DNS 客户端的设置如下所示。

（1）配置 Windows 客户端。

打开 "Internet 协议（TCP/IP）" 属性对话框，在如图 5-9 所示的对话框中输入首选和备用 DNS 服务器的 IP 地址即可。

图 5-9　Windows 系统中 DNS 客户端配置

（2）配置 Linux 客户端。

在 Linux 系统中可以通过修改/etc/resolv.conf 文件来设置 DNS 客户端，如下所示。

```
[root@Server ~]# vim /etc/resolv.conf
  nameserver 192.168.1.2
  nameserver 192.168.0.9
  search  jnrp.cn
```

其中 nameserver 指明域名服务器的 IP 地址，可以设置多个 DNS 服务器，查询时按照文件中指定的顺序进行域名解析，只有当第一个 DNS 服务器没有响应时才向下面的 DNS 服务器发出域名解析请求。search 用于指明域名搜索顺序，当查询没有域名后缀的主机名时，将会自动附加由 search 指定的域名。

在 Linux 系统的图形界面下也可以利用网络配置工具（可以利用 system-config-network 命令打开）进行设置。

7. 使用 nslookup 测试 DNS

BIND 软件包提供了 3 个 DNS 测试工具：nslookup、dig 和 host。其中 dig 和 host 是命令行工具，而 nslookup 命令既可以使用命令行模式也可以使用交互模式。

下面举例说明 nslookup 命令的使用方法。

```
//运行 nslookup 命令
[root@Server ~]# nslookup
//正向查询，查询域名 www.jnrp.cn 所对应的 IP 地址
> www.jnrp.cn
Server:         192.168.1.2
Address:        192.168.1.2#53

Name:   www.jnrp.cn
Address: 192.168.0.5
//反向查询，查询 IP 地址 192.168.1.2 所对应的域名
> 192.168.1.2
Server:         192.168.1.2
Address:        192.168.1.2#53
```

```
2.1.168.192.in-addr.arpa        name = dns.jnrp.cn.
//显示当前设置的所有值
> set all
Default server: 192.168.1.2
Address: 192.168.1.2#53
Default server: 192.168.0.1
Address: 192.168.0.1#53
Default server: 192.168.0.5
Address: 192.168.0.5#53

Set options:
  novc                  nodebug             nod2
  search                recurse
  timeout = 0           retry = 2           port = 53
  querytype = A         class = IN
  srchlist =
//查询 jnrp.cn 域的 NS 资源记录配置
> set type=NS     //此行中 type 的取值还可以为 SOA、MX、CNAME、A、PTR 以及 any 等
> jnrp.cn
Server:        192.168.1.2
Address:       192.168.1.2#53
jnrp.cn nameserver = dns.jnrp.cn.
```

5.4.5 实训思考题

- 请描述域名 www.163.com 的解析过程。
- DNS 配置文件中的 SOA 记录和 MX 记录的作用是什么?
- 请列举 4 种不同的 DNS 记录类型,并说明它们的不同作用。

5.4.6 实训报告要求

- 参考 2.1.6 小节,按要求完成实训报告。

5.5 配置与管理 Web 服务器

5.5.1 实训目的

掌握 Web 服务器的配置与应用方法。

5.5.2 实训内容

- 安装运行 Apache。
- 配置 Apache,建立普通的 Web 站点。
- 配置 Apache,实现用户认证和访问控制。

5.5.3 实训环境及要求

安装有企业服务器版 Linux 的计算机一台、测试用计算机一台(Windows 7)。并且两台计

算机都连入局域网。该环境也可以用虚拟机实现。规划好各台主机的 IP 地址。

5.5.4 实训步骤

1．安装、启动与停止 Apache 服务

安装如下包时，请酌情处理依赖关系。

```
[root@server Server]#rpm -ivh postgresql-libs-8.1.11-1.el5_1.1.i386.rpm
[root@server Server]# rpm -ivh apr-1.2.7-11.i386.rpm
[root@server Server]# rpm -ivh apr-util-1.2.7-7.el5_3.1.i386.rpm
[root@server Server]# rpm -ivh httpd-2.2.3-29.el5.i386.rpm
[root@server Server]# rpm -ivh httpd-manual-2.2.3-29.el5.i386.rpm
```

2．测试 httpd 服务是否安装成功

安装完 Apache 服务器后，执行以下命令启动它。

```
[root@server Server]# /etc/init.d/httpd start
Starting httpd:                [确定]
```

然后在客户端的浏览器中输入 Apache 服务器的 IP 地址，即可进行访问。如果看到如图 5-10 所示的提示信息，则表示 Apache 服务器已安装成功。

图 5-10　Apache 服务器运行正常

启动或重新启动 Apache 服务命令如下：

```
[root@server ~]# service httpd    start
[root@server ~]# service httpd    restart
```

3．让防火墙放行

需要注意的是，Red Hat Enterprise Linux 5 采用了 SELinux 这种增强的安全模式，在默认的配置下，只有 SSH 服务可以通过。像 Apache 这种服务，在安装、配置、启动完毕后，还需要将它放行才行。

（1）在命令行控制台窗口，输入 setup 命令打开 Linux 配置工具选择窗口，如图 5-11 所示。

图 5-11　Red Hat Enterprise Linux 5 配置工具

（2）选中其中的"防火墙配置"选项，单击"运行工具"按钮来打开"防火墙配置"界面，如图 5-12 所示。

一般情况下，"安全级别"会被设置为"启用"，"SELinux"设置为"强制"。

图 5-12　在这里配置 SELinux

单击"定制"按钮打开 SELinux 配置窗口，记得把需要运行的服务前面都打上"*"号标记（选中该条目后，按下空格键），如图 5-13 所示。

图 5-13　为 httpd 服务放行

4．启动时自动加载 Apache 服务

（1）使用 ntsysv 命令，在文本图形界面选中对 Apache 的自动加载（在 httpd 选项前按空格，加上"*"）。

（2）使用 chkconfig 命令自动加载。

```
[root@server ~]# chkconfig --level 3 httpd on    #运行级别3自动加载
[root@server ~]# chkconfig --level 3 httpd off   #运行级别3不自动加载
```

5．Web 应用案例

（1）案例描述。

部门内部搭建一台 Web 服务器，采用的 IP 地址和端口为 192.168.0.3:80，首页采用 index.html 文件。管理员 E-mail 地址为 root@sales.com，网页的编码类型采用 GB2312，所有网站资源都存放在/var/www/html 目录下，并将 Apache 的根目录设置为/etc/httpd 目录。

（2）解决方案。

① 修改主配置文件 httpd.conf。

设置 Apache 的根目录为/etc/httpd，设置客户端访问超时时间为 120 秒，这两个设置为系统默认。

```
[root@server ~]# vim /etc/httpd/conf/httpd.conf
//修改内容如下：
ServerRoot    "/etc/httpd"
Timeout       120
```

② 设置 httpd 监听端口 80。

```
Listen    80
```

③ 设置管理员 E-mail 地址为 root@sales.com，设置 Web 服务器的主机名和监听端口为 192.168.0.3:80。

```
ServerAdmin       root@sales.com
ServerName        192.168.0.3:80
```

④ 设置 Apache 文档目录为/var/www/html。

```
DocumentRoot      "/var/www/html"
```

⑤ 设置主页文件为 index.html。

```
DirectoryIndex    index.html
```

⑥ 设置服务器的默认编码为 GB2312。

AddDefaultCharset   GB2312

⑦ 注释掉 Apache 默认欢迎页面。

`[root@server ~]# vim /etc/httpd/conf.d/welcome.conf`

将 welcome.conf 中的 4 行代码注释掉。如图 5-14 所示。

图 5-14 注释掉欢迎信息

 注意　如果不注释掉，那么在我们测试自己的网站时，会打开 RedHat Enterprise Linux Test Page 页面，而不是我们自己的网页。

⑧ 在主页文件里写入测试内容，并将文件权限开放。

`[root@server ~]# cd /var/www/html`
`[root@server html]# echo "This is Web test sample。">>index.html`

//修改默认文件的权限，使其他用户具有读和执行权限。

`[root@ server html]# chmod 705 index.html`

本例只写了一个测试主页，实际情况下应该是将制作好的网页存放在文档目录/var/www/html 中，并将其文件名改为 index.html。

⑨ 重新启动 httpd 服务。

`[root@server ~]# service httpd restart`

⑩ 测试。

在 IE 地址栏中输入 192.168.0.3 就可以打开我们制作好的首页了。

6．基于 IP 地址的虚拟主机的配置

Apache 服务器 httpd.conf 主配置文件中的第 3 部分是关于实现虚拟主机的。前面已经讲过虚拟主机是在一台 Web 服务器上，可以配置多个独立 IP、不同域名或端口号的 Web 站点。对于访问量不大的站点来说，这样做可以降低单个站点的运营成本。

基于 IP 地址的虚拟主机的配置需要在服务器上绑定多个 IP 地址，然后配置 Apache，把多个网站绑定在不同的 IP 地址上，访问服务器上不同的 Apache 服务，就可以看到不同的网站。

（1）案例描述。

假设 Apache 服务器具有 192.168.0.2 和 192.168.0.3 两个 IP 地址。现需要利用这两个 IP 地址分别创建 2 个基于 IP 地址的虚拟主机，要求不同的虚拟主机对应的主目录不同，默认文档的内容也不同。

（2）配置步骤。

① 分别创建 "/var/www/ip1" 和 "/var/www/ip2" 两个主目录和默认文件。

```
[root@server ~]# mkdir    /var/www/ip1    /var/www/ip2
[root@Server ~]# echo "this is 192.168.0.2's web.">>/var/www/ip1/index.html
[root@Server ~]# echo "this is 192.168.0.3's web.">>/var/www/ip2/index.html
```

② 修改 httpd.conf 文件。该文件的修改内容如下：

```
//设置基于 IP 地址为 192.168.0.2 的虚拟主机
<Virtualhost 192.168.0.2>
    DocumentRoot  /var/www/ip1                  //设置该虚拟主机的主目录
    DirectoryIndex  index.html                  //设置默认文件的文件名
    ServerAdmin  root@sales.com                 //设置管理员的邮件地址
    ErrorLog    logs/ip1-error_log              //设置错误日志的存放位置
    CustomLog  logs/ip1-access_log common       //设置访问日志的存放位置
</Virtualhost>

//设置基于 IP 地址为 192.168.0.3 的虚拟主机
<Virtualhost 192.168.0.3>
    DocumentRoot  /var/www/ip2                  //设置该虚拟主机的主目录
    DirectoryIndex index.html                   //设置默认文件的文件名
    ServerAdmin  root@sales.com                 //设置管理员的邮件地址
    ErrorLog    logs/ip2-error_log              //设置错误日志的存放位置
    CustomLog  logs/ip2-access_log common       //设置访问日志的存放位置
</Virtualhost>
```

③ 重新启动 httpd 服务。

④ 在客户端浏览器中可以访问到 http://192.168.0.2 和 http://192.168.0.3 两个网站。

7．基于域名的虚拟主机的配置

基于域名的虚拟主机的配置只需服务器有一个 IP 地址即可，所有的虚拟主机共享同一个 IP，各虚拟主机之间通过域名进行区分。

要建立基于域名的虚拟主机，DNS 服务器中应建立多个主机资源记录，使它们解析到同一个 IP 地址（请提前建好 DNS 及主机资源记录）。例如：

```
www.smile.com.      IN    A    192.168.0.3
www.long.com.       IN    A    192.168.0.3
```

(1) 案例描述。

假设 Apache 服务器 IP 地址为 192.168.0.3。在本地 DNS 服务器中该 IP 地址对应的域名分别为 www.smile.com 和 www.long.com。现需要创建基于域名的虚拟主机，要求不同的虚拟主机对应的主目录不同，默认文档的内容也不同。

(2) 配置步骤。

① 分别创建 "/var/www/smile" 和 "/var/www/long" 两个主目录和默认文件。

```
[root@Server ~]# mkdir  /var/www/smile  /var/www/long
[root@Server ~]# echo "this is www.smile.com's web.">>/var/www/smile/index.html
[root@Server ~]# echo "this is www.long.com's web.">>/var/www/long/index.html
```

② 修改 httpd.conf 文件。该文件的修改内容如下：

```
NameVirtualhost 192.168.0.3      //指定虚拟主机所使用的 IP 地址，该 IP 地址将对应多个域名。
<Virtualhost 192.168.0.3>        //VirtualHost 后面可以跟 IP 地址或域名
    DocumentRoot  /var/www/smile
    DirectoryIndex index.html
    ServerName    www.smile.com           //指定该虚拟主机的 FQDN
    ServerAdmin   root@smile.com
    ErrorLog      logs/www.smile.com-error_log
    CustomLog     logs/www.smile.com-access_log common
</Virtualhost>

<Virtualhost 192.168.0.3>
    DocumentRoot  /var/www/long
    DirectoryIndex index.html
    ServerName    www.long.com            //指定该虚拟主机的 FQDN
    ServerAdmin   root@long.com
    ErrorLog      logs/www.long.com-error_log
    CustomLog     logs/www. long .com-access_log common
</Virtualhost>
```

③ 重新启动 httpd 服务。

在本例的配置中，DNS 的正确配置至关重要，一定确保 smile.com 和 long.ocm 域名及主机的正确解析，否则无法成功。

8. 基于端口号的虚拟主机的配置

基于端口号的虚拟主机的配置只需服务器有一个 IP 地址即可，所有的虚拟主机共享同一个 IP，各虚拟主机之间通过不同的端口号进行区分。在设置基于端口号的虚拟主机的配置时，需要利用 Listen 语句设置所监听的端口。

(1) 案例描述。

假设 Apache 服务器 IP 地址为 192.168.0.3。现需要创建基于 8080 和 8090 两个不同端口号的虚拟主机，要求不同的虚拟主机对应的主目录不同，默认文档的内容也不同。

(2) 配置步骤。

① 分别创建 "/var/www/port8080" 和 "/var/www/port8090" 两个主目录和默认文件。

```
[root@Server ~]# mkdir  /var/www/port8080  /var/www/port8090
[root@Server ~]# echo "this is 8000 ports web.">>/var/www/port8080/index.html
[root@Server ~]# echo "this is 8800 ports web.">>/var/www/port8090/index.html
```

② 修改 httpd.conf 文件。该文件的修改内容如下：

```
Listen 8080                              //设置监听端口
Listen 8090
<VirtualHost 192.168.0.3:8080>    // VirtualHost 后面跟上 IP 地址和端口号，二者之间用冒号分隔
    DocumentRoot /var/www/port8080
    DirectoryIndex  index.html
    ErrorLog    logs/port8080-error_log
    CustomLog   logs/port8090-access_log common
</VirtualHost>

<VirtualHost 192.168.0.3:8090>
    DocumentRoot /var/www/port8090
    DirectoryIndex  index.html
    ErrorLog    logs/port8090-error_log
    CustomLog   logs/port8090-access_log  common
</VirtualHost>
```

③ 重新启动 httpd 服务。

5.5.5 实训思考题

- 怎样改变 Apache 服务器的监听端口？
- 如何实现基于虚拟主机的 Web 服务器配置？

5.5.6 实训报告要求

- 参考 2.1.6 小节，按要求完成实训报告。

5.6 配置与管理 FTP 服务器

5.6.1 实训目的

掌握 Linux 下架设 FTP 服务器的方法。

5.6.2 实训内容

- 安装 FTP 服务软件包。
- 在 FTP 客户端连接并测试 FTP 服务器。

5.6.3 实训环境及要求

（1）PC 2 台，其中 PCA 安装企业版 Linux 操作系统，另一台作为测试客户端。
（2）推荐使用虚拟机进行网络环境搭建。

5.6.4 实训步骤

1．安装、启动、停止与自动启动 vsftpd 服务

（1）安装 vsftpd 服务。

vsftpd 服务器的安装其实很简单，只要安装一个 RPM 软件包就可以了（提前挂载光盘）。

```
[root@server Server]# rpm -ivh vsftpd-2.0.5-16.el5i386.rpm
```
（2）vsftpd 服务启动、重启、随系统启动、停止。

安装完 vsftpd 服务后，下一步就是启动了。vsftpd 服务可以以独立或被动方式启动。在 Red Hat Enterprise Linux 5 中，默认以独立方式启动。所以输入下面的命令即可启动 vsftpd 服务。

```
[root@RHEL5 ~]# service vsftpd start
```
要想重新启动 vsftpd 服务、随系统启动、停止，可以输入下面的命令：
```
[root@RHEL5 ~]# service vsftpd restart
[root@RHEL5 ~]# chkconfig vsftpd on              //每次开机后自动启动
[root@RHEL5 ~]# service vsftpd stop
```

2. 常规匿名 FTP 服务器配置案例

某学院信息工程系准备搭建一台功能简单的 FTP 服务器，允许信息工程系用户上传和下载文件，并允许创建用户自己的目录。

（1）案例分析。

分析：本案例是一个较为简单的基本案例，允许所有用户上传和下载文件需要设置成为允许匿名用户登录。同时，还需要把允许匿名用户上传功能打开。anon_mkdir_write_enable 字段可以控制是否允许匿名用户创建目录。

（2）解决方案如下。

① 用文本编辑器编辑/etc/vsftpd/vsftpd.conf，并允许匿名用户访问。

```
[root@server ~]# vim /etc/vsftpd/vsftpd.conf
anonymous_enable=YES              #允许匿名用户登录
```

② 允许匿名用户上传文件，并可以创建目录。

```
anon_upload_enable=YES            #允许匿名用户上传文件
anon_mkdir_write_enable           #允许匿名用户创建目录
```

提示　把 anon_upload_enable 和 anon_mkdir_write_enable 前面的注释符号去掉即可。

③ 重启 vsftpd 服务。

```
[root@server ~]# service vsftpd restart
```
④ 修改/var/ftp 权限。

为了保证匿名用户能够上传和下载文件，使用 chmod 命令开放所有的系统权限。

```
[root@server ~]# chmod 777 -R /var/ftp
```

提示　其中 777 表示给所有用户读、写和执行权限，–R 为递归修改/var/ftp 下所有目录的权限。

⑤ 测试。

3. 常规非匿名 FTP 服务器配置案例

公司内部现在有一台 FTP 和 Web 服务器，FTP 的功能主要用于维护公司的网站内容，包括上传文件、创建目录、更新网页等。公司现有两个部门负责维护任务，他们分别使用 team1

和 team2 账号进行管理。现要求仅允许 team1 和 team2 账号登录 FTP 服务器，但不能登录本地系统，并将这两个账号的根目录限制为/var/www/html，不能进入该目录以外的任何目录。

（1）案例分析。

将 FTP 和 Web 服务器做在一起是企业经常采用的方法，这样方便实现对网站的维护。为了增强安全性，首先需要使用仅允许本地用户访问，并禁止匿名用户登录。其次使用 chroot 功能将 team1 和 team2 锁定在/var/www/html 目录下。如果需要删除文件则还需要注意本地权限。

（2）解决方案。

① 建立维护网站内容的 FTP 账号 team1 和 team2 并禁止本地登录，为其设置密码。

```
[root@server ~]# useradd  -s  /sbin/nologin  team1
[root@server ~]# useradd  -s  /sbin/nologin  team2
[root@server ~]# passwd  team1
[root@server ~]# passwd  team2
```

② 配置 vsftpd.conf 主配置文件并作相应修改。

```
[root@server ~]# vim /etc/vsftpd/vsftpd.conf
anonymous_enable=NO              #禁止匿名用户登录
local_enable=YES                 #允许本地用户登录
local_root=/var/www/html         #设置本地用户的根目录为/var/www/html
chroot_list_enable=YES           #激活 chroot 功能
chroot_list_file=/etc/vsftpd/chroot_list #设置锁定用户在根目录中的列表文件
```

保存主配置文件并退出。

③ 建立/etc/vsftpd/chroot_list 文件，添加 team1 和 team2 账号。

```
[root@server ~]# touch /etc/vsftpd/chroot_list
team1
team2
```

④ 开启禁用 SELinux 的 FTP 传输审核功能。

利用 setsebool -P ftpd_disable_transon 命令，将 allow_ftpd_anon_write 改为 off，将 ftpd_disable_trans 改为 on。如图 5-15 所示。

图 5-15 禁用 SELinux 的 FTP 传输审核功能

> ① 在启用 SELinux 的情况下，如果不禁用 SELinux 的 FTP 传输审核功能，则会出现如下错误信息："500 OOPS：cannot change directory：/home/team1 login failed。"② 里面"开启禁用 SELinux 的 FTP 传输审核功能"的前提是系统允许启用了 SELinux 防火墙。如果没启用 SELinux 防火墙，则不必进行如此设置。

⑤ 重启 vsftpd 服务使配置生效。

[root@server ~]# **service   vsftpd   restart**

⑥ 修改本地权限。

[root@server ~]# **ll   -d   /var/www/html**
[root@server ~]# **chmod   -R   o+w   /var/www/html**
[root@server ~]# **ll   -d   /var/www/html**

⑦ 测试结果如图 5-16 所示。

图 5-16 测试结果

5.6.5 实训思考题

- 简述 FTP 工作原理。
- 使用一种 FTP 软件进行文件的上传与下载。

5.6.6 实训报告要求

- 参考 2.1.6 小节，按要求完成实训报告。

5.7 配置与管理电子邮件服务器

5.7.1 实训目的

- 了解电子邮件服务的工作原理
- 掌握 sendmail 和 POP3 邮件服务器的配置
- 掌握电子邮件服务器的测试

5.7.2 实训内容

练习电子邮件服务器的安装与配置。

5.7.3 实训准备

1．部署电子邮件服务应满足的需求

（1）安装好的企业版 Linux 操作系统，并且必须保证 Apache 服务和 perl 语言解释器正常工作。客户端使用 Linux 或 Windows 操作系统。服务器和客户端能够通过网络进行通信。

（2）电子邮件服务器的 IP 地址、子网掩码等 TCP/IP 参数应手工配置。

（3）电子邮件服务器应拥有一个友好的 DNS 名称，并且应能够被正常解析，且具有电子邮件服务所需要的 MX 资源记录。

（4）创建任何电子邮件域之前，规划并设置好 POP3 服务器的身份验证方法。

2．安装 Sendmail 服务

可以使用下面的命令检查系统是否已经安装了 Sendmail 服务。

```
[root@server ~]# rpm -qa|grep sendmail
sendmail-8.13.8-2.el5
```

这表明系统已经安装了 Sendmail 服务。如果系统在初始化安装时没有安装 Sendmail 服务，也可以在系统安装过后单独安装。Sendmail 服务的软件包可以在 Red Hat Enterprise Linux 5 的第 1 张安装盘中找到。

安装前了解一下 Sendmail 软件包以及它们的用途。

- sendmail-8.13.8-2.el5.i386.rpm：Sendmail 服务的主程序包，服务器端必须安装该软件包。该软件包位于第 1 张 RHEL 5 安装光盘。

- m4-1.4.5-3.el5.1.i386.rpm：宏处理过虑软件包。该软件包位于第 1 张 RHEL 5 安装光盘。

- sendmail-cf-8.13.8-2.el5.i386.rpm：Sendmail 宏文件包。该软件包位于第 2 张 RHEL 5 安装光盘。

- sendmail-doc-8.13.8-2.el5.i386.rpm：Sendmail 服务器的说明文档。该软件包位于第 2 张 RHEL 5 安装光盘。

- sendmail-devel-8.13.8-2.el5.i386.rpm：Sendmail 服务器开发工具软件包。该软件包位于第 2 张 RHEL 5 安装光盘。

- dovecot-1.0-1.2.rc15.el5.i386.rpm：接收邮件软件包，安装时需要注意安装顺序。该软件包位于第 2 张 RHEL 5 安装光盘。

同时，可以使用 rpm 命令进行安装。

```
//挂载光盘到/mnt/mail
[root@server ~]# mkdir    /mnt/mail
[root@server ~]# mount    /dev/cdrom    /mnt/mail
//进入安装文件所在目录
[root@server ~]# cd  /mnt/mail/Server
//安装相应的软件包
[root@server Server]#rpm -ivh  sendmail-8.13.8-2.el5.i386.rpm
[root@server Server]#rpm -ivh  m4-1.4.5-3.el5.1.i386.rpm
[root@server Server]#rpm -ivh  sendmail-cf-8.13.8-2.el5.i386.rpm
[root@server Server]#rpm -ivh  sendmail-doc-8.13.8-2.el5.i386.rpm
[root@server Server]#rpm -ivh  sendmail-devel-8.13.8-2.el5.i386.rpm
```

3．Sendmail 服务启动

启动和重新启动 Sendmail 服务的命令和界面如下所示。

```
//启动 sendmail 服务
[root@server ~]# service sendmail start

//重新启动 sendmail 服务
[root@server ~]# service sendmail restart
//或者
[root@server ~]# /etc/rc.d/init.d/sendmail    restart
```

4．Sendmail 服务停止

停止 Sendmail 服务的命令和界面如下所示。

```
[root@server ~]# service sendmail stop
```

提示 可以利用 ntsysv 命令在系统启动时自动加载 Sendmail 服务，也可使用 chkconfig 命令级别 3 自动加载 Sendmail 服务。具体应用与前面所讲类似。

5．Sendmail 相关配置文档

● sendmail.cf：Sendmail 核心配置文件，位于/etc/mail/sendmail.cf。

● sendmail.mc：Sendmail 提供 Sendmail 文件模板，通过编辑此文件后再使用 m4 工具将结果导入 sendmail.cf 完成配置 Sendmail 核心配置文件，降低配置复杂度，位于/etc/mail/sendmail.mc。

● local-host-names：定义收发邮件服务器的域名和主机别名，位于/etc/mail/local-host-names。

● access.db：用来设置 Sendmail 服务器为哪些主机进行转发邮件，位于/etc/mail/access.db。

● aliases.db：用来定义邮箱别名，位于/etc/mail/aliases.db。

● virtusertable.db：用来设置虚拟账户，位于/etc/mail/virtusertable.db。

5.7.4　电子邮件服务器简单案例

1．案例环境要求

局域网网段：192.168.9.0/24，企业域名：sales.com，DNS 及 Sendmail 服务器地址：192.168.9.1。现要求内部员工可以使用 Sendmail 自由收发邮件。

分析

Sendmail 服务是和 DNS 服务结合相当紧密的一个服务，所以我们在配置 Sendmail 之前，需要设置并调试好 DNS 服务器，DNS 配置中设置 MX 资源记录指定邮件服务器地址。本例较简单，只需要配置前面讲过的 3 个文件：sendmail.cf、local-host-names 和 access。

2. 实训步骤

下面是配置步骤。

（1）配置 DNS 主配置文件 named.conf。

```
[root@server~]# vim     /etc/named.conf
options {
        directory    "/var/named";
   };
zone "." IN {
      type    hint;
      file        "named.root";
};
zone "sales.com" IN {
      type    master;
      file        "sales.com.zone";
};
zone "9.168.192.in-addr-arpa" IN {
      type    master;
      file        "9.168.192.zone";
};
```

（2）配置 sales.com 域文件 sales.com.zone。

使用 MX 记录设置邮件服务器，这条记录一定要有，否则 Sendmail 无法正常工作。

```
$ORIGIN         sales.com.
$TTL 86400
（略）
@              IN      NS              dns.sales.com.
dns            IN      A               192.168.9.1
@              IN      MX      5       mail.sales.com.
mail           IN      A               192.168.9.1
```

（3）配置 sales.com 反向域文件 9.168.192.zone。

```
（略）
@              IN      NS              dns.sales.com.
1              IN      PTR             dns.sales.com.
@              IN      MX      5       mail.sales.com.
1              IN      PTR             mail.sales.com.
```

（4）修改 DNS 域名解析的配置文件。

```
[root@server~]# vim     /etc/resolv.conf
nameserver     192.168.9.1
```

（5）重启 named 服务使配置生效。

（6）安装 Sendmail 软件包。

RHEL5 默认安装 Sendmail 及 m4 软件包，我们只需要安装 sendmail.cf 宏文件包就可以了。如前所述，不再细讲。

（7）编辑 sendmail.mc 修改 SMTP 侦听网段范围。

配置邮件服务器需要更改 IP 地址为公司内部网段或者 0.0.0.0，这样可以扩大侦听范围（通常都设置成 0.0.0.0），否则邮件服务器无法正常发送邮件。

```
[root@server ~]# vim /etc/mail/sendmail.mc
```

第 116 行将 smtp 侦听范围从 127.0.0.1 改为 0.0.0.0。

```
DAEMON_OPTIONS(`Port=smtp,Addr=0.0.0.0,Name=MTA')dnl
```

第 155 行修改成自己域：LOCAL_DOMAIN(`sales.com')dnl

```
LOCAL_DOMAIN('sales.com')dnl
```

（8）使用 m4 命令生成 sendmail.cf 文件。

```
[root@server ~]# m4   /etc/mail/sendmail.mc  > /etc/mail/sendmail.cf
```

（9）修改 local-host-names 文件添加域名及主机名。

```
[root@server ~]# vim /etc/mail/local-host-names
sales.com.
mail.sales.com.
```

（10）安装 Dovecot 软件包（POP3 和 IMAP）。

到这里 Sendmail 服务器基本配置完成后，Mail Server 就可以完成邮件发送工作，如果需要使用 POP3 和 IMAP 协议接收邮件还需要安装 Dovecot 软件包。在 RHEL5 里 Dovecot 整合了 IMAP。

安装 Dovecot 软件包要解决其依赖性，先安装 per-DBI 和 mysql，再安装 Dovecot 软件包。

（11）启动 Sendmail 服务。

service sendmail restart 和 service dovecot restart 命令启动 Sendmail 和 Dovecot 服务，如果希望每次开机启动，可以使用 chkconfig 命令修改。

（12）测试端口。

使用 netstat 命令测试是否开启 SMTP 的 25 端口、POP3 的 110 端口及 IMAP 的 143 端口。

```
[root@server ~]#netstat    -an|grep    25
[root@server ~]#netstat    -an|grep    110
[root@server ~]#netstat    -an|grep    143
```

（13）建立用户。

```
[root@server ~]# groupadd mail
[root@server ~]# useradd  -g  mail  -s  /sbin/nologin  user1
[root@server ~]# useradd  -g  mail  -s  /sbin/nologin  user2
[root@server ~]# passwd  user1
[root@server ~]# passwd  user2
```

（14）重新启动 Sendmail 服务。

```
[root@server ~]# service  Sendmail  restart
[root@server ~]# service  dovecot  restart
[root@server ~]# service  cyrus-imapd  restart
```

（15）客户端测试。

有两种客户端，一是 Linux 客户端，利用前文所述的 Telnet 来进行测试。二是 Windows 客户端，可以利用 Foxmail 或 Outlook 软件进行测试。

5.7.5 Sendmail 服务企业实战与应用

1. 企业环境

公司建立邮件服务器,统一为员工设置企业邮箱。公司业务以销售为主,员工数量为 300 人,并且办公地点不固定。员工收发邮件一般较小,大部分为产品信息及销售报表。为了减少邮件服务器负荷,提高邮件传输效率,需要有效拒绝垃圾邮件。

邮件服务器域名:mail.smile.com。
邮件服务器 IP 地址:192.168.0.100。

2. 需求分析

根据企业的情况,搭建邮件服务器的需求有以下两点。

(1) 减少成本。

公司员工数量较多,会占用邮件服务器大量的磁盘空间,如果不对用户邮箱容量加以限制,可能会随着邮件数据的增加,导致服务器存储空间不足而必须扩展磁盘容量,所以需要对邮箱进行磁盘配额限制。

(2) 拒绝垃圾邮件。

处理垃圾邮件会增加服务器的负担,占用邮件服务器的硬件资源,造成正常响应的延迟。而企业员工会经常出差,办公地点不固定,无法使用 Access 数据库做相应的筛选,只能通过邮件的认证机制,防止垃圾邮件滥用服务器的资源。

3. 解决方案

(1) 配置 DNS 服务器。

为了在网络中正确定位邮件服务器位置,首先为 rainbow.com 区域配置域名信息。

step1:修改 named.conf。

添加 rainbow.com 域的相关字段,如下所示。

```
[root@server ~]# vim /etc/named.conf
options {
    directory   "/var/named";
};
zone "." IN {
    type   hint;
    file   "named.root";
};
zone "smile.com" IN {
    type   master;
    file   "smile.com.zone";
};
zone "0.168.192.in-addr.arpa" {
    type   master;
    file   "0.168.192.zone";
};
```

step2:修改正向域文件和反向域文件。

① 修改正向域文件。

```
[root@server ~]# vim /var/named/smile.com.zone
$ORIGIN    smile.com.
$TTL       86400
@          IN  SOA    dns.smile.com. root {
                         20070928   ; serial
```

```
                        3H        ;   refresh
                        15M       ;   retry
                        1W        ;   expiry
                        1D        ;   minimum
@           IN      NS          dns.smile.com.
dns         IN      A           192.168.0.100
@           IN      MX   10     mail.smile.com.
mail        IN      A           192.168.0.100
```

② 修改反向域文件。

```
[root@server ~]# vim /var/named/0.168.192.zone
$TTL     86400
@          IN    SOA    100.0.168.192.in-addr.arpa.  dns.smile.com. root {
                        20100928  ;   serial
                        3H        ;   refresh
                        15M       ;   retry
                        1W        ;   expiry
                        1D        ;   minimum
@              IN    NS         dns.smile.com.
1              IN    PTR        192.168.0.100
@              IN    MX   10    mail.smile.com.
mail           IN    PTR        192.168.0.100
```

③ 重启 named 服务使配置生效。

（2）修改 local-host-names 文件。

```
[root@RHEL5 ~]# vim /etc/mail/local-host-names
# local-host-names - include all aliases for your machine here.
smile.com.
mail.smile.com.
```

（3）设置 sendmail.cf 文件。

确保 sasl 库已经安装，如图 5-17 所示。

```
[root@rhel5 ~]# rpm -qa cyrus-sasl
cyrus-sasl-2.1.22-4
[root@rhel5 ~]# rpm -qa cyrus-sasl-lib
cyrus-sasl-lib-2.1.22-4
[root@rhel5 ~]#
```

图 5-17 sasl 库已正常安装

step1：编辑 Sendmail.mc。

① 开启 Sendmail 认证。

去掉以下 3 行行首的 dnl 字段，开启 Sendmail 认证功能。修改后三行的内容如下。

52 行 TRUST_AUTH_MECH(`EXTERNAL DIGEST-MD5 CRAM-MD5 LOGIN PLAIN')dnl

53 行 define(`confAUTH_MECHANISMS', `EXTERNAL GSSAPI DIGEST-MD5 CRAM-MD5 LOGIN PLAIN')dnl

123 行 DAEMON_OPTIONS(`Port=submission, Name=MSA, M=Ea')dnl

说明：

- TRUST_AUTH_MECH 的作用是使 sendmail 不管 access 文件中如何设置都能 relay 那些通过 LOGIN、PLAIN 或 DIGEST-MD5 方式验证的邮件。
- 'confAUTH_MECHANISMS'的作用是确定系统的认证方式。
- 'Port=submission, Name=MSA, M=Ea'的作用是开启认证,并以子进程运行 MSA 实现邮

件的账户和密码的验证。
- FEATURE 要加在 MAILER 语句前面，否则可能造成邮件服务器运行错误。

② 在第 116 行将 SMTP 侦听范围从 127.0.0.1 改为 0.0.0.0。

```
DAEMON_OPTIONS('Port=smtp,Addr=0.0.0.0,Name=MTA')dnl
```

③ 设置本地邮箱的域名。

将第 155 行修改成自己域：LOCAL_DOMAIN('smile.com')dnl

```
LOCAL_DOMAIN('smile.com')dnl
```

step2：生成 sendmail.cf。

```
[root@server mail]# m4 /etc/mail/Sendmail.mc > /etc/mail/Sendmail.cf
```

（4）配置磁盘配额。

step1：修改 fstab 文件。

为了方便管理，将用户的邮件信息存放在/var/mail 目录中，建议将/var 划分至独立的分区，然后对/var 文件系统添加磁盘配额功能，首先使用 vim 编辑器，修改/etc/fstab 文件，添加/var 的文件系统参数，如下所示。

```
/dev/VolGroup00/LogVol00    /           ext3    defaults                        1 1
LABEL=/boot                 /boot       ext3    defaults                        1 2
devpts                      /dev/pts    devpts  gid=5, mode=620                 0 0
tmpfs                       /dev/shm    tmpfs   defaults                        0 0
droc                        /proc       proc    defaults                        0 0
sysfs                       /sys        sysfs   defaults                        0 0
/dev/VolGroup00/LogVol01    swap        swap    defaults                        0 0
LABEL=/var                  /var        ext 3   defaults, usrquota, grpquota    1 2
```

保存退出，重新启动机器，使操作系统按照新的参数挂载文件系统。

step2：创建配额文件。

因为存放邮件信息的/var 目录在独立的分区，所以，使用 quotacheck 命令在/var 目录下创建配额文件，如下所示。

```
[root@server ~]# cd/var
[root@server var]# quotacheck -cugm/var
[root@server var]# ls
account         cache       db          games       local       mail        opt         run         www
aquota.group    crash       empty       gdm         lock        mail        preserve    spool
aquota.user     cvs         ftp         iib         log         nis         raccoon     tmp
```

step3：设置磁盘配额。

如果企业员工较多，为每个员工单独配置磁盘配额将会增加管理的难度，这里建立个简单的脚本，将所有用户的磁盘空间硬限制设置为 80MB。

```
[root@server mail]# vim quota.sh
#! /bin/bash
for i in user1    user2    user3    user4    user5    user6    user7      ①
do
    setquota -u $i 0 80000 0 0 /var                                        ②
done
```

① for 循环语句的 in 后面跟需要进行磁盘配额的用户名。

② setquota 能够在命令行下直接进行磁盘配额限制，格式如下所示。

```
setquota -u 用户    block 软限制    block 硬限制    inode 软限制    inode 硬限制
```

因为需要将用户使用的磁盘空间做限制为 80M，所以，只需要更改 block 硬限制即可。

step4：使用 ./etc/mail/quota.sh 执行此脚本。

```
[root@server mail]# ./etc/mail/quota.sh
```

step5：执行 quotaoff -av 后执行 quotaon –av，使设置的磁盘配额生效。

```
[root@server mail]# quotaoff  -av
[root@server mail]# quotaon   -av
```

（5）配置 Dovecot。

确认已经安装 Dovecot RPM 包，为了保证客户端能够以加密的形式接受邮件，还需要为 Dovecot 添加相应的密钥和证书，启动 POP3S 或者 IMAPS 的支持。

step1：生成私钥和自签名证书。

```
[root@server Server]# make -c /etc/pki/tls/certs/    dovecot.pem
```

生成证书时，按要求依次填写国家、省份、城市等信息。

step2：修改 dovecot.conf。

① 使用 vim 编辑器打开 dovecot.conf，查询 Dovecot 使用的密钥和证书的位置。

```
[root@server Server]# vim /etc/dovecot.conf
ssl_cert_file= /etc/pki/tls/certs/dovecot.pem
ssl_key_file= /etc/pki/tls/certs/dovecot.pem
```

② 修改 dovecot.conf 配置信息中密钥和证书的位置，指向我们刚刚生成的 dovecot.pem。

```
ssl_cert_file= /etc/pki/tls/certs/dovecot.pem
ssl_key_file= /etc/pki/tls/certs/dovecot.pem
```

step3：重启 Sendmail、Dovecot、saslauthd 服务。

```
[root@server Server]# service  Sendmail   restart
[root@server Server]# service  dovecot    restart
[root@server Server]# service  saslauthd  restart
```

（6）测试。

在客户端和服务器端进行收发邮件的测试。

5.7.6 实训思考题

假设邮件服务器的 IP 地址为 192.168.0.3，域名为 mail.smile.com。请构建 POP3 和 SMTP 服务器，为局域网中的用户提供电子邮件服务。邮件要能发送到 Internet 上，同时 Internet 上的用户也能把邮件发到企业内部用户的邮箱。要设置邮箱的最大容量为 100MB，收发邮件最大为 20MB，并提供反垃圾邮件功能。

邮箱容量参考前面所讲。限制单个邮件大小通过修改 Sendmail.cf 文件来实现，默认不限制大小。

```
# maximum message size
#O MaxMessageSize=0
```

我们可以设置成邮件最大不超过 20MB。

```
# maximum message size
O MaxMessageSize=20971520
```

上面的语句的意思是每次收发邮件最大为 20MB，任何超过这个值的邮件将被拒绝。

5.7.7 实训报告要求

- 参考 2.1.6 小节，按要求完成实训报告。

PART 6 第6篇 网络互联与安全

当我们架设了 Web、FTP、DNS、DHCP、Mail 等应用服务器来为校园网用户提供服务的时候，还有现实的问题需要解决，其中最主要的就是安全问题。俗话说"千里之堤，溃于蚁穴"。一个影响安全的小漏洞就可能毁掉整个网络，无论何种漏洞都应引起网络管理员的足够的重视。那么有哪些与网络相关的问题要解决呢？

（1）需要架设防火墙以增强校园网的安全。
（2）需要将子网连接在一起构成整个校园网。
（3）由于校园网使用的是私有地址，需要进行网络地址转换，使校园网中的用户能够访问互联网。
（4）出差人员应该能够安全联入校园网。
（5）网络管理员能够实时监视系统、管理进程。

要解决这些问题，需要熟练使用 iptables、squid、NAT、VPN，并能够有效监视系统和管理进程。

6.1 配置与管理 iptables

6.1.1 实训目的

- 了解防火墙的分类及工作原理。
- 掌握 iptables 防火墙的配置。

6.1.2 实训内容

练习使用 iptables。

6.1.3 实训准备

1. 检查 iptables 是否已经安装

在默认情况下，iptables 已经被安装好了。可以使用 rpm -qa 命令来查看默认安装了哪些软件，如下所示。

```
[root@server ~]# rpm -qa | grep iptables
iptables-1.3.5-5.3.el5
iptables-ipv6-1.3.5-5.3.el5
```

2. iptables 服务的启动

```
[root@server ~]# service iptables start
Applying iptables firewall rules:                          [ 确定 ]
Loading additional iptables modules: ip_conntrack_netbios_n [ 确定 ]
```

3. iptables 服务的停止

```
[root@server ~]# service iptables stop
Flushing firewall rules:                                   [确定]
Setting chains to policy ACCEPT: filter                    [确定]
Unloading iptables modules:                                [确定]
```

4. iptables 服务的重新启动

```
[root@server ~]# service iptables restart
Flushing firewall rules:                                   [确定]
Setting chains to policy ACCEPT: filter                    [确定]
Unloading iptables modules:                                [确定]
Applying iptables firewall rules:                          [确定]
Loading additional iptables modules: ip_conntrack_netbios-n [确定]
```

5. 自动加载 iptables 服务

（1）chkconfig。

使用 chkconfig 命令使系统启动时自动加载 iptables 服务，如下所示。

```
[root@server ~]# chkconfig --level 3 iptables on    #运行级别3 自动加载
[root@server ~]# chkconfig --level 3 iptables off   #运行级别3 不自动加载
```

（2）ntsysv。

使用 ntsysv 命令，利用文本图形界面对 iptables 自动加载进行配置。

6.1.4　实训环境及要求

1．企业环境

200 台客户机，IP 地址范围为 192.168.1.1～192.168.1.1.254，掩码为 255.255.255.0。

Mail 服务器：IP 地址为 192.168.1.254，掩码为 255.255.255.0。

FTP 服务器：IP 地址为 192.168.1.253，掩码为 255.255.255.0。

Web 服务器：IP 地址为 192.168.1.252，掩码为 255.255.255.0。

公司网络拓扑图如图 6-1 所示。

图 6-1　企业网络拓扑图

2．配置要求

所有内网计算机需要经常访问互联网，并且职员会使用即时通信工具与客户进行沟通。企业网络 DMZ 隔离区搭建有 SMTP、FTP 和 Web 服务器，其中 SMTP 和 FTP 服务器对内部员工开放，仅需要对外发布 Web 站点，并且管理员会通过外网进行远程管理。为了保证整个网络的安全性，现在需要添加 iptables 防火墙，配置相应的策略。

3．需求分析

为了保证企业内部网络的安全性，需要首先删除所有规则设置，并将默认规则设置为 DROP，然后开启防火墙对于客户机的访问限制，打开 HTTP、MSN、QQ 以及 SMTP 的相应端口，并允许外部客户端登录 Web 服务器的 80、22 端口。

6.1.5 实训步骤

1．配置默认策略

step1：删除策略。

```
[root@server ~]# iptables    -F
[root@server ~]# iptables    -X
[root@server ~]# iptables    -Z
[root@server ~]# iptables    -F    -t    nat
[root@server ~]# iptables    -X    -t    nat
[root@server ~]# iptables    -Z    -t    nat
```

step2：设置默认策略。

```
[root@server ~] # iptables    -P INPUT       DROP
[root@server ~] # iptables    -P FORWARD DROP
[root@server ~] # iptables    -P OUTPUT      ACCEPT
[root@server ~] # iptables    -t   nat   -P PREROUTING    ACCEPT
[root@server ~] # iptables    -t   nat   -P OUTPUT        ACCEPT
[root@server ~] # iptables    -t   nat   -P POSTROUTING   ACCEPT
```

2．回环地址

有些服务的测试需要使用回环地址，为了保证各服务的正常工作，需要允许回环地址的通信，如下所示。

```
[root@server ~] # iptables  -A  INPUT  -i  lo  -j  ACCEPT
```

3．连接状态设置

为了简化防火墙的配置操作，并提高检查的效率，需要添加连接状态设置，如下所示。

```
[root@server ~] # iptables -A INPUT -m state --state ESTABLISHED, RELATED
                 -j ACCEPT
```

连接跟踪存在 4 种数据包状态。

- **NEW**：想要新建连接的数据包。
- **INVALID**：无效的数据包，例如损坏或者不完整的数据包。
- **ESTABLISHED**：已经建立连接的数据包。
- **RELATED**：与已经发送的数据包有关的数据包。

4．设置 80 端口转发

```
[root@server ~] # iptables -A FORWARD -p tcp --dport 80 -j ACCEPT
```

5．DNS 相关设置

为了客户机能够正常使用域名访问 Internet，还需要允许内网计算机与外部 DNS 服务器的数据转发。开启 DNS 使用的 UDP、TCP 的 53 端口，如下所示。

```
[root@server ~] # iptables -A FORWARD -p udp --dport 53 -j ACCEPT
[root@server ~] # iptables -A FORWARD -p tcp --dport 53 -j ACCEPT
```

6．允许通过 SSH 访问服务器

SSH 使用 TCP 协议端口 22，如下所示。

```
[root@server ~] # iptables -A INPUT -p tcp --dport 22 -j ACCEPT
```

7．允许内网主机登录 MSN 和 QQ

QQ 能够使用 TCP 80、8000、443 及 UDP 8000、4000 登录，而 MSN 通过 TCP 1863、443 验证。因此，只需要允许这些端口的 FORWARD 转发（拒绝则相反），即可以正常登录，如下所示。

```
[root@server ~] #iptables -A FORWARD -p tcp --dport 80   -j ACCEPT
[root@server ~] #iptables -A FORWARD -p tcp --dport 1863 -j ACCEPT
[root@server ~] #iptables -A FORWARD -p tcp --dport 443  -j ACCEPT
[root@server ~] #iptables -A FORWARD -p tcp --dport 8000 -j ACCEPT
[root@server ~] #iptables -A FORWARD -p udp --dport 8000 -j ACCEPT
[root@server ~] #iptables -A FORWARD -p udp --dport 4000 -j ACCEPT
```

8．允许内网主机收发邮件

客户端发送邮件时访问邮件服务器的 TCP 25 端口，接收邮件时可能访问的端口则较多，包括 UDP 协议以及 TCP 协议的端口：110、143、993 以及 995，如下所示。

```
[root@server ~] # iptables -A FORWARD -p tcp --dport 25  -j ACCEPT
[root@server ~] # iptables -A FORWARD -p tcp --dport 110 -j ACCEPT
[root@server ~] # iptables -A FORWARD -p udp --dport 110 -j ACCEPT
[root@server ~] # iptables -A FORWARD -p tcp --dport 143 -j ACCEPT
[root@server ~] # iptables -A FORWARD -p udp --dport 143 -j ACCEPT
[root@server ~] # iptables -A FORWARD -p tcp --dport 993 -j ACCEPT
[root@server ~] # iptables -A FORWARD -p udp --dport 993 -j ACCEPT
[root@server ~] # iptables -A FORWARD -p tcp --dport 995 -j ACCEPT
[root@server ~] # iptables -A FORWARD -p udp --dport 995 -j ACCEPT
```

9．NAT 设置

由于局域网的地址为私有地址，在公网上是不能被路由的，所以必须将私有地址转为服务器公网地址，连接外部的端口为 ppp0，具体配置如下所示。

```
[root@server ~] # iptables -t nat -A POSTROUTING -o ppp0
                -s 192.168.1.0/24 -j MASQUERADE
```

MASQUERADE 和 SNAT 作用一样，同样是提供源地址转换操作，但是 MASQUERADE 是针对外部接口为动态 IP 地址来设置的，不需要使用--to-source 指定转换的 IP 地址。如果网络采用的是拨号方式接入互联网，而没有对外的静态 IP 地址（例如 ADSL 拨号、DHCP 连接等），那么建议使用 MASQUERADE。

注意 MASQUERADE 是一种特殊的过滤规则，其只可以映射从一个端口到另一个端口的数据。

10. 内部机器对外提供 Web 服务

内网 Web 服务器 IP 地址为 192.168.1.252，通过设置，当公网客户端访问服务器时，防火墙将请求映射到内网的 192.168.1.252 的 80 端口，如下所示。

```
[root@server ~]# iptables -t nat -A PREROUTING -i ppp0 -p tcp
                 --dport 80 -j DNAT --to-destination 192.168.1.252:80
```

6.1.6 实训思考题

1. 为什么架设了防火墙，服务器还是可能中毒？
2. 为何架设了防火墙，服务器还是可能被入侵？
3. 内核版本为 2.6 的 Linux 系统使用的防火墙机制为 iptables，如何知道正在使用的 Linux 核心的版本？
4. 请列出 iptables 预设的两个主要的 table，以及各个 table 里面的 chains 与各个 chains 所代表的意义。
5. 什么是 iptables 的预设策略 (Policy)？若要针对 filter 的 INPUT 实行 DROP 的默认策略，命令如何编写？
6. 假设 Linux 服务器仅用作 Client，且没有对 Internet 提供任何服务，那么防火墙规则应该如何设定比较好？

6.1.7 实训报告要求

● 参考 2.1.6 小节，按要求完成实训报告。

6.2 配置与管理 NAT

6.2.1 实训目的

● 了解 NAT。
● 掌握利用 iptables 实现 NAT。

6.2.2 实训内容

练习使用 NAT。

6.2.3 实训准备

网络地址转换器 NAT（Network Address Translator）位于使用内网地址的 Intranet 和使用公网地址的 Internet 之间，主要具有以下几种功能。

（1）从 Intranet 传出的数据包由 NAT 将它们的内网地址转换为公网地址。
（2）从 Internet 传入的数据包由 NAT 将它们的公网地址转换为内网地址。
（3）支持多服务器和负载均衡。
（4）实现透明代理。

这样在内网中计算机使用私有 IP 地址，而在与外部网络通信时使用注册的公用 IP 地址，大大降低了连接成本。同时 NAT 也起到将内部网络隐藏起来，保护内部网络的作用。因为对外部用户来说只有使用公网 IP 地址的设备是可见的，起到了类似于防火墙的作用。

1．NAT 的工作过程

（1）客户机将数据包发给运行 NAT 服务的计算机。

（2）NAT 将数据包中的端口号和内网的 IP 地址换成它自己的端口号和公网的 IP 地址，然后将数据包发给外部网络的目的主机，同时在映射表中记录一个跟踪信息，以便向客户机发送回答信息。

（3）外部网络发送回答信息给 NAT 服务器。

（4）NAT 将所收到的数据包的端口号和公网 IP 地址转换为客户机的端口号和内网 IP 地址并转发给客户机。

以上步骤对于内网和公网设备都是透明的，对它们来讲就如同直接通信一样。如图 6-2 所示。

图 6-2　NAT 的工作过程

NAT 的工作过程如下所示。

（1）192.168.0.2 用户使用 Web 浏览器连接到位于 202.202.163.1 的 Web 服务器，则用户计算机将创建带有下列信息的 IP 数据包。

目标 IP 地址：202.202.163.1

源 IP 地址：192.168.0.2

目标端口：TCP 端口 80

源端口：TCP 端口 1350

（2）IP 数据包转发到运行 NAT 的计算机上，它将传出的数据包地址转换成下面的形式。

目标 IP 地址：202.202.163.1

源 IP 地址：202.162.4.1

目标端口：TCP 端口 80

源端口：TCP 端口 2 500

（3）NAT 协议在表中保留了 {192.168.0.2，TCP 1350} 到 {202.162.4.1，TCP 2500} 的映射，以便回传。

（4）转发的 IP 数据包是通过 Internet 发送的。Web 服务器响应通过 NAT 协议发回和接收。当接收时，数据包包含下面的公用地址信息。

目标 IP 地址：202.162.4.1

源 IP 地址：202.202.163.1

目标端口：TCP 端口 2 500

源端口：TCP 端口 80

（5）NAT 协议检查转换表，将公用地址映射到专用地址，并将数据包转发给位于 192.168.0.2 的计算机。转发的数据包包含以下地址信息。

目标 IP 地址：192.168.0.2

源 IP 地址：202.202.163.1

目标端口：TCP 端口 1 350

源端口：TCP 端口 80

对于来自 NAT 协议的传出数据包，源 IP 地址（内网地址）被映射到 ISP 分配的地址（公网地址），并且 TCP/UDP 端口号也会被映射到不同的 TCP/UDP 端口号。

对于到 NAT 协议的传入数据包，目标 IP 地址（公网地址）被映射到源 Internet 地址（内网地址），并且 TCP/UDP 端口号被重新映射回源 TCP/UDP 端口号。

2．NAT 的分类

（1）源 NAT（Source NAT，SNAT）。SNAT 指修改第一个包的源 IP 地址。SNAT 会在包送出之前的最后一刻做好 Post-Routing 的动作。Linux 中的 IP 伪装（MASQUERADE）就是 SNAT 的一种特殊形式。

（2）目的 NAT（Destination NAT，DNAT）。DNAT 是指修改第一个包的目的 IP 地址。DNAT 总是在包进入后立刻进行 Pre-Routing 动作。端口转发、负载均衡和透明代理均属于 DNAT。

6.2.4 实训步骤

1．配置 SNAT

SNAT 功能是进行源 IP 地址转换，也就是重写数据包的源 IP 地址。若内网计算机采用共享方式，访问 Internet 连接时就需要用到 SNAT 的功能，将本地的 IP 地址替换为公网的合法 IP 地址。

SNAT 只能用在 nat 表的 POSTROUTING 链，并且只要连接的第一个符合条件的包被 SNAT 进行地址转换，那么这个连接的其他所有的包都会自动地完成地址替换工作，而且这个规则还会应用于这个连接的其他数据包。SNAT 使用选项--to-source，命令语法如下。

```
iptables -t nat -A POSTROUTING -o 网络接口 -j SNAT --to-source IP 地址
```

指定替换的 IP 地址和端口，有以下几种方式。

- 指定单独的地址。如 202.154.10.27。
- 一段连续的地址范围。如 202.154.10.10-202.154.10.27，这样会为数据包随机分配一个 IP，实现负载均衡。
- 端口范围。在指定 -p tcp 或 -p udp 的前提下，可以指定源端口的范围，如 202.154.10.27: 1024-10000，这样包的源端口就被限制在 1 024-10 000 了。

iptables 会尽量避免端口的变更，也就是说，它总是尽力使用建立连接时所用的端口。但是如果两台机器使用相同的源端口，iptabtes 将会把其中之一映射到另外的一个端口。如果没有指定端口范围，所有的在 512 以内的源端口会被映射到 512 以内的另一个端口，512 和 1 023 之间的将会被映射到 1 024 内，其他的将会被映射到大于或等于 1 024 的端口，也就是说是同范围映射。当然，这种映射和目的端口无关。

（1）SNAT 实例描述。

公司内网使用 10.0.0.0/8 网段的 IP 地址，并且使用 Linux 服务器作为网关连接互联网，外网地址为固定地址 212.212.12.12，现需要修改相关设置保证内网用户能够正常访问 Internet，如图 6-3 所示。

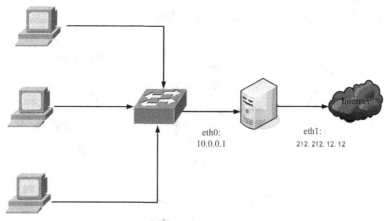

图 6-3　企业网络拓扑图

（2）SNAT 实例解决方案。

step1：开启内核路由转发功能。

先开启系统的 IP 转发功能，如下所示。

```
[root@server ~]# echo "1" > /proc/sys/net/ipv4/ip_forward
```

step2：添加 SNAT 规则。

设置 iptables 规则，将数据包的源地址改为公网地址，如下所示。

```
[root@server ~]# iptables -t nat -A POSTROUTING -o eth1 -s 10.0.0.0/8
                 -j SNAT --to-source 212.212.12.12
[root@server ~]# service iptables save              #保存配置信息
Saving firewall rules to /etc/sysconfig/iptables:          [ 确定 ]
```

step3：指定客户端 10.0.0.5 的默认网关和 DNS 服务器（其他客户端类似）。

```
[root@client1 ~]# route add default gw 10.0.0.1
```

step4：编辑/etc/resolv.conf，修改 DNS 服务器地址。

2．配置 DNAT

DNAT 能够完成目的网络地址转换的功能，换句话说，就是重写数据包的目的 IP 地址。DNAT 是非常实用的。例如，企业 Web 服务器在网络内部，其使用内网地址，没有可在 Internet 上使用的公网 IP 地址。这时，互联网的其他计算机是无法与其直接通信的，那么，可以使用 DNAT，防火墙的 80 端口接收数据包后，通过转换数据包的目的地址，信息会转发给内部网络的 Web 服务器。

DNAT 需要在 nat 表的 PREROUTING 链设置，配置参数为--to-destination，命令格式如下。

```
iptables -t nat -A PREROUTING -i 网络接口 -p 协议 --dport 端口 -j DNAT
--to-destination IP 地址
```

DNAT 主要能够完成以下几个功能。

① 发布内网服务器。

iptables 能够接收外部的请求数据包,并转发至内部的应用服务器,整个过程是透明的,访问者感觉像直接在与内网服务器进行通信一样,如图 6-4 所示。

② 实现负载均衡。

如果内部网络存在多台相同类型应用的服务器,可以使用 DNAT,将外部的访问流量分配到多台 Server 上,实现负载均衡,减轻服务器的负担。

图 6-4 DNAT 原理

（1）DNAT 实例——发布内网服务器。

公司内部网络搭建了一台 Web 服务器,其 IP 地址为 192.168.0.3,防火墙外部 IP 地址为 212.200.30.27。现需要调整防火墙设置,保证外网用户能够正常访问该服务器。使用 DNAT,将发送至 212.200.30.27 且端口为 80 的数据包转发至 192.168.0.3,如下所示。

```
[root@server ~]# iptables -t nat -A PREROUTING -d 212.200.30.27 -p tcp
            --dport 80 -j DNAT --to-destination 192.168.0.3
```

（2）DNAT 实例——实现负载均衡。

如果内部网络存在多台相同类型应用的服务器,可以使用 DNAT,将外部的访问流量分配到多台 Server 上,实现负载均衡,减轻服务器的负担。

【实例】 公司内部共有 3 台数据相同的 Web 服务器,IP 地址分别为 192.168.0.10、192.168.0.11 以及 192.168.0.13,防火墙外部地址为 212.226.100.23,为了提高页面的响应速度,需要对 Web 服务进行优化。

```
[root@server ~]# iptables -t nat -A PREROUTING -d 212.226.100.23 -p tcp
            --dport 80 -j DNAT --to-destination 192.168.0.10-192.168.0.12
```

3. 实现 MASQUERADE

MASQUERADE 和 SNAT 作用相同,也是提供源地址转换的操作,但它是针对外网 IP 为动态 IP 地址而设计的,不需要使用--to-source 指定转换的 IP 地址。如果网络采用的是拨号方式接入 Internet,而没有对外的静态 IP 地址,那么,建议使用 MASQUERADE。

【实例】 公司内部网络有 230 台计算机,网段为 192.168.0.0/24,并配有一台拨号主机,使用 ppp0 接入 Internet,所有客户端通过该主机访问互联网。这时,需要在拨号主机进行设置,将 192.168.0.0/24 的内网地址转换为 ppp0 的公网地址,如下所示。

```
[root@server ~]# iptables -t nat -A POSTROUTING -o ppp0
            -s 192.168.0.0/24 -j MASQUERADE
```

MASQUERADE 是特殊的过滤规则，它只可以映射从一个端口到另一个端口的数据。

6.2.5 实训报告要求

- 参考 2.1.6 小节，按要求完成实训报告。

6.3 配置与管理 squid 代理服务器

6.3.1 实训目的

- 掌握掌握 squid 代理服务器的配置。

6.3.2 实训内容

- 架设一台 squid 代理服务器并测试。

6.3.3 实训准备

1．安装 squid 服务

使用下面的命令检查系统是否已经安装了 squid 服务。

```
[root@server ~]# rpm -qa|grep squid
squid-2.6.STABLE21-3.el5
```

这表明系统已经安装了 squid 服务。如果系统没有安装 squid 服务，也可以在系统安装过后单独安装。squid 服务的软件包在 Red Hat Enterprise Linux 5 的第 2 张安装盘上。软件包的名字为"squid-2.6.STABLE21-3.el5.i386.rpm"。插入第 2 张安装盘，挂载。然后输入下面的命令完成安装（假如挂载到/mnt 下）。

```
[root@server ~]# cd /mnt/Server
[root@server Server]# rpm -ivh squid-2.6.STABLE21-3.el5.i386.rpm
```

2．启动、停止 squid 服务

启动和重新启动 squid 服务的命令如下所示。

```
[root@server ~]# service squid start            //启动 squid 服务
[root@server ~]# service squid stop             //停止 squid 服务
[root@server ~]# service squid restart          //重新启动 squid 服务
[root@server ~]# service squid resload          //重新加载 squid 服务
[root@server ~]# /etc/rc.d/init.d/squid reload  //重新加载 squid 服务
```

3．自动加载 squid 服务

（1）使用 chkconfig。

```
[root@server ~]# chkconfid --level 3 squid on   //运行级别 3 自动加载
[root@server ~]# chkconfid --level 3 squid off  //运行级别 3 不自动加载
```

（2）使用 ntsysv。

使用 ntsysv 命令，利用文本图形界面对 Squid 自动加载进行配置，在"squid"选项前按下空格键加上"*"。

6.3.4 实训步骤

1. 配置透明代理

利用 squid 和 NAT 功能可以实现透明代理。透明代理的意思是客户端根本不需要知道有代理服务器的存在，客户端不需要作任何设置，只需要将默认网关设置为 Linux 服务器的 IP 地址即可（eth0 是内网网卡）。

（1）配置 squid 服务器

为了使 Squid 支持透明代理，必须设置以下 4 项。

```
httpd_accel_host  virtual
httpd_accel_port  80
httpd_accel_with_proxy  on
httpd_accel_uses_host_header  on
```

① httpd_accel_host virtual 和 httpd_accel_port 80。

这两个选项本来是用来定义 squid 加速模式的。在这里用 virtual 来指定为虚拟主机模式。80 端口为要加速的请求端口。采用这种模式时，squid 就取消了缓存功能，假如需要这些功能，必须设置 httpd_accel_with_proxy 选项。

② httpd_accel_with_proxy on。

该选项在透明代理模式下必须设置成 on。在该模式下，squid 既是 Web 请求的加速器，又是缓存代理服务器。

③ httpd_accel_uses_host_header on。

在透明代理模式下，如果想让代理服务器的缓存功能正确工作，必须将该选项设为 on。设为 on 时，squid 会把存储的对象加上主机名而不是 IP 地址作为索引。

（2）iptables 的配置

① 打开防火墙的路由转发功能。

先开启系统的 IP 转发功能，如下所示。

```
[root@server ~]# echo "1" > /proc/sys/net/ipv4/ip_forward
```

② 利用 iptables 的端口重定向功能，将所有客户端发出的对 80 端口的请求，都重定向到代理服务器所监听的 3128 端口即可。如下所示。

```
iptables -t nat -A PREROUTING -i eth0 -p tcp --dport 80 -j REDIRECT --to-ports 3128
```

提示　　如果用户使用的是内网地址，那么，如果在设置了透明代理的同时设置了 iptables 的 IP 映射功能，则可以让用户获得对 Internet 的透明访问，同时也没有支持协议的限制。

2. squid 服务器配置实例

公司内部网络采用 192.168.9.0/24 网段的 IP 地址，所有的客户端通过代理服务器接入互联网。代理服务器 eth0 接内网，IP 地址为 192.168.9.188，eth1 接外网，IP 地址为 212.212.12.12。代理服务器仅配置代理服务，内存 2GB，硬盘为 SCSI 硬盘，容量 200GB，设置 10GB 空间为硬盘缓存，要求所有客户端都可以上网。

（1）需求分析

这是一个最为基本的 squid 配置案例，对于小型企业而言，类似这种接入 Internet 的方法经常用到，通过这种方法可以在一定程度上加速浏览网页的速度，而且可以很好地监控员工上网的情况。对于本案例，首先要做的是配置好 squid 服务器上的两块网卡，并且开启路由功能，其次是对主配置文件 squid.conf 进行修改，设置内存、硬盘缓存、日志以及访问控制列表等字段。然后重新启动 squid 服务器。在此，仅对服务器端配置做介绍。

（2）配置过程

step1：配置网卡并开启路由功能。

① 设置网卡 IP 地址。

```
[root@server ~]# ifconfig eth0 192.168.9.188 netmask 255.255.255.0
[root@server ~]# ifconfig eth1 212.212.12.12 netmask 255.255.255.0
```

② 开启系统路由功能。

```
[root@server ~]# echo "1" > /proc/sys/net/ipv4/ip_forward
```

step2：配置主配置文件 squid.conf。

```
[root@server ~]# vim /etc/squid/squid.conf
//设置仅监听内网 eth0:192.168.9.188 上 8080 端口的 http 请求
http_port 192.168.9.188:8080
cache_mem 512 MB              //设置高速缓存为 512MB
cache_dir ufs /var/spool/squid 10240 16 256   //设置硬盘缓存大小为 10G，
                              //目录为/var/spool/squid，一级子目录 16 个，二级子目录 256 个
cache_access_log /var/log/squid/access.log    //设置访问日志
cache_log /var/log/squid/cache.log            //设置缓存日志
cache_store_log /var/log/squid/store.log      //设置网页缓存日志
dns_nameservers 192.168.0.1 221.228.225.1     //设置 DNS 服务器地址
acl all src 0.0.0.0/0.0.0.0                   //设置访问控制列表 all，该表的内容为所有客户端
http_access allow all                         //设置允许所有客户端访问
cache_mgr root@smile.com                      //设置管理员 E-mail 地址
cache_effective_user squid                    //设置 squid 进程所有者
cache_effective_group squid                   //设置 squid 进程所属组
visible_hostname 192.168.9.188                //设置 squid 可见主机名
```

step3：初始化 squid 服务。

```
[root@server ~]# squid -z
```

step4：启动 squid 服务。

```
[root@server ~]# service squid start
```

（3）客户端测试

step1：Windows 客户端测试。

在 Windows 客户端设置代理服务器的过程如下。

① 打开 Internet Explorer 浏览器，单击"工具→Internet 选项"。

② 单击"连接→局域网设置"，在弹出的对话框中进行代理服务器的设置（图 6-5）。

图 6-5 客户端代理服务器设置

现在在客户端就可以上网了。

step2：Linux 客户端测试。

Linux 系统自带的浏览器为 Mozilla Firefox，下面以该浏览器为例讲解客户端配置。

① 打开浏览器，选择 Edit 菜单中的 Preferences 命令。

② 在 General 菜单中选择 Connection Settings 选项。

③ 选中 Manual proxy configuration 单选按钮，手工配置代理服务设置，在 HTTP Proxy 右边的地址栏填写代理服务器的 IP 地址和相应的端口号，然后单击 OK 按钮完成设置。

现在在客户端就可以上网了。

6.3.5 实训报告要求

- 参考 2.1.6 小节，按要求完成实训报告。

6.4 配置与管理 VPN 服务器

6.4.1 实训目的

- 理解远程访问 VPN 的构成和连接过程。
- 掌握配置并测试远程访问 VPN 的方法。

6.4.2 实训内容

- 配置 VPN 服务器并测试。

6.4.3 实训准备

1. 项目设计

在进行 VPN 网络构建之前，我们有必要进行 VPN 网络拓扑规划。图 6-6 所示是一个小型的 VPN 实验网络环境（可以通过 VMWare 虚拟机实现该网络环境）。

图 6-6　VPN 实验网络拓扑结构

2. 项目准备

部署远程访问 VPN 服务之前，应做如下准备。

① PPTP 服务、Mail 服务、Web 服务和 iptables 防火墙服务均部署在一台安装有 Red Hat Enterprise Linux 5 操作系统的服务器上，服务器名为 vpn，该服务器通过路由器接入 Internet。

② VPN 服务器至少要有两个网络连接。分别为 eth0 和 eth1，其中 eth0 连接到内部局域网 192.168.0.0 网段，IP 地址为 192.168.0.5；eth1 连接到公用网络 200.200.200.0 网段，IP 地址为 200.200.200.1。

③ 内部网客户主机 Web 中，为了实验方便，设置一个共享目录 share，在其下随便建立几个文件，供测试用。

④ VPN 客户端 client 的配置信息如图 6-6 所示。

⑤ 合理规划分配给 VPN 客户端的 IP 地址。VPN 客户端在请求建立 VPN 连接时，VPN 服务器需要为其分配内部网络的 IP 地址。配置的 IP 地址也必须是内部网络中不使用的 IP 地址，地址的数量根据同时建立 VPN 连接的客户端数量来确定。在本任务中部署远程访问 VPN 时，使用静态 IP 地址池为远程访问客户端分配 IP 地址，地址范围采用 192.168.0.11～192.168.0.20，192.168.0.101～192.168.0.180。

⑥ 客户端在请求 VPN 连接时，服务器要对其进行身份验证，因此应合理规划需要建立 VPN 连接的用户账户。

本实训环境的一个说明：VPN 服务器和 VPN 客户端实际上应该在 Internet 的两端，一般不会在同一网络中，为了实验方便，我们省略了它们之间的路由器。

6.4.4　实训步骤

1．安装 VPN 服务器

Linux 环境下的 VPN 由 VPN 服务器模块（Point-to-Point Tunneling Protocol Daemon，PPTPD）和 VPN 客户端模块（Point-to-Point Tunneling Protocol，PPTP）共同构成。PPTPD 和 PPTP 都是通过 PPP（Point to Point Protocol）来实现 VPN 功能的。而 MPPE（Microsoft 点对点加密）模块是用来支持 Linux 与 Windows 之间连接的。如果不需要 Windows 计算机参与连接，则不需要安装 MPPE 模块。PPTPD、PPTP 和 MPPE Module 一起统称 Poptop，即 PPTP 服务器。

安装 PPTP 服务器需要内核支持 MPPE（Microsoft 点对点加密）（在需要与 Windows 客户端连接的情况下）和 PPP 2.4.3 及以上版本模块。而 Red Hat Enterprise Linux 5 默认已安装了 2.4.4 版本的 PPP，而 2.6.18 内核也已经集成了 MPPE，因此只需再安装 PPTP 软件包即可。

（1）下载所需要的安装包文件。

读者可直接从人民邮电出版社教学资源网上下载 pptpd 软件包 pptpd-1.3.4-1.rhel5.1.i386.rpm，也可以从互联网上下载，或联系作者。

（2）安装已下载的安装包文件，执行如下命令。

```
[root@vpn ~]# rpm -ivh pptpd-1.3.4-1.rhel5.1.i386.rpm
```

（3）安装完成之后可以使用下面的命令查看系统的 ppp 是否支持 MPPE 加密。

```
[root@vpn ~]# strings '/usr/sbin/pppd'|grep -i mppe|wc --lines
42
```

如果以上命令输出为"0"则表示不支持；输出为"30"或更大的数字就表示支持。

2．配置 VPN 服务器

配置 VPN 服务器，需要修改/etc/pptpd.conf、/etc/ppp/chap-secrets 和/etc/ppp/options.pptpd 3 个文件。/etc/pptpd.conf 文件是 VPN 服务器的主配置文件，在该文件中需要设置 VPN 服务器的本地地址和分配给客户端的地址段。/etc/ppp/chap-secrets 是 VPN 用户账号文件，该账号文件保存 VPN 客户端拨入时所需要的验证信息。/etc/ppp/options.pptpd 用于设置在建立连接时的加密、身份验证方式和其他的一些参数设置。

提示 每次修改完配置文件后，必须要重新启动 PPTP 服务才能使新配置生效。

（1）网络环境配置。

为了能够正常监听 VPN 客户端的连接请求，VPN 服务器需要配置两个网络接口。一个和内网连接，另外一个和外网连接。在此我们为 VPN 服务器配置了 eth0 和 eth1 两个网络接口。其中 eth0 接口用于连接内网，IP 地址为 192.168.0.5；eth1 接口用于连接外网，IP 地址为 200.200.200.1。

（2）修改主配置文件。

PPTP 服务的主配置文件"/etc/pptpd.conf"有如下两项参数的设置工作非常重要，只有在正确合理地设置这两项参数的前提下，VPN 服务器才能够正常启动。

根据前述的实验网络拓扑环境，我们需要在配置文件的最后加入如下两行语句。

```
localip    192.168.1.100       //在建立 VPN 连接后，分配给 VPN 服务器的 IP 地址，
                               //即 ppp0 的 IP 地址。
remoteip   192.168.0.11-20,192.168.0.101-180    //在建立 VPN 连接后，分配给客户
                                                //端的可用 IP 地址池
```

参数说明如下。

① localip：设置 VPN 服务器的本地地址。

localip 参数定义了 VPN 服务器的本地地址，客户机在拨号后 VPN 服务器会自动建立一个 ppp0 网络接口供访问客户机使用，这里定义的就是 ppp0 的 IP 地址。

② remoteip：设置分配给 VPN 客户机的地址段。

remoteip 定义了分配给 VPN 客户机的地址段，当 VPN 客户机拨号到 VPN 服务器后，服务器会从这个地址段中分配一个 IP 地址给 VPN 客户机，以便 VPN 客户机能够访问内部网络。可以使用"-"符号指示连续的地址，使用","符号分隔不连续的地址。

为了安全起见，localip 和 remoteip 尽量不要在同一个网段。

在上面的配置中一共指定了 90 个 IP 地址，如果有超过 90 个客户同时进行连接时，超额的客户将无法连接成功。

（3）配置账号文件。

账户文件"/etc/ppp/chap-secrets"保存了 VPN 客户机拨入时所使用的账户名、口令和分配的 IP 地址，该文件中每个账户的信息为独立的一行，格式如下。

| 账户名 | 服务 | 口令 | 分配给该账户的 IP 地址 |

本例中文件内容如下所示。

```
[root@vpn ~]# vim /etc/ppp/chap-secrets
//下面一行的 IP 地址部分表示以 smile 用户连接成功后，获得的 IP 地址为 192.168.0.159
"smile"         pptpd           "123456"        "192.168.0.159"
//下面一行的 IP 地址部分表示以 public 用户连接成功后，获得的 IP 地址可从 IP 地址池中随机抽取
"public"        pptpd           "123456"        "*"
```

本例中分配给 public 账户的 IP 地址参数值为"*"，表示 VPN 客户机的 IP 地址由 PPTP 服务随机在地址段中选择，这种配置适合多人共同使用的公共账户。

（4）/etc/ppp/options-pptpd。

该文件各项参数及具体含义如下所示。

```
[root@vpn ~]# grep -v "^#" /etc/ppp/options.pptpd |grep -v "^$"   //录像中有说明
name pptpd      //相当于身份验证时的域，一定要和/etc/ppp/chap-secrets 中的内容对应
refuse-pap              //拒绝 pap 身份验证
refuse-chap             //拒绝 chap 身份验证
refuse-mschap           //拒绝 mschap 身份验证
require-mschap-v2       //采用 mschap-v2 身份验证方式
require-mppe-128        //在采用 mschap-v2 身份验证方式时要使用 MPPE 进行加密
ms-dns 192.168.0.9      //向客户端推送 DNS 服务器地址
ms-wins 192.168.0.202   //向客户端推送 WINS 服务器地址
proxyarp                //启动 ARP 代理
```

可以根据自己网络的具体环境设置该文件。

至此，我们安装并配置的 VPN 服务器已经可以连接了。

（5）设置 NAT 并打开 Linux 系统的路由功能。

对于前述的实验网络拓扑环境，当我们完成了连接工作以后，还需要设置 NAT 和 IP 转发，否则用户即便是连上了 VPN 服务器后，也不能访问外网的资源。

具体的配置工作步骤如下。

① 设置NAT，执行如下命令实现。

```
[root@vpn ~]# iptables -t nat -F
[root@vpn ~]# iptables -t nat -A POSTROUTING -s 192.168.0.0/24
              -j SNAT --to 192.168.1.100
```

其中192.168.0.0就是分配给客户用的VPN内网IP地址段，即配置文件"/etc/pptpd.conf"中的remoteip参数的值；而192.168.1.100就是VPN服务器的本地IP地址，即配置文件"/etc/pptpd.conf"中的localip参数的值。

② 打开Linux系统的路由功能，执行如下命令实现。

为了能让VPN客户端与内网互连，还应打开Linux系统的路由转发功能，否则VPN客户端只能访问VPN服务器的内部网卡eth0。执行下面的命令可以打开Linux路由转发功能。

```
[root@vpn ~]# echo "1">/proc/sys/net/ipv4/ip_forward
```

也可以将/etc/sysctl.conf中"net.ipv4.ip_forward"的值设置为1，启动路由转发功能。

（6）启动VPN服务。

① 可以使用下面的命令启动VPN服务。

```
[root@vpn ~]# service pptpd start
```

② 可以使用下面的命令停止VPN服务。

```
[root@vpn ~]# service pptpd stop
```

③ 可以使用下面的命令重新启动VPN服务。

```
[root@vpn ~]# service pptpd restart
Shutting down pptpd: [ 确定 ]
Starting pptpd: [ 确定 ]
Warning: a pptpd restart does not terminate existing
connections, so new connections may be assigned the same IP
address and cause unexpected results. Use restart-kill to
destroy existing connections during a restart.
```

注意 从上面的提示信息可知，在重新启动VPN服务时，不能终止已经存在的VPN连接，这样可能会造成重新启动VPN服务后，分配相同的IP地址给后来连接的VPN客户端。为了避免这种情况，可以使用"service pptpd restart-kill"命令在停止VPN服务时，断开所有已经存在的VPN连接，然后再启动VPN服务。

④ 自动启动VPN服务。

需要注意的是，上面介绍的启动VPN服务的方法只能运行到计算机关机之前，下一次系统重新启动后就又需要重新启动它了。能不能让它随系统启动而自动运行呢？答案是肯定的，而且操作起来还很简单。

在桌面上单击右键，选择"打开终端"，在打开的"终端"窗口输入"ntsysv"就打开了Red Hat Enterprise Linux 5下的"服务"配置小程序，找到"pptpd"服务，并在它前面按空格键加个"*"号。这样，VPN服务就会随系统启动而自动运行了。

（7）设置VPN服务可以穿透Linux防火墙。

VPN服务使用TCP的1 723端口和编号为47的IP（GRE常规路由封装）。如果Linux服务器开启了防火墙功能，就需关闭防火墙功能或设置允许 TCP 的 1 723 端口和编号为 47 的 IP 通过。可以使用下面的命令开放 TCP 的 1 723 端口和编号为 47 的 IP。

```
[root@vpn ~]# iptables -A INPUT -p tcp --dport 1723 -j ACCEPT
[root@vpn ~]# iptables -A INPUT -p gre -j ACCEPT
```

3．配置 VPN 客户端

在 VPN 服务器配置并启动成功后，现在就需要配置远程的客户端以便可以访问 VPN 服务。现在最常用的 VPN 客户端是 Windows 操作系统或者 Linux 操作系统自带的，本节将以配置 Windows XP 操作系统的 VPN 客户端为例，说明在 Windows XP 操作系统中 VPN 客户端的配置方法。

Windows XP 操作系统中在默认情况下已经安装有 VPN 客户端程序，在此我们仅需要学习简单的 VPN 连接的配置工作。

（1）建立 VPN 连接。

建立 VPN 连接的具体步骤如下。

① 用鼠标右键单击桌面上的"网上邻居"图标，在弹出的快捷菜单中选择"属性"选项，打开"网络连接"窗口。

② 双击"新建连接向导"图标，会打开"新建连接向导"对话框。

③ 单击"下一步"按钮，打开"网络连接类型"设置对话框，我们选择"连接到我的工作场所的网络"选项，如图 6-7 所示。

图 6-7 "网络连接类型"对话框

④ 单击"下一步"按钮，打开"网络连接"设置对话框，我们选择"虚拟专用网络连接"选项，如图 6-8 所示。

图 6-8 "网络连接"对话框

⑤ 单击"下一步",设置是否允许所有用户使用此连接,在此我们选择"所有用户使用此连接"。

⑥ 单击"下一步"按钮,打开"连接名"对话框,这里设置公司名为"jn-VPN",如图 6-9 所示。

图 6-9 "连接名"对话框

⑦ 单击"下一步"按钮,选择 VPN 客户端接入 Internet 网络的连接方式。在此选择"不拨初始连接"。

⑧ 单击"下一步"按钮,打开"VPN 服务器选择"对话框,我们设置 VPN 服务器的 IP 地址为"200.200.200.1",如图 6-10 所示。

图 6-10 "VPN 服务器选择"对话框

(2)连接 VPN 服务器。

连接 VPN 服务器的步骤如下。

① 用鼠标右键单击桌面上的"网上邻居"图标,在弹出的快捷菜单中选择"属性"选项,打开"网络连接"窗口,可以看到"虚拟专用网络"栏目下有一个"jn-VPN"的 VPN 连接。

② 双击"jn-VPN"图标,系统将会打开"连接 jn-VPN"对话框。

③ 单击"下一步"按钮,连接向导会显示成功完成创建连接对话框,单击"完成"按钮。

④ 输入正确的 VPN 服务账号和密码,然后单击"连接"按钮,此时客户端便开始与 VPN 服务器进行连接,并核对账号和密码。如果连接成功,就会在任务栏的右下角增加一个网络连接图标,双击该网络连接图标,然后在打开的对话框中选择"详细信息"选项卡可以查看 VPN 边接的详细信息。

⑤ 在客户端以 smile 用户登录,在连接成功之后在 VPN 客户端利用 ipconfig 命令可以看到多了一个 ppp 连接,如图 6-11 所示。在 VPN 服务器端利用 ifconfig 命令可以看到多了一个 ppp0 连接,如图 6-12 所示。

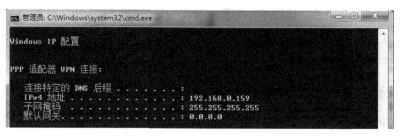

图 6-11　VPN 客户端获得了预期的 IP 地址

图 6-12　VPN 服务器端 ppp0 的连接情况

提示

以用户"smile"和"public"分别登录,在 Windows 客户端将得到不同的 IP 地址。如果用"public"登录 VPN 服务器,客户端获得的 IP 地址应是主配置文件中设置的地址池中的 1 个,例如 192.168.0.11。

⑥ 访问内网 192.168.0.100 的共享资源,以测试 VPN 服务器。

在客户端使用 UNC 路径"\\192.168.0.100"访问共享资源。输入用户名和密码凭证后将获得相应访问权限,如图 6-13 所示。

图 6-13　VPN 客户端访问局域网资源

4．不同网段 IP 地址小结

在 VPN 服务器的配置过程中,我们用到了几个网段,下面逐一分析。

(1) VPN 服务器有两个网络接口:eth0、eth1。eth0 接内部网络,IP 是 192.168.0.5/24,eth1 接入 Internet,IP 是 200.200.200.1/24。

(2) 内部局域网的网段为 192.168.0.0/24,其中内部网的一台用作测试的计算机的 IP 是 192.168.0.100/24。

(3) VPN 客户端是 Internet 上的一台主机,IP 是 200.200.200.2/24。实际上客户端和 VPN 服务器通过 Internet 连接,为了实验方便省略了其间的路由,这一点请读者要注意。

（4）主配置文件"/etc/pptpd.conf"的配置项"localip 192.168.1.100"定义了 VPN 服务器连接后的 ppp0 连接的 IP 地址。读者可能已经注意，这个 IP 地址不在上面所述的几个网段中，是单独的一个。其实，这个地址与已有的网段没有关系，它仅是 VPN 服务器连接后，分配给 ppp0 的地址，为了安全考虑，建议不要配置成已有的局域网的网段中的 IP 地址。

（5）主配置文件"/etc/pptpd.conf"的配置项"remoteip 192.168.0.11-20,192.168.0.101-180"是 VPN 客户端连接 VPN 服务器后获得 IP 地址的范围。

6.4.5 实训思考题

1. 简述 VPN 的工作原理。
2. 简述常用的 VPN 协议。
3. 简述 VPN 的特点及应用场合。

6.4.6 实训报告要求

- 参考 2.1.6 小节，按要求完成实训报告。

6.5 Linux 进程管理和系统监视

6.5.1 实训目的

- 掌握作业管理。
- 掌握进程管理。
- 掌握常用系统监视。

6.5.2 实训内容

练习管理进程、监视系统。

6.5.3 实训步骤

1. 使用系统监视

（1）w 命令。

w 命令用于显示登录到系统的用户情况。

语法： w -[husfV] [user]

- –h：不显示标题。
- –u：当列出当前进程和 CPU 时间时忽略用户名。这主要是用于执行 su 命令后的情况。
- –s：使用短模式。不显示登录时间、JCPU 和 PCPU 时间。
- –f：切换显示 FROM 项，也就是远程主机名项。默认值是不显示远程主机名，当然系统管理员可以对源文件作一些修改使得显示该项成为默认值。
- –V：显示版本信息。
- user：只显示指定用户的相关情况。

（2）who 命令。

who 命令显示目前登入系统的用户信息。

语法：who [-Himqsw][--help][--version][am i][记录文件]

参数：

- -H 或--heading   显示各栏位的标题信息列。
- -i 或-u 或--idle   显示闲置时间。
- -m   此参数的效果和指定"am i"字符串相同。
- -q 或 - count   只显示登入系统的账号名称和总人数。
- -s   此参数将仅负责解决 who 指令其他版本的兼容性问题。
- -w 或-T 或--mesg显示用户的信息状态栏。
- --help   在线帮助。
- --version   显示版本信息。

例：要显示登录、注销、系统启动和系统关闭的历史记录，请输入：

#who /var/log/wtmp

（3）last 命令。

列出目前与过去登入系统的用户相关信息。

语法：last [-adRx][-f<记录文件>][-n <显示列数>][账号名称][终端机编号]

- -a   把从何处登入系统的主机名称或 IP 地址，显示在最后一行。
- -d   将 IP 地址转换成主机名称。
- -f<记录文件>   指定记录文件。
- -n <显示列数>或-<显示列数>   设置列出名单的显示列数
- -R   不显示登入系统的主机名称或 IP 地址。
- -x   显示系统关机，重新开机，以及执行等级的改变等信息。

（4）系统监控命令 top。

能显示实时的进程列表，而且还能实时监视系统资源，包括内存、交换分区和 CPU 的使用率等。使用"top"命令，结果如图 6-14 所示。

图 6-14 top 命令显示结果

在图 6-14 中，第一行表示的项目依次为当前时间、系统启动时间、当前系统登录用户数目、平均负载。第二行显示的是所有启动的进程、目前运行的、挂起（Sleeping）的和无效（Zombie）的进程。第三行显示的是目前 CPU 的使用情况，包括系统占用的比例、用户使用比例、闲置（Idle）比例。第四行显示物理内存的使用情况，包括总的可以使用的内存、已用内存、空闲内存、缓冲区占用的内存。第五行显示交换分区使用情况，包括总的交换分区、使用的、空闲的和用于高速缓存的大小。

第六行显示的项目最多，下面列出详细解释。

- PID（Process ID）：进程标示号。
- USER：进程所有者的用户名。
- PR：进程的优先级别。
- NI：进程的优先级别数值。
- VIRT：进程占用的虚拟内存值。
- RES：进程占用的物理内存值。
- SHR：进程使用的共享内存值。
- S：进程的状态，其中 S 表示休眠，R 表示正在运行，Z 表示僵死状态，N 表示该进程优先值是负数。
- %CPU：该进程占用的 CPU 使用率。
- %MEM：该进程占用的物理内存和总内存的百分比。
- TIME+：该进程启动后占用的总的 CPU 时间。
- Command：进程启动的启动命令名称。

top 命令使用过程中，还可以使用一些交互的命令来完成其它参数的功能。这些命令是通过快捷键启动的。

- <空格>：立刻刷新。
- P：根据 CPU 使用大小进行排序。
- T：根据时间、累计时间排序。
- q：退出 top 命令。
- m：切换显示内存信息。
- t：切换显示进程和 CPU 状态信息。
- c：切换显示命令名称和完整命令行。
- M：根据使用内存大小进行排序。
- W：将当前设置写入~/.toprc 文件中。这是书写 top 配置文件的推荐方法。

（5）top：动态查看程序的变化。

ps 是选取一个时间点的程序状态，而 top 则是持续侦测程序运行的状态。使用方式如下：

[root@www ~]# **top [-d 数字] | top [-bnp]**
选项与参数：
-d　：后面可以接秒数，即整个界面刷新的间隔。默认是 5 秒。
-b　：以批量的方式运行 top，还有更多的参数可以使用。
　　　通常会搭配数据流重定向来将批量的结果输出成为文件。
-n　：与-b 搭配。其意义是，需要进行几次 top 输出结果。

-p ：指定针对某些 PID 进行查看监测。

在 top 运行过程当中可以使用的按键命令：
? ：显示在 top 当中可以输入的按键命令；
P ：以 CPU 的使用资源排序显示；
M ：以 Memory 的使用资源排序显示；
N ：以 PID 排序显示；
T ：由该 Process 使用的 CPU 时间累积（TIME+）排序；
k ：给某个 PID 一个信号（signal）；
r ：给某个 PID 重新制订一个 nice 值；
q ：离开 top 软件的按键。

其实 top 的功能非常多，可以用的按键也非常多。可以参考 man top 的内部说明文件。上面仅列出了一些常用选项。接下来请读者实际查看一下如何使用 top。

范例一：每两秒钟刷新一次 top，查看整体信息：
[root@www ~]# **top -d 2**
top - 17:03:09 up 7 days, 16:16, 1 user, load average: 0.00, 0.00, 0.00
Tasks: 80 total,   1 running, 79 sleeping,   0 stopped,   0 zombie
Cpu(s): 0.5%us, 0.5%sy, 0.0%ni, 99.0%id, 0.0%wa, 0.0%hi, 0.0%si, 0.0%st
Mem: 742664k total,   681672k used,   60992k free,   125336k buffers
swap: 1020088k total,   28k used, 1020060k free,   311156k cached
    <==如果键入 k 或 r 时，就会有相关的文字出现在这里。

PID	USER	PR	NI	VIRT	RES	SHR	S	%CPU	%MEM	TIME+	COMMAND
14398	root	15	0	2188	1012	816	R	0.5	0.1	0:00.05	top
1	root	15	0	2064	616	528	S	0.0	0.1	0:01.38	init
2	root	RT	-5	0	0	0	S	0.0	0.0	0:00.00	migration/0
3	root	34	19	0	0	0	S	0.0	0.0	0:00.00	ksoftirqd/0

top 也是个很好的程序查看工具。但不同于 ps 是静态的结果输出，top 程序可以持续地监测整个系统的程序工作状态。在默认的情况下，每次数据刷新间隔的时间为 5 秒，不过，可以使用-d 修改每次升级资源的时间。top 主要分为两个界面，上面的界面为整个系统的资源使用状态，一般有六行，显示的内容依次是：

① 第一行(top...)：这一行显示的信息分别如下。
- 目前的时间，即 17:03:09；
- 启动到目前为止所经过的时间，即 up 7days, 16:16；
- 已经登录系统的使用者人数，即 1 user。

② 第二行（Tasks...）：显示的是目前程序的总量与每个程序在什么状态（running、sleeping、stopped、zombie）。需要注意的是最后的 zombie 数值，如果不是 0，认真查看哪个 process 变成僵尸。

③ 第三行（Cpus...）：显示的是 CPU 的整体负载，每个项目可使用？查阅。需要特别注意

的是%wa,代表的是 I/O wait,通常由于 I/O 问题导致系统变慢的可能性比较大。但在这里要注意 CPU 的资源的使用情况。另外,如果是多核心的设备,可以按下数字键"1"查看不同 CPU 的负载情况。

④ 第四行与第五行:表示目前的物理内存与虚拟内存(Mem/swap)的使用情况。再次重申,要注意的是 swap 的使用量要尽量地少。如果 swap 过大,表示系统的物理内存不足。

⑤ 第六行:状态显示行。

⑥ 至于 top 下半部分的界面,则是每个 process 使用的资源情况。需要注意的是:

- PID :每个 process 的 ID;
- USER:该 process 所属的使用者;
- PR :Priority 的简写,程序的优先运行顺序,越小越优先运行;
- NI :Nice 的简写,与 Priority 有关,也是越小越优先运行;
- %CPU:CPU 的使用率;
- %MEM:内存的使用率;
- TIME+:CPU 使用时间的累加。

如果想要离开 top 则按下"q"键。如果想要将 top 的结果输出到文件中,可以这样操作:

范例一:将 top 的信息重复 2 次,然后将结果输出到/tmp/top.txt

[root@www ~]# **top -b -n 2 > /tmp/top.txt**

这样就可以将 top 的信息存到 /tmp/top.txt 文件中了。

范例二:用户的 bash PID 可由$$变量取得,可以使用 top 持续查看该 PID

[root@www ~]# **echo $$**

13639   <==这就是 bash 的 PID

[root@www ~]# **top –d 2 -p 13639**

top - 17:31:56 up 7 days, 16:45,   1 user,   load average: 0.00, 0.00, 0.00

Tasks: 1 total,   0 running,   1 sleeping,   0 stopped,   0 zombie

Cpu(s): 0.0%us, 0.0%sy, 0.0%ni,100.0%id, 0.0%wa, 0.0%hi, 0.0%si, 0.0%st

Mem: 742664k total,   682540k used,   60124k free,   126548k buffers

swap: 1020088k total,   28k used,   1020060k free,   311276k cached

PID USER   PR   NI   VIRT   RES   SHR S %CPU %MEM   TIME+   COMMAND

13639 root   15   0   5148 1508 1220 S 0.0 0.2   0:00.18 bash

如果想要修改 NI 数值,可以这样操作:

范例三:承上题,上面的 NI 值是 0,想要改成 10。

在范例二的 top 界面中直接按下 r 键后,会出现如下的界面:

top - 17:34:24 up 7 days, 16:47,   1 user,   load average: 0.00, 0.00, 0.00

Tasks: 1 total,   0 running,   1 sleeping,   0 stopped,   0 zombie

Cpu(s): 0.0%us, 0.0%sy, 0.0%ni, 99.5%id, 0.0%wa, 0.0%hi, 0.5%si, 0.0%st

Mem: 742664k total,   682540k used,   60124k free,   126636k buffers

swap: 1020088k total,   28k used,   1020060k free,   311276k cached

```
PID to renice: 13639    <==按下 r 键，然后输入该 PID 号码
PID USER       PR  NI  VIRT  RES  SHR S %CPU %MEM  TIME+   COMMAND
13639 root     15   0  5148  1508 1220 S  0.0  0.2  0:00.18 bash
```

在完成上面的操作后，在状态列会出现如下信息：

```
Renice PID 13639 to value: 10   <==这是 nice 值
  PID USER     PR  NI  VIRT  RES  SHR S %CPU %MEM  TIME+   COMMAND
```

接下来就会看到如下的显示界面。

```
top - 17:38:58 up 7 days, 16:52,  1 user,  load average: 0.00, 0.00, 0.00
Tasks:   1 total,   0 running,   1 sleeping,   0 stopped,   0 zombie
Cpu(s):  0.0%us,  0.0%sy,  0.0%ni,100.0%id,  0.0%wa,  0.0%hi,  0.0%si,  0.0%st
Mem:    742664k total,    682540k used,    60124k free,   126648k buffers
swap:  1020088k total,     28k used,   1020060k free,   311276k cached

PID USER       PR  NI  VIRT  RES  SHR S %CPU %MEM  TIME+   COMMAND
13639 root     26  10  5148  1508 1220 S  0.0  0.2  0:00.18 bash
```

这就是修改之后所产生的效果。一般来说，如果想要找出消耗 CPU 资源最大的进程时，大多使用 top 命令。然后强制以 CPU 使用情况来排序（在 top 中按下 P 键即可），很快就能查找出消耗 CPU 资源最大的进程了。读者不妨一试。

2. 作业管理

（1）作业的后台管理。

① &使命令在后台"运行"。

举个简单的例子，如果将/etc/整个备份成为/tmp/etc.tar.gz 且不想等待程序在前台运行，那么怎么操作呢？可以这样：

```
[root@www ~]# tar -zpcf /tmp/etc.tar.gz /etc &
[1] 8400   <== [job number] PID
[root@www ~]#
# 在中括号内的号码为作业序号（job number），该号码与 bash 的控制有关。
# 后续的 8400 则是这个作业在系统中的 PID。至于后续出现的数据则是 tar 运行的数据流。
# 由于没有加上数据流重定向，所以会影响界面，不过不会影响前台的操作。
```

bash 会赋给这个命令一个"作业号（job number）"：[1]。后面那个 8400 是该命令所对应的"PID"。如果输入几个命令后，突然输出如下数据：

```
[1]+  Done              tar -zpcf /tmp/etc.tar.gz /etc
```

代表[1]这个作业已经完成（Done），该作业的命令则是接在后面的那一串命令串。使用后台运行最大的好处是：不怕被 Ctrl+C 中断。此外，将工作放到后台运行，要特别注意数据的流向。包括上面的信息就有错误信息出现，导致前台受影响。虽然只要按下 Eenter 键就会出现提示字符。但如果命令改成：

```
[root@www ~]# tar -zpcvf /tmp/etc.tar.gz /etc &
```

情况会怎样？在后台运行的命令，如果有 stdout 或 stderr 内容输出时，数据依旧是输出到屏幕上面，致使无法看到正常操作的提示字符，当然也就无法完好地掌握前台工作。同时由于

是在后台工作的 tar 命令，此时无论怎么按下 Ctrl+C 也无法停止屏幕上的输出。所以最佳的方法就是利用数据流重定向，将向屏幕输出的数据传送至某个文件中。举例来说，可以这样操作：

```
[root@www ~]# tar -zpcvf /tmp/etc.tar.gz /etc > /tmp/log.txt 2>&1 &
[1] 8429
[root@www ~]#
```

输出的信息都传送到了/tmp/log.txt 当中，当然就不会影响到前台的作业了。

② 将"当前"的工作放到后台中"暂停"：Ctrl+z。

如果正在使用 vim，却发现有个文件不知道放在哪里，需要到 bash 环境下进行搜寻，此时是否要结束 vim 呢？当然不需要。只要暂时将 vim 放到后台当中等待即可。例如以下的案例，读者不妨一试：

```
[root@www ~]# vim ~/.bashrc
# 在 vi 的一般模式下，按下 Ctrl+z
[1]+  Stopped                 vim ~/.bashrc
[root@www ~]#       <==顺利取得了前台的操控权。
[root@www ~]# find / -print
....（输出省略—）....
# 此时屏幕会非常地忙碌。因为屏幕上会显示所有的文件名。请按下[ctrl]-z 组合键暂停
[2]+  Stopped                 find / -print
```

在 vim 的一般模式下，按 Ctrl+z 组合键，屏幕上会出现[1]，表示这是第一个在后台挂起的作业，而那个 + 代表当前作业是最近一个被放到后台的作业，且目前在后台中默认会被选择的那个作业（与 fg 命令有关）。而 Stopped 则代表目前作业的状态。在默认情况下，使用 Ctrl+z 组合键放到后台当中的作业都是"暂停"的状态。

③ 查看当前的后台工作状态：jobs。

```
[root@www ~]# jobs [-lrs]
选项与参数：
-l  ：除了列出 job number 与命令串之外，同时列出 PID
-r  ：仅列出正在后台运行（run）的作业；
-s  ：仅列出正在后台当中暂停（stop）的作业。

范例一：查看当前 bash 中所有的作业与对应的 PID
[root@www ~]# jobs -l
[1]- 10314 Stopped                 vim ~/.bashrc
[2]+ 10833 Stopped                 find / -print
```

"+"代表最近被放到后台的作业号，"−"代表最近倒数第二个被放置到后台中的作业号。而超过最后第三个以后的作业，就不会有"+/−"符号存在了。

④ 将后台作业拿到前台来处理：fg。

刚刚提到的都是将作业放到后台去运行，那么有没有可以将后台作业拿到前台来处理的命

令？当然有，就是 fg（foreground）。如果想要将上面范例中的作业拿到前台处理，可以这样操作：

[root@www ~]# fg %jobnumber
选项与参数：
%jobnumber：jobnumber 为作业号（数字）。注意，"%" 可有可无

范例一：先用 jobs 命令查看作业，再将作业取出：
[root@www ~]# jobs
[1]- 10314 Stopped   vim ~/.bashrc
[2]+ 10833 Stopped   find / -print
[root@www ~]# fg   <==默认取出那个带"+"号的作业，亦即 [2]。按 Ctrl+z 组合键可再次将任务切换回后台
[root@www ~]# fg %1   <==直接指定取出的那个作业号。再次按 Ctrl+z 可将任务再次切回后台
[root@www ~]# jobs
[1]+ Stopped   vim ~/.bashrc
[2]- Stopped   find / -print

如果输入 "fg -" 则代表将 "-" 号的作业号取出来。

⑤ 让作业在后台变成运行状态：bg。

Ctrl+z 组合键可以将当前的作业放到后台"暂停"，那么如何让一个作业在后台运行（Run）呢？看下面这个案例。但要注意：进行下面的测试时操作要快一点。

范例一：运行 find / -perm +7000 > /tmp/text.txt 后，立刻将其暂停
[root@www ~]# find / -perm +7000 > /tmp/text.txt
此时，请立刻按下 Ctrl+z 组合键暂停！
[3]+ Stopped   find / -perm +7000 > /tmp/text.txt

范例二：让该作业在后台运行，并且查看它。
[root@www ~]# jobs ; bg %3 ; jobs
[1]- Stopped   vim ~/.bashrc
[2]   Stopped   find / -print
[3]+ Stopped   find / -perm +7000 > /tmp/text.txt
[3]+ find / -perm +7000 > /tmp/text.txt &   <==这是 bg %3 的结果
[1]+ Stopped   vim ~/.bashrc
[2]   Stopped   find / -print
[3]- Running   find / -perm +7000 > /tmp/text.txt &

状态列已经由 Stopped 变成了 Running。命令列最后方多了一个 & 的符号，代表该作业在后台运行。

⑥ 管理后台当中的作业：kill。

如果想要将作业直接移除,或者是将该作业重新启动,就需要给予该作业一个信号(signal),让系统知道该怎么做。此时,使用 kill 命令。

```
[root@www ~]# kill -signal %jobnumber
[root@www ~]# kill -l
```

选项与参数：

-l ：这个是 L 的小写，列出目前 kill 能够使用的信号（signal）有哪些？

signal ：代表给后面接的那个作业什么样的指示。用 man 7 signal 可知：

- -1 ：重新读取一次参数的配置文件（类似 reload）；
- -2 ：代表与由键盘输入 **Ctrl+z** 同样的动作；
- -9 ：立刻强制结束一个作业；
- -15：以正常的程序方式终止一项作业。与-9 不一样。

范例一：找出目前的 bash 环境下的后台作业，并将该作业"强制结束"。

```
[root@www ~]# jobs
[1]+  Stopped                 vim ~/.bashrc
[2]   Stopped                 find / -print
[root@www ~]# kill -9 %2; jobs
[1]+  Stopped                 vim ~/.bashrc
[2]   Killed                  find / -print
# 再过几秒你再执行 jobs 一次，就会发现 2 号作业已经被杀死。
```

范例二：找出当前的 bash 环境下的后台作业，并将该作业"正常终止"。

```
[root@www ~]# jobs
[1]+  Stopped                 vim ~/.bashrc
[root@www ~]# kill -SIGTERM %1
# -SIGTERM 与-15 是一样的。读者可以使用 kill -l 来查阅。
```

（2）脱机管理问题。

nohup 可以让用户在离线或注销系统后，依然能够让作业继续运行。语法是这样的：

```
[root@www ~]# nohup [命令与参数]      <==在终端机前台中的作业
[root@www ~]# nohup [命令与参数] &    <==在终端机后台中的作业
```

请读者实践下面的例子：

1. 先编辑一个会"睡眠 500 秒"的程序：

```
[root@www ~]# vim sleep500.sh
#!/bin/bash
/bin/sleep 500s
/bin/echo "I have slept 500 seconds."
```

2. 放到后台中运行，并且立刻注销登录：

```
[root@www ~]# chmod a+x sleep500.sh
[root@www ~]# nohup ./sleep500.sh &
[1] 5074
[root@www ~]# nohup: appending output to 'nohup.out'   <==会告知这个信息。
[root@www ~]# exit
```

如果再次登录，使用 pstree 去查阅程序，会发现 sleep500.sh 还在运行中，并不会被中断掉。

由于程序最后会输出一个信息，但是由于之前终端的退出，因此这个信息的输出就会被导向"~/nohup.out"。当你输入 nohup 后，会出现上面的那个提示信息。

如果想要后台运行的作业在用户注销登录后还能够继续运行，读者可以使用"nohup"搭配"&"的命令组合。

3. 进程管理

（1）进程的查看。

利用静态的 ps 或者是动态的 top 查看进程，同时还能用 pstree 来查阅进程树之间的关系。

① ps：将某个时间点的程序运行情况选取下来。

```
[root@www ~]# ps aux    <==查看系统所有的进程数据
[root@www ~]# ps -lA    <==同样能够查看所有系统的数据
[root@www ~]# ps axjf   <==查看内容包括部分进程树状态
```

选项与参数：

-A：所有的进程（process）均显示出来，与-e 具有同样的作用；

-a：不与 terminal 有关的所有进程（process）；

-u：有效使用者（effective user）相关的进程（process）；

x ：通常与 a 参数一起使用，可列出较完整的信息。

输出格式：

l：较长、较详细地将该 PID 的信息列出；

j：作业的格式（jobs format）

-f：更为完整的输出。

注意

"ps –l"只能查阅自己的 bash 程序，而"ps aux"则可以查阅所有系统运行的 bash 程序。

② 仅查看自己的 bash 相关程序：ps –l。

范例一：将目前属于读者自己这次登录的 PID 与相关信息显示出来（只与自己的 bash 有关）

```
[root@www ~]# ps -l
F S   UID    PID  PPID  C PRI  NI ADDR SZ WCHAN  TTY          TIME CMD
4 S     0  13639 13637  0  75   0 -   1287 wait   pts/1    00:00:00 bash
4 R     0  13700 13639  0  77   0 -   1101 -      pts/1    00:00:00 ps
```

上面信息说明:"bash 的进程属于 UID 为 0 的使用者,状态为睡眠(sleep)。之所以为睡眠是因为它创建了子进程 ps(状态为 run)之故。此进程的 PID 为 13639,优先运行顺序为 75,执行 bash 所取得的终端接口为 pts/1,运行状态为等待(wait)。"

③ 查看系统所有程序:ps aux。

范例二:列出目前所有的正在内存中运行的程序:

[root@www ~]# **ps aux**

USER	PID	%CPU	%MEM	VSZ	RSS	TTY	STAT	START	TIME	COMMAND
root	1	0.0	0.0	2064	616	?	Ss	Mar11	0:01	init [5]
root	2	0.0	0.0	0	0	?	S<	Mar11	0:00	[migration/0]
root	3	0.0	0.0	0	0	?	SN	Mar11	0:00	[ksoftirqd/0]
.....(中间省略).....										
root	13639	0.0	0.2	5148	1508	pts/1	Ss	11:44	0:00	-bash
root	14232	0.0	0.1	4452	876	pts/1	R+	15:52	0:00	ps aux
root	18593	0.0	0.0	2240	476	?	Ss	Mar14	0:00	/usr/sbin/atd

读者会发现 ps –l 与 ps aux 显示的项目并不相同。

继续使用 ps 来查看一下其他的信息。

范例三:以范例一的显示内容,显示出所有的程序:

[root@www ~]# **ps -lA**

F	S	UID	PID	PPID	C	PRI	NI	ADDR	SZ	WCHAN	TTY	TIME	CMD
4	S	0	1	0	0	76	0	–	435	–	?	00:00:01	init
1	S	0	2	1	0	94	19	–	0	ksofti	?	00:00:00	ksoftirqd/0
1	S	0	3	1	0	70	-5	–	0	worker	?	00:00:00	events/0

.....(以下省略)....

\# 读者现每个字段与 ps -l 的输出情况相同,但显示的进程则包括系统所有的进程。

范例四:列出类似进程树的程序显示:

[root@www ~]# **ps axjf**

PPID	PID	PGID	SID	TTY	TPGID	STAT	UID	TIME	COMMAND
0	1	1	1	?	−1	Ss	0	0:01	init [5]
.....(中间省略).....									
1	4586	4586	4586	?	−1	Ss	0	0:00	/usr/sbin/sshd
4586	13637	13637	13637	?	−1	Ss	0	0:00	_ sshd: root@pts/1
13637	13639	13639	13639	pts/1	14266	Ss	0	0:00	_ -bash
13639	14266	14266	13639	pts/1	14266	R+	0	0:00	_ ps axjf

.....(后面省略).....

范例五:找出与"cron"和"syslog"两个服务有关的 PID 号码

[root@www ~]# **ps aux | egrep '(cron|syslog)'**

| root | 4286 | 0.0 | 0.0 | 1720 | 572 | ? | Ss | Mar11 | 0:00 | syslogd -m 0 |

```
root      4661  0.0  0.1  5500  1192 ?       Ss  Mar11   0:00 crond
root     14286  0.0  0.0  4116   592 pts/1   R+  16:15   0:00 egrep (cron|syslog)
```
#号码是 4286 及 4661 这两个。

除此之外，读者还必须知道"僵尸 (zombie)"进程是什么。通常，造成僵尸进程的原因是因为该进程应该已经运行完毕，或者是因故终止，但是该进程的父进程却无法完整地将该进程结束掉，而造成那个进程一直存在内存当中。如果读者发现在某个进程的 CMD 后面还跟有 <defunct> 时，就代表该进程是僵尸进程，例如：

```
apache    8683  0.0  0.9 83384 9992 ?        Z  14:33   0:00 /usr/sbin/httpd <defunct>
```

④ pstree。

```
[root@www ~]# pstree [-A|U] [-up]
```

选项与参数：

-A ：各进程树之间的连接以 ASCII 字符来连接；
-U ：各进程树之间的连接以 utf8 的字符来连接。在某些终端接口下可能会有错误；
-p ：同时列出每个 process 的 PID；
-u ：同时列出每个 process 的所属账号名称。

范例一：列出目前系统上面所有的进程树的相关性：

```
[root@www ~]# pstree -A
init-+-acpid
     |-atd
     |-auditd-+-audispd---{audispd}    <==这行与下面一行为 auditd 分出来的子进程
     |        `-{auditd}
     |-automount---4*[{automount}]     <==默认情况下，相似的进程会以数字显示
....(中间省略)....
     |-sshd---sshd---bash---pstree     <==这就是命令执行的依赖性。
....(下面省略)....
```

范例二：承上题，同时显示 PID 与 users

```
[root@www ~]# pstree -Aup
init(1)-+-acpid(4555)
        |-atd(18593)
        |-auditd(4256)-+-audispd(4258)---{audispd}(4261)
        |              `-{auditd}(4257)
        |-automount(4536)-+-{automount}(4537) <==进程相似但 PID 不同！
        |                 |-{automount}(4538)
        |                 |-{automount}(4541)
        |                 `-{automount}(4544)
....(中间省略)....
        |-sshd(4586)---sshd(16903)---bash(16905)---pstree(16967)
```

....(中间省略)....
                |-xfs(4692,xfs)   <==因为此进程拥有者并非执行 pstree 者！所以列出账号
....(下面省略)....
在括号（）内的即是 PID 以及该进程的 owner 。不过，由于使用
root 的身份执行此命令，所以属于 root 的进程就不会显示出来。

（2）进程的管理。

[root@www ~]# killall [-iIe] [command name]
选项与参数：
-i：意指 interactive ，互动式的，若需要删除时，会给用户发送提示字符；
-e：意指 exact，表示"后面接的 command name 要一致"，但整个完整的命令
    不能超过 15 个字符。
-I：命令名称（可能含参数）忽略大小写。

范例一：给予 syslogd 这个命令相关的 PID 一个 SIGHUP 的信号
[root@www ~]# killall -1 syslogd

范例二：强制终止所有与 httpd 相关的程序
[root@www ~]# killall -9 httpd

范例三：依次询问每个 bash 程序是否需要被终止运行！
[root@www ~]# killall -i -9 bash
Kill bash(16905) ? (y/N) n <==这个不终止。
Kill bash(17351) ? (y/N) y <==这个终止掉！
具有互动的功能。可以询问你是否要结束 bash 进程。要注意，若没有 -i 的参数，
所有的 bash 都会被这个命令终止掉包括 root 自己的 bash。

总之，要结束某个进程，读者可以使用 PID 或者是使用启动该进程的命令名称，而如果要结束某个服务呢？最简单的方法就是利用 killall，因为他可以将系统当中所有以某个命令名称启动的进程全部结束。举例来说，上面的范例二中，系统内所有以 httpd 启动的进程，就会全部被结束。

（3）管理进程优先级。
① 用 ps 查询一下 PRI 值。

[root@www ~]# ps -l
F S   UID   PID PPID C PRI NI ADDR SZ WCHAN TTY   TIME CMD
4 S   0 18625 18623 2 75   0 -   1514 wait pts/1   00:00:00 bash
4 R   0 18653 18625 0 77   0 -   1102 -   pts/1   00:00:00 ps

② 使用 nice。

[root@www ~]# nice [-n 数字] command
选项与参数：

-n :后面接一个数值,数值的范围 -20~19。

范例一:以 root 用户登录,赋予 nice 值为-5,用于运行 vim,并查看该进程。
[root@www ~]# **nice -n -5 vim &**
[1] 18676
[root@www ~]# **ps -l**
F S   UID   PID PPID C PRI NI ADDR SZ WCHAN TTY   TIME CMD
4 S   0 18625 18623 0 75   0 -   1514 wait   pts/1   00:00:00 bash
4 T   0 18676 18625 0 72 -5 -   1242 finish pts/1   00:00:00 vim
4 R   0 18678 18625 0 77   0 -   1101 -   pts/1   00:00:00 ps
原来的 bash PRI 为 75 ,所以 vim 默认应为 75。不过由于给予 nice 的值为-5,
因此 vim 的 PRI 降低了。但并非降低到 70,因为内核还会动态调整。

[root@www ~]# **kill -9 %1** <==测试完毕将 vim 结束

③ renice :已存在进程的 nice 重新调整。
[root@www ~]# **renice [number] PID**
选项与参数:
PID :某个进程的 ID

范例一:找出自己的 bash PID ,并将该 PID 的 nice 调整到 10
[root@www ~]# **ps -l**
F S   UID   PID PPID C PRI NI ADDR SZ WCHAN TTY   TIME CMD
4 S   0 18625 18623 0 75   0 -   1514 wait   pts/1   00:00:00 bash
4 R   0 18712 18625 0 77   0 -   1102 -   pts/1   00:00:00 ps

[root@www ~]# **renice 10 18625**
18625: old priority 0, new priority 10

[root@www ~]# **ps -l**
F S   UID   PID PPID C PRI NI ADDR SZ WCHAN TTY   TIME CMD
4 S   0 18625 18623 0 85 10 -   1514 wait   pts/1   00:00:00 bash
4 R   0 18715 18625 0 87 10 -   1102 -   pts/1   00:00:00 ps

如果要调整的是已经存在的某个进程,那么就要使用 renice 。使用的方法很简单, renice 后面接上数值及 PID 即可。因为后面接的是 PID,所以读者务必要以 ps 或者其他查看命令去查找出 PID。

从上面这个范例当中也可以看出,虽然修改的是 bash 进程,但是该进程所触发的 ps 命令当中的 nice 也会继承而被修改为 10。整个 nice 值是可以在父进程→子进程之间传递的。另外,除了 renice 之外,top 同样也可以调整 nice 值(请复习前面所学)。

4．查看系统资源

（1）free：查看内存使用情况。

[root@www ~]# free [-b|-k|-m|-g] [-t]

选项与参数：

-b：直接输入 free 时，显示的单位是 Kbytes，可以使用 b（bytes）、m（Mbytes）、k（Kbytes）
　　及 g（Gbytes）来显示单位。

-t：输出的最终结果，显示物理内存与 swap 的总量。

范例一：显示目前系统的内存容量

[root@www ~]# free -m

	total	used	free	shared	buffers	cached
Mem:	725	666	59	0	132	287
-/+ buffers/cache:		245	479			
swap:	996	0	996			

从上面可以看出，系统当中有 725MB 左右的物理内存，swap 有 1GB 左右，使用 free -m 以 MBytes 来显示时，就会出现上面的信息。

Mem 那一行显示的是物理内存的容量，swap 则是虚拟内存的容量，total 是总量，used 是已被使用的容量，free 则是剩余可用的容量。后面的 shared/buffers/cached 则是在已被使用的容量当中，用来作为缓冲及缓存的容量。

（2）uname：查看系统与内核相关信息。

[root@www ~]# uname [-asrmpi]

选项与参数：

-a：所有系统相关的信息，包括下面的数据都会被列出来；

-s：系统内核名称

-r：内核的版本

-m：本系统的硬件名称，例如 i686 或 x86_64 等；

-p：CPU 的类型，与-m 类似，只是显示的是 CPU 的类型！

-i：硬件的平台（ix86）

范例一：输出系统的基本信息

[root@www ~]# uname -a

Linux localhost.localdomain 2.6.18-155.el5 #1 SMP Fri Jun 19 17:06:47 EDT 2009 i686 i686 i386 GNU/Linux

i686 i386 GNU/Linux

uname 可以列出目前系统的内核版本、主要硬件平台以及 CPU 类型等信息。以上面范例一的状态来说，主机使用的内核名称为 Linux，而主机名称为 localhost.localdomain，内核的版本为 2.6.18-155.el5，该内核版本创建的日期为 2009/6/19，适用的硬件平台为 i386 以上等级的硬件平台。

（3）uptime：查看系统启动时间与作业负载。

显示目前系统已经启动多长时间，以及 1、5、15 分钟的平均负载。uptime 可以显示出 top 界面的最上面一行。

[root@www ~]# **uptime**
 15:39:13 up 8 days, 14:52, 1 user, load average: 0.00, 0.00, 0.00
top 命令已经谈过相关信息。

（4）netstat ：跟踪网络使用情况。

这个命令常被用在网络的监控方面，不过，在程序管理方面需要了解。netstat 的输出分为两大部分，分别是网络与系统自己的进程相关性部分：

[root@www ~]# **netstat -[atunlp]**
选项与参数：
-a：将目前系统上所有的连接、监听、Socket 数据都列出来
-t：列出 tcp 网络封包的数据
-u：列出 udp 网络封包的数据
-n：不列出进程的服务名称，以端口号（port number）来显示；
-l：列出目前正在网络监听（listen）的服务；
-p：列出该网络服务的进程 PID

范例一：列出当前系统已经创建的网络连接与 socket 状态
[root@www ~]# netstat
Active Internet connections (w/o servers) <==与网络相关的部分
Proto Recv-Q Send-Q Local Address   Foreign Address   State
tcp   0   132 192.168.201.110:ssh   192.168.:vrtl-vmf-sa ESTABLISHED
Active UNIX domain sockets (w/o servers) <==与本机的进程的相关性（非网络）
Proto RefCnt Flags   Type   State   I-Node Path
unix 20   []   DGRAM   9153   /dev/log
unix 3   []   STREAM   CONNECTED   13317 /tmp/.X11-unix/X0
unix 3   []   STREAM   CONNECTED   13233 /tmp/.X11-unix/X0
unix 3   []   STREAM   CONNECTED   13208 /tmp/.font-unix/fs7100
....(中间省略)....

在上面的结果当中，显示了两个部分，分别是网络的连接状态以及 Linux 上面的与 socket 相关的部分。

实做一下，利用 netstat 去查看有哪些程序启动了哪些网络的"后门"。

范例二：找出目前系统上已在监听的网络连接及其 PID
[root@www ~]# **netstat -tlnp**
Active Internet connections (only servers)

```
Proto Recv-Q Send-Q Local Address    Foreign Address    State     PID/Program name
tcp      0       0 127.0.0.1:2208    0.0.0.0:*          LISTEN    4566/hpiod
……（一部分内容省略显示）……
tcp      0       0 :::22             :::*               LISTEN    4586/sshd
# 除了可以列出监听网络的端口与状态之外，最后一个字段还能够显示此服务的
# PID 号码以及进程的命令名称。例如最后一行的 4586 就是该 PID

范例三：将上述的本地端 127.0.0.1:631 那个网络服务关闭
[root@www ~]# kill -9 4597
[root@www ~]# killall -9 cupsd
```

（5）dmesg ：分析内核产生的信息。

系统在启动的时候，内核会去检测系统的硬件，某些硬件有没有被识别，与这时的检测有关。但是这些检测的过程要么不显示，要么显示时间很短。能不能把内核检测的信息单独列出来呢？能，使用 dmesg 命令即可。

dmesg 命令显示的信息实在太多了，所以运行时可以加入管道命令 " | more " 来使界面暂停。

```
范例一：输出所有的内核启动时的信息
[root@www ~]# dmesg | more

范例二：搜寻启动的时候，硬盘的相关信息
[root@www ~]# dmesg | grep -i hd
    ide0: BM-DMA at 0xd800-0xd807, BIOS settings: hda:DMA, hdb:DMA
    ide1: BM-DMA at 0xd808-0xd80f, BIOS settings: hdc:pio, hdd:pio
hda: IC35L040AVER07-0, ATA DISK drive
hdb: ASUS DRW-2014S1, ATAPI CD/DVD-ROM drive
hda: max request size: 128KiB
....(下面省略)....
```

由范例二可以知道主机的硬盘的格式是什么，还可以查看能不能找到网卡。网卡的代号是 eth，所以，直接输入 dmesg | grep -i eth 可以查看网卡信息。请读者试着查看网络信息。

（6）vmstat ：检测系统资源变化。

vmstat 是一个查看虚拟内存（Virtual Memory）使用状况的工具，使用 vmstat 命令可以得到关于进程、内存、内存分页、堵塞 IO、traps 及 CPU 活动的信息。下面是常见的选项与参数说明：

```
[root@www ~]# vmstat [-a] [延迟 [总计检测次数]]   <==CPU/内存等信息
[root@www ~]# vmstat [-fs]                       <==内存相关
[root@www ~]# vmstat [-S 单位]                   <==配置显示数据的单位
[root@www ~]# vmstat [-d]                        <==与磁盘有关
[root@www ~]# vmstat [-p 分区]                   <==与磁盘有关
```

选项与参数：
- -a ： 使用 inactive/active（活跃与否）取代 buffer/cache 的内存输出信息；
- -f ： 启动到目前为止，系统创建（fork）的进程数；
- -s ： 将一些事件（启动至目前为止）导致的内存变化情况列表说明；
- -S ： 后面可以接单位，让显示的数据有单位。例如 K/M 取代 bytes 的容量；
- -d ： 列出磁盘的读写总量统计表
- -p ： 后面列出分区，可显示该分区的读写总量统计表

范例一：统计目前主机 CPU 状态，每秒一次，共计三次！

```
[root@www ~]# vmstat 1 3
procs -----------memory---------- ---swap-- -----io---- --system-- -----cpu-----
 r  b   swpd   free   buff  cache   si   so    bi    bo   in   cs us sy id wa st
 0  0     28  61540 137000 291960    0    0     4     5   38   55  0  0 100  0  0
 0  0     28  61540 137000 291960    0    0     0     0 1004   50  0  0 100  0  0
 0  0     28  61540 137000 291964    0    0     0     0 1022   65  0  0 100  0  0
```

磁盘的部分该如何查看呢？

范例二：查看系统上面所有的磁盘的读写状态

```
[root@www ~]# vmstat -d
disk- ------------reads------------ ------------writes----------- -----IO------
      total merged sectors       ms  total merged sectors        ms   cur   sec
ram0      0      0       0        0      0      0       0         0     0     0
....(中间省略)....
hda  144188 182874 6667154  7916979 151341 510244 8027088  15244705     0   848
hdb       0      0       0        0      0      0       0         0     0     0
```

详细的各字段含义请查阅 "man vmstat"。

6.5.4 实训思考题

1. 要查询 /etc/crontab 与 crontab 这个程序的用法与写法，该如何进行线上查询？
2. 如何查询 crond 这个 daemon（实现服务的程序）的 PID 与它的 PRI 值？
3. 如何修改 crond 的 PID 的优先级？
4. 如果读者是一般身份用户，是否可以调整不属于用户的程序的 nice 值？此外，如果用户调整了自己的程序的 nice 值到 10，是否可以将它调回到 5 呢？
5. 用户怎么知道网卡在启动的过程中是否被捕获到？

6.5.5 实训报告要求

- 参考 2.1.6 小节，按要求完成实训报告。

6.6 Linux 系统故障排除

6.6.1 实训场景

假如你是 A 公司的 Linux 系统管理员，公司有几台 Linux 服务器。现在这几台服务器分别发生了不同的故障，需要进行必要的故障排除。

Server A：由实训指导教师修改 Linux 系统的 "/etc/inittab" 文件，将 Linux 的 init 级别设置为 6；Server B：由实训指导教师将 Linux 系统的 "/etc/fstab" 文件删除；Server C：root 账户的密码已经忘记，无法使用 root 账户登录系统并进行必要的管理。

为便于日后进行类似的故障排除，建议在故障排除完成后，对 /etc 目录进行备份。

6.6.2 实训要求

- 参加实训的学生启动相应的服务器，查看服务器的启动情况和可能的故障信息。
- 根据查看的故障信息，分析服务器的故障原因。
- 制定故障排除方案。
- 实施故障排除方案。
- 进行 /etc 目录的备份。

6.6.3 实训前的准备

进行实训之前，完成以下任务。

- 熟悉 Linux 系统的重要配置文件，如 "/etc/inittab"、"/etc/fstab"、"/boot/grub/grub.conf" 等。
- 了解 Red Hat Enterprise Linux 的常用故障排除工具，如 GRUB 引导管理程序、Red Hat 救援模式等，并了解各个工具适合的故障排除类型。

6.6.4 实训后的总结

实训后完成以下作业。

- 在故障排除过程中，查看服务器的启动情况，并记录其中的关键故障信息，将这些信息记录在实训报告中。
- 根据故障排除的过程，修改或完善故障排除方案。
- 写出实训心得和体会。

6.7 Linux 系统企业综合应用

6.7.1 实训场景

B 公司包括一个园区网络和两个分支机构。在园区网络中，大约有 500 个员工，每个分支机构大约有 50 名员工，此外还有一些 SOHO 员工。

假定你是该公司园区网络的网络管理员，现在公司的园区网络要进行规划和实施，条件如下：公司已租借了一个公网的 IP 地址 100.100.100.10 和 ISP 提供的一个公网 DNS 服务器的 IP

地址 100.100.100.200。园区网络和分支机构使用 IP 地址为 172.16.0.0 的网络，并进行必要的子网划分。

6.7.2 实训基本要求

- 在园区网络中搭建一台 Squid 服务器，使公司的园区网络能够通过该代理服务器访问 Internet。要求进行 Internet 访问性能的优化，并提供必要的安全特性。
- 搭建一台 VPN 服务器，使公司的分支机构，以及 SOHO 员工可以从 Internet 访问内部网络资源（访问时间：9:00~17:00）。
- 在公司内部搭建 DHCP 和 DNS 服务器，使网络中的计算机可以自动获得 IP 地址，并使用公司内部的 DNS 服务器完成内部主机名及 Internet 域名的解析。
- 搭建 FTP 服务器，使分支机构和 SOHO 用户可以上传和下载文件。要求每个员工都可以匿名访问 FTP 服务器，进行公共文档的下载；另外还可以使用自己的账户登录 FTP 服务器，进行个人文档的管理。
- 搭建 samba 服务器，并使用 samba 充当域控制器，实现园区网络中员工账户的集中管理，并使用 samba 实现文件服务器，共享每个员工的主目录给该员工，并提供写入权限。

6.7.3 实训前的准备

进行实训之前，完成以下任务。
- 熟悉实训项目中涉及的各个网络服务。
- 写出具体的综合实施方案。
- 根据要实施的方案画出园区网络拓扑图。

6.7.4 实训后的总结

实训后完成以下作业。
- 完善拓扑图。
- 根据实施情况修改实施方案。
- 写出实训心得和体会。